"十三五"国家重点出版物出版规划项目

名校名家基础学科系列
Textbooks of Base Disciplines from Top Universities and Experts

基础物理实验

下　册

主　编　董国波　唐　芳

副主编　严琪琪　熊　畅　高　红　王　菁

机械工业出版社

《基础物理实验》分上、下两册，本书为下册，内容包括综合实验和设计性实验。

　　本套书采用系列专题形式编排，每个专题包含不同层次的多个相关实验，学生可根据自己的能力或爱好选做其中一个或多个实验，以激励他们更好地发挥其潜能。专题拓展内容为学有余力的学生做研究性或完成课题型实验提供思路和参考，10 个独具特色的"实验方法专题讨论"栏目放在 10 个相关实验之后，旨在帮助学生归纳总结实验的基本理论与方法。该部分内容也可待学生做完全部实验后再通读一遍，更有助于对实验内容和实验方法的深入理解。每个专题用到的仪器可扫二维码观看视频介绍，便于学生在课前预习时熟悉仪器的使用。

　　本书适合于理工科相关专业大二下学期学生使用，要求有一定的大学物理和高等数学知识储备。

图书在版编目（CIP）数据

基础物理实验. 下册/董国波，唐芳主编. —北京：机械工业出版社，2021.6（2024.7 重印）

（名校名家基础学科系列）

"十三五"国家重点出版物出版规划项目

ISBN 978-7-111-67536-5

Ⅰ.①基… Ⅱ.①董…②唐… Ⅲ.①物理学－实验－高等学校－教材 Ⅳ.①O4-33

中国版本图书馆 CIP 数据核字（2021）第 030577 号

机械工业出版社（北京市百万庄大街 22 号　邮政编码 100037）
策划编辑：张金奎　责任编辑：张金奎
责任校对：梁　静　封面设计：鞠　杨
责任印制：邓　博
三河市骏杰印刷有限公司印刷
2024 年 7 月第 1 版第 5 次印刷
184mm×260mm · 14.5 印张 · 356 千字
标准书号：ISBN 978-7-111-67536-5
定价：43.80 元

前　言

党的二十大报告指出："培养什么人、怎样培养人、为谁培养人是教育的根本问题。"本书作为公共基础物理实验教材，注重落实立德树人根本任务，有效融入课程思政元素，蕴含科学精神，体现荣校爱校的北航特色。在物理实验知识的构建中，将价值塑造、知识传授和能力培养三者融为一体，着力构建彰显两性一度要求的高质量物理实验教学人才培养体系。

本套书是北京航空航天大学教师长期坚持教学改革与教学实践的结晶。物理学院教学与实验中心始终坚持教材建设，近 30 年来，实验教材出版过多个版本，包括：1993 年版（北京科学技术出版社，张士欣主编）、1998 年版（北京航空航天大学出版社，邬铭新主编）、2005 年版（北京航空航天大学出版社，梁家惠主编）、2010 年版（北京航空航天大学出版社，李朝荣主编）。本套书主要做了如下修改与继承。

① 分为上、下两册，上册包含误差和不确定度理论知识、实验预备知识和基本实验，下册包含综合性实验和设计性实验。

② 上册基本实验仍采用系列专题形式编排，每个专题包含不同层次的多个相关实验内容，学生可根据自己的能力选做其中一个或多个实验，以激励学生更好地发挥其潜能。除对一些章节进行了较大的修改、补充和完善以外，在每个专题后增加了拓展内容，为学生首次做研究性或完成课题型实验提供思路和参考。保留了独具特色的"实验方法专题讨论"栏目，共分 10 个专题，放在 10 个相关实验之后，旨在帮助学生归纳总结实验的基本理论与方法。该部分内容也可待学生做完全部实验后再通读一遍，更有助于对实验内容和实验方法的深入理解。

③ 上册保留了数据处理示例，以利于学生尽快理解相应数据处理方法。

④ 下册新增了 9 个具有鲜明特色或有较强训练价值的综合性实验，这些实验已开设多年，相对成熟，包括：太阳能电池特性测量及应用、燃料电池综合特性的测量、各向异性磁阻传感器与磁场测量、巨磁电阻效应及其应用、法拉第磁光效应实验、弗兰克-赫兹实验、密立根油滴实验、双光栅测弱振动、光栅的自成像现象研究及 Talbot 长度测量。由于行波的声光衍射相对声驻波理论简单容易接受，将超声驻波中的光衍射与声光调制换成了"晶体的声光效应"，以介绍行波的声光衍射实验内容为主，也包含了声光调制的应用，在此基础上驻波的声光衍射可作为拓展实验内容。

⑤ 下册对光纤陀螺寻北实验、多普勒效应测量超声声速、劳埃镜白光干涉、阿贝成像原理和空间滤波等实验进行了修改，力求实验背景更贴近科技前沿、实验原理简洁明了、思路更清晰、实验目的更明确。

⑥ 鉴于很多学生初次接触大学物理实验，对一些通用仪器很陌生，本套书将文字版的

仪器介绍变成有声有物的视频，便于学生预习和熟悉相关仪器，在实验前就能对仪器有直观的认识。学生扫描相关二维码即可观看。

本套书除继承了以往教材的成果外，还增选了部分综合性实验。在本套书编写过程中，先由唐芳、董国波、严琪琪、熊畅、王菁和高红分工对各章节做了补充、修改和完善，最后上册由唐芳统稿、下册由董国波统稿。刘文艳、王慕冰、李清生、李英姿、梁厚蕴、张淼、李朝荣、苗明川、郑明、李华等教师参与了教材编写和视频拍摄工作。在本套书定稿时，尽管我们做了很大的努力，但由于学识和水平所限，加之时间仓促，仍可能存在缺陷甚至错误之处，敬请读者批评指正，以便再版时修正。

编 者

目　录

第 5 章

综合实验

5.1 高温超导材料特性测试和低温温度计

超导现象是荷兰物理学家翁纳斯（H. K. Onnes）和他的同事们发现的。1911 年，他们在研究气体液化和低温下的材料物性时，发现在约 4.2 K 的液氦环境中，水银的电阻突然跌落到零，于是超导现象得以被发现。翁纳斯因在超导研究方面的成就获得了 1913 年诺贝尔物理学奖。1933 年，德国的迈斯纳（W. Meissner）和奥克森菲尔德（R. Ochsenfeld）发现超导体还具有特殊的磁性质——完全抗磁性。"超导"包括两个彼此独立的基本事实：零电阻现象和完全抗磁性（在低于超导转变温度下，超导体内的磁感应强度为零）。

为了提高超导的临界转变温度，科学家们付出了艰苦的努力。1973 年超导转变温度提高到 23.2 K（Nb_3Ge）；1986 年 4 月，瑞士物理学家缪勒（K. A. Müller）和德国物理学家柏德诺兹（J. G. Bednorz）宣布，一种钡镧铜氧化物的超导转变温度可能高于 30 K，从此掀起了波及全世界的关于高温超导电性的研究热潮，缪勒和柏德诺兹因此荣获了 1987 年度诺贝尔物理学奖。到 1993 年 3 月，超导临界温度已达到 134 K，也就是 −139 ℃。尽管该转变温度仍然很低，但它已从液氦温区提高到了液氮温区，是一个很大的进展。

超导材料和技术，诸如超导输电、超导电动机、超导发电机、超导磁体、超导磁悬浮、超导计算机、超导电子学器件以及利用超导效应研制高灵敏度的电磁仪器，在探矿和预测地震、临床医学和军事研究等领域都有着诱人的应用前景，有的已经开始进入实用或正在显露出实用化的希望。超导材料和技术一旦取得材料优化和开发应用的突破，必将为人类的科技进步带来一场革命。

通过本实验不仅可以学习超导转变温度的测量，还可以获得液氮和低温温度计的许多基本知识，学到一些减小和消除系统误差的方法。

5.1.1 实验要求

1. 实验重点

① 了解高临界温度超导材料的基本特性及其测试方法。

② 学习三种低温温度计的工作原理、使用以及进行比对的方法。

③ 了解液氮使用和低温温度控制的一些简单方法。

2. 预习要点

① 什么是超导体？超导体最显著的特性是什么？

1

② 常用哪三个临界参量来表征超导材料的超导性能？

③ 什么叫迈斯纳效应？

④ 常用哪两种方法来确定超导体的临界转变温度？本实验采用何种方法？

⑤ 本实验中用到的三种低温温度计各有什么特性？

5.1.2　实验原理

1. 超导体和超导电性

某些物质在低温条件下具有电阻为零和排斥磁力线的性质，它们被称作超导体。超导体由正常态转变为超导态的温度称为临界温度。超导体只有在外加磁场小于某个量值（称为临界磁场）时才能保持超导电性；否则，超导态将被破坏。类似地，超导体还存在临界电流的现象，当通过超导体的电流超过该值时，超导电性也会被破坏。因此，常用临界温度 T_c、临界磁场 B_c 和临界电流密度 j_c 作为临界参量来表征超导材料的超导性能。温度的升高、磁场或电流的增大，都可使超导体从超导态转变为正常态。B_c 和 j_c 都是温度的函数。

电阻为零是超导体最显著的特性，那么为什么还要把排斥磁力线作为超导体的一个独立的特征呢？我们来设想一个处于正常态的超导体实验。先对它施加磁场，当磁通穿过它时，它将产生感生电流以对抗外磁通的增加。由于正常态电阻的存在，感生电流最终将衰减掉，磁通将穿过该导体。这时再将它冷却到临界温度以下，磁通不应发生变化，结论应该是磁通可以穿过超导体。但事实却并非如此。1933 年，迈斯纳和奥克森菲尔德把锡和铅样品放在外磁场中冷却到其转变温度以下，测量了样品外部的磁场分布。他们发现，不论有或没有外加磁场，使样品从正常态转变为超导态，只要 $T < T_c$，超导体内部的磁感应强度 B_i 总是等于零，这个效应称为迈斯纳效应，表明超导体具有完全抗磁性。这是超导体所具有的独立于零电阻现象的另一个最基本的性质。

根据电阻率的变化或迈斯纳效应，都可以确定超导体的临界温度。本实验只采用电阻法。在一般的实际测量中，地磁场并没有被屏蔽，样品中通过的电流也并不太小，而且超导转变往往发生在并不很窄的温度范围内（见图 5.1.1）。为了更好地描述高温超导体的特性，常引入起始转变温度 $T_{c,onset}$、零电阻温度 T_{c0} 和超导转变（中点）温度 T_{cm} 三个物理量，通常所说的超导转变温度 T_c 是指 T_{cm}。

实验使用的超导体为钇钡铜氧化物高温超导样品。其转变温度落在液氮区。

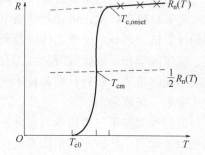

图 5.1.1　超导体的电阻-温度转变曲线

2. 低温温度计

（1）金属电阻随温度的变化

不同材料的电阻具有不同的随温度变化的性质，它反映物质的一种内在的基本属性。作为低温物理实验基本工具的各种电阻温度计，正是建立在有关材料的电阻-温度关系的研究基础之上的。

在绝对零度下的纯金属中，理想的完全规则排列的原子（晶格）周期场中的电子处于确定的状态，因此电阻为零。温度升高时，晶格原子的热振动会引起电子运动状态的变化，即电子的运动受到晶格散射而出现电阻 R_i。理论计算表明，当 $T > \Theta_D/2$ 时，$R_i \propto T$，其中 Θ_D 为德拜温度。实际上，金属中总是含有杂质的，杂质原子对电子的散射会造成附加的电阻。在温度很低时，晶格散射的贡献趋于零，这时的电阻几乎完全由杂质散射所造成，称为剩余电阻 R_r，它近似与温度无关。当金属纯度很高时，总电阻可以近似表达成

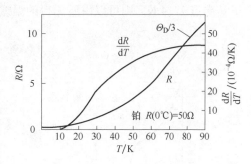

图 5.1.2　铂的电阻-温度关系

$$R = R_i(T) + R_r$$

在液氮温度以上，$R_i(T) \gg R_r$，$R \approx R_i(T)$。在较宽的温度范围内，铂的电阻-温度关系如图 5.1.2 所示，这时的电阻 $R \approx R_i(T)$ 近似地正比于温度 T。

在液氮正常沸点到室温这一温度范围内，铂电阻温度计具有良好的线性电阻-温度关系，可表示为

$$R(T) = AT + B \quad \text{或} \quad T(R) = aR + b \tag{5.1.1}$$

式中，A、B 和 a、b 是不随温度变化的常量。因此，根据给出的铂电阻温度计在液氮正常沸点和冰点的电阻值，可以确定所用的铂电阻温度计的 A、B 或 a、b 的值，并可由此对铂电阻温度计定标，得到不同电阻值时所对应的温度值。

（2）半导体电阻以及 PN 结的正向电压随温度的变化

半导体材料与金属完全不同，在大部分温区具有负的电阻温度系数。这是由半导体的导电机制决定的。在纯净的半导体中，由所谓的本征激发产生电子（e^-）和空穴（e^+）对，统称为载流子来参与导电；而在掺杂的半导体中，则除了本征激发外，还有所谓的杂质激发也能产生载流子，因此具有比较复杂的电阻-温度关系。如图 5.1.3 所示，锗的电阻-温度关系可以分为 4 个区。在Ⅳ区中温度已经降低到本征激发和杂质激发几乎都不能进行，这时靠载流子在杂质原子之间的跳动而在电场下形成微弱的电流，温度越高，电阻越低；当温度升高到Ⅲ区时，半导体杂质激发占优势，它所激发的载流子的数目随着温度的升高而增多，使其电阻随温度的升高而呈指数下降；当温度升高到Ⅱ区时，杂质激发已全部完成，当温度继续升高时，由于晶格对载流子散射作用的增强以及载流子热运动的加剧，电阻随温度的升高而增大；在Ⅰ区中，半导体本征激发占优势，它所激发的载流子的数目也是随着温度的升高而增多的，从而使其电阻随温度的升高而呈指数下降。

适当调整掺杂元素和掺杂浓度，可以改变Ⅲ和Ⅳ这两个区所覆盖的温度范围以及交界处曲线的光滑程度，从而做成所需的低温锗电阻温度计。此外，硅电阻温度计、碳电阻温度计、玻璃渗碳电阻温度计和热敏电阻温度计等也都是常用的低温半导体温度计。在恒定电流下，硅和砷化镓二极管 PN 结的正向电压随着温度的降低而升高，如图 5.1.4 所示。由图 5.1.4 可见，用一支二极管温度计就能测量很宽范围的温度，且灵敏度很高。由于二极管温度计的发热量较大，常被用作控温敏感元件。

（3）温差电偶温度计

当两种金属所做成的导线连成回路，并使其两个接触点维持在不同的温度时，该闭合回路中就会有温差电动势存在。如果将回路的一个接触点固定在一个已知的温度，例如液氮的

正常沸点 77.4 K，则可以由所测得的温差电动势确定回路的另一接触点的温度。

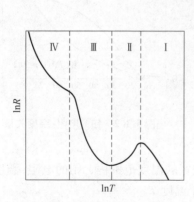

图 5.1.3 锗的电阻-温度关系

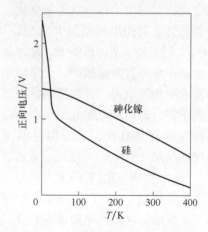

图 5.1.4 二极管的正向电压-温度关系

5.1.3 实验仪器

1. 仪器用具

① 低温恒温器（俗称探头，其核心部件是安装有高临界温度超导体、铂电阻温度计、硅二极管温度计、铜-康铜温差电偶及 25 Ω 锰铜加热器线圈的紫铜恒温块）。

② 不锈钢杜瓦容器和支架。

③ PZ158 型直流数字电压表（5 位半，1 μV）。

④ BW2 型高温超导材料特性测试装置（俗称电源盒），以及一根两头带有 19 芯插头的装置连接电缆和若干根两头带有香蕉插头的面板连接导线。

2. 实验装置和电测量线路

（1）低温恒温器和不锈钢杜瓦容器

低温恒温器和杜瓦容器的结构如图 5.1.5 所示，其目的是得到从液氮的正常沸点到室温范围内的任意温度。正常沸点为 77.4 K 的液氮盛在不锈钢真空夹层杜瓦容器中，借助于手电筒，可以通过有机玻璃盖看到杜瓦容器的内部；拉杆固定螺母（以及与之配套的固定在有机玻璃盖上的螺栓）可用来调节和固定引线拉杆及其下端的低温恒温器的位置。低温恒温器的核心部件是安装有超导样品和温度计的紫铜恒温块，此外还包括紫铜圆筒及其上盖、上下挡板、引线拉杆和 19 芯引线插座等部件。包围着紫铜恒温块的紫铜圆筒起均温的作用，上挡板起阻挡来自室温的辐射热的作用。

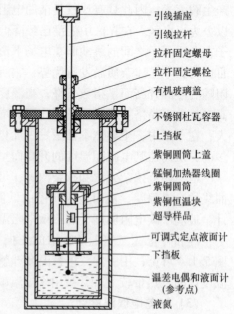

引线插座
引线拉杆
拉杆固定螺母
拉杆固定螺栓
有机玻璃盖
不锈钢杜瓦容器
上挡板
紫铜圆筒上盖
锰铜加热器线圈
紫铜圆筒
紫铜恒温块
超导样品
可调式定点液面计
下挡板
温差电偶和液面计（参考点）
液氮

图 5.1.5 低温恒温器和杜瓦容器的结构

当下挡板浸没在液氮中时，低温恒温器将逐渐冷却下来。适当地控制浸入液氮的深度，可使紫铜恒温块以我们所需要的速率降温。通常使液氮面维持在紫铜圆筒底和下挡板之间距离的 1/2 处。这一距离的实验调节对整个实验的顺利完成十分重要。为了方便而灵敏地调整好这一距离并节省完成时间，在该处安装了可调式定点液面计。这里所采用的液面计，实际就是一个温差电偶。它的一端（参考端）始终浸于液氮中，另一端（液面计）安装在紫铜圆筒与下挡板之间。当缓慢下降拉杆，使液面计刚与液氮面接触时，温差电动势即变为零。

为使温度计和超导样品具有较好的温度一致性，铂电阻温度计、硅二极管和温差电偶的测温端与待测超导样品一起固定在紫铜恒温块上。温差电偶的参考端从低温恒温器底部的小孔中伸出（见图 5.1.5），使其在整个实验过程中都浸没在液氮内。

（2）电测量原理及测量设备

本实验的测量线路图如图 5.1.6 所示。在每次实验开始时，首先把面板上用虚线连接起来的两两插座用带香蕉插头的导线全部连接好，使各部分构成完整的电流回路。

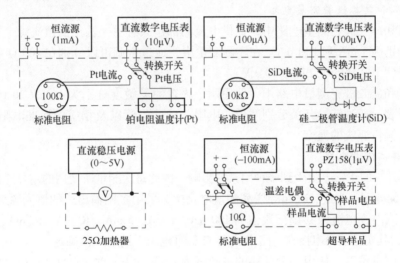

图 5.1.6　测量线路图

电测量设备的核心是一台称为"BW2 型高温超导材料特性测试装置"的电源盒和一台灵敏度为 1 μV 的 PZ158 型直流数字电压表。

BW2 型高温超导材料特性测试装置主要由铂电阻、硅二极管和超导样品 3 个电阻测量电路构成，每一电路均包含恒流源、标准电阻、待测电阻、数字电压表和转换开关 5 个主要部件。

1）四引线测量法

四引线法测量电阻的原理如图 5.1.7 所示。测量电流由恒流源提供，其大小可由标准电阻 R_n 上的电压 U_n 的测量值得出，即

$$I = \frac{U_n}{R_n} \qquad (5.1.2)$$

如果测得待测样品上的电压 U_x，则待测样品的电阻 R_x 为

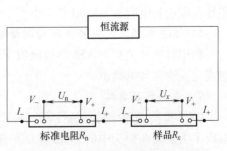

图 5.1.7　四引线法测量电阻原理图

5

$$R_x = \frac{U_x}{I} = \frac{U_x}{U_n}R_n \qquad (5.1.3)$$

由于低温物理实验装置的原则之一是必须尽可能减小室温漏热，因此测量引线通常又细又长，其阻值有可能远远超过待测样品（如超导样品）的阻值。为了排除引线和接触电阻对测量的影响，每个电阻元件都采用了四端钮接法来进行测量，其中两根为电流端引线，另两根为电压端引线。

四端钮接法测量的基本原理是：恒流源通过两根电流端引线将测量电流 I 提供给待测样品，而数字电压表则是通过两根电压端引线来测量电流 I 在样品上所形成的电势差 U。由于两根电压引线与样品的接触点处在两根电流引线的端点之间，因此排除了电流引线与样品之间的接触电阻对测量的影响；又由于数字电压表的输入阻抗很高，电压引线的引线电阻以及它们与样品之间的接触电阻对测量的影响可以忽略不计，因此，四端钮接法可以减小甚至排除引线和接触电阻对测量的影响，是国际上通用的标准测量方法。

2）铂电阻和硅二极管测量电路

在铂电阻和硅二极管测量电路中，提供电流的都是只有单一输出的恒流源，它们输出电流的标称值分别为 1 mA 和 100 μA。在实际测量中，通过微调可以分别在 100 Ω 和 10 kΩ 的标准电阻上得到 100.00 mV 和 1.000 0 V。

在铂电阻和硅二极管测量电路中，使用两个内置的灵敏度分别为 10 μV 和 100 μV 的四位半数字电压表，通过转换开关分别测量铂电阻、硅二极管以及相应的标准电阻上的电压，由此可确定紫铜恒温块的温度。

3）超导样品测量电路

由于超导样品的正常电阻受到多种因素的影响，因此每次测量所使用的超导样品的正常电阻可能有较大的差别。为此，在超导样品测量电路中，采用多档输出式的恒流源来提供电流。在本装置中，该内置恒流源共设标称值为 100 μA、1 mA、5 mA、10 mA、50 mA、100 mA 的 6 档电流输出，其实际值由串接在电路中的 10 Ω 标准电阻上的电压值确定。

为了提高测量精度，使用一台外接的灵敏度为 1 μV 的五位半 PZ158 型直流数字电压表，来测量标准电阻和超导样品上的电压，由此可确定超导样品的电阻。

在直流低电势的测量中，由于构成电路的各部件和导线的材料存在不均匀性和温差，即使电路中没有来自外电源的电动势，仍然会有温差电动势存在，通常称为乱真电动势或寄生电动势。由于电路中的乱真电动势并不随电流的反向而改变，为此增设了电流反向开关，当样品电阻接近于零时，可利用电流反向后电压不变来进一步判定超导体的电阻确已为零。当然，这种确定受到了测量仪器灵敏度的限制。然而，利用超导环所做的持久电流实验表明，超导态即使有电阻，其电阻率也小于 10^{-25} Ω·cm。

4）温差电偶及定点液面计的测量电路

利用转换开关和 PZ158 型直流数字电压表，可以监测铜-康铜温差电偶的电动势以及可调式定点液面计的指示。

5）电加热器电路

BW2 型高温超导材料特性测试装置中，一个内置的直流稳压电源和一个指针式电压表构成了为安装在探头中的 25 Ω 锰铜加热器线圈供电的电路。利用电压调节旋钮可提供 0 ~ 5 V 的输出电压，从而使低温恒温器获得所需要的加热功率。

在测量超导样品的超导转变曲线时，如果需要保持稳定的温度，则可以通过调节 25 Ω 加热器线圈上所加电压来进行温度的细调。加热器线圈由温度稳定性较好的锰铜线无感地双线并绕而成。由于金属在液氮温度下具有较大的热容，因此当在降温过程中使用电加热器时，一定要注意紫铜恒温块温度变化的滞后效应。

6）其他

在 BW2 型高温超导材料特性测试装置的面板上，后边标有"（探头）"字样的铂电阻、硅二极管、超导样品和 25 Ω 加热器 4 个部件，温差电偶和液面计，均安装在低温恒温器中。利用一根两头带有 19 芯插头的装置连接电缆，可将 BW2 型高温超导材料特性测试装置与低温恒温器连为一体。

5.1.4　实验内容

1. 高温超导材料特性（电阻）的测量及低温温度计的比对

（1）电路的连接

按"BW2 型高温超导材料特性测试装置"（以下简称"电源盒"）面板上虚线所示连接导线，并将 PZ158 型直流数字电压表与"电源盒"面板上的"外接 PZ158"相连接。

（2）室温检测

打开 PZ158 型直流数字电压表的电源开关（将其电压量程置于 200 mV 档）以及"电源盒"的总电源开关，并依次打开铂电阻、硅二极管和超导样品 3 个分电源开关，调节 2 支温度计的工作电流，测量并记录其室温的电流和电压数据。

原则上，为了能够测出反映超导样品本身性质的超导转变曲线，通过超导样品的电流应该越小越好。然而，为了保证用 PZ158 型直流数字电压表能够较明显地观测到样品的超导转变过程，通过超导样品的电流又不能太小。对于一般的样品，可按照超导样品上的室温电压（50 ~ 200 μV）来选定所通过的电流的大小，但最好不要大于 50 mA。

在打开 25 Ω 锰铜加热器线圈的分电源开关之前，应将电压调节旋钮左旋到底，使其处于指零位置。此时，打开开关，稍许右旋电压调节旋钮，如观察到电压表指针偏转正常，即将电压调节旋钮左旋到底，恢复指零位置，并关掉加热器线圈的分电源，待必要时使用。

最后，将转换开关先后旋至"温差电偶"和"液面指示"处，此时 PZ158 型直流数字电压表的示值应当很低。

（3）低温恒温器降温速率的控制及低温温度计的比对

① 低温器降温速率的控制。低温测量是否能够在规定的时间内顺利完成，关键在于是否能够调节好低温恒温器的下挡板浸入液氮的深度，使紫铜恒温块以适当速率降温。为了确保整个实验工作可在 3 h 以内顺利完成，在低温恒温器的紫铜圆筒底部与下挡板间距离的 1/2 处安装了可调式定点液面计。在实验过程中只要随时调节低温恒温器的位置以保证液面计指示电压刚好为零，即可保证液氮表面刚好在液面计位置附近。

具体步骤：将转换开关旋至"液面指示"处，稍许旋松拉杆固定螺母，控制拉杆缓缓下降，并密切监视与液面指示计相连接的 PZ158 型直流数字电压表的示值（以下简称"液面计示值"），使之逐渐减小到零⊖，立即拧紧固定螺母，这时液氮面恰好位于紫铜圆筒底部

⊖　由于液面的不稳定性以及导线的不均匀性，一般液面计的指示不一定为零，可以有正或负几个微伏的示值。因此，在实验过程中不要强求液面计的示值为零。

与下挡板间距离的 1/2 处（该处安装有液面计）。

伴随着低温恒温器温度的不断下降，液氮面也会缓慢下降，引起液面计示值的增加。一旦发现液面计示值不再是零⊖，应将拉杆向下移动少许（约 2 mm，切不可下移过多），使液面计示值恢复零值。因此，在低温恒温器的整个降温过程中，要不断地控制拉杆下降来恢复液面计示值为零，维持低温恒温器下挡板的浸入深度不变。

② 低温温度计的比对。当紫铜恒温块的温度开始降低时，观察和测量各种温度计及超导样品电阻随温度的变化，大约每隔 5 min 测量一次各温度计的测温参量（如铂电阻温度计的电阻、硅二极管温度计的正向电压、温差电偶的电动势），即进行温度计的比对。

具体而言，由于铂电阻温度计已经标定，性能稳定，且有较好的线性电阻-温度关系，因此可以利用所给出的本装置铂电阻温度计的电阻-温度关系简化公式，由相应温度下铂电阻温度计的电阻值确定紫铜恒温块的温度，再以此温度为横坐标，分别以所测得的硅二极管的正向电压值和温差电偶的温差电动势值为纵坐标，画出它们随温度变化的曲线。

（4）超导转变曲线的测量

当紫铜恒温块的温度降低到 130 K 附近时，开始测量超导体的电阻及其温度（由铂电阻温度计给出），测量点的选取可视电阻变化的快慢而定，例如在超导转变发生之前可以每 5 min 测量一次，同时测量各温度计的测温参量，进行低温温度计的比对。而在超导转变过程中，则应在样品电压发生变化时进行测量，此时只记录铂电阻的电压和样品电压。

当样品电阻接近于零时，要利用电流反向开关排除乱真电动势的干扰。具体做法是：先在正向电流下测量超导体的电压，然后按下电流反向开关按钮，重复上述测量。若这两次测量所得到的数据（包括符号）相同，则表明超导样品达到了零电阻状态。最后，画出超导体电阻随温度变化的曲线，并确定其起始转变温度 $T_{c,\,onset}$ 和零电阻温度 T_{c0}。

在上述测量过程中，低温恒温器降温速率的控制依然是十分重要的。在发生超导转变之前，即在 $T > T_{c,\,onset}$ 温区，每测完一点都要把转换开关旋至"液面计"档，用 PZ158 型直流数字电压表监测液面的变化。在发生超导转变的过程中，即在 $T_{c0} < T < T_{c,\,onset}$ 温区，由于在液面变化不大的情况下，超导样品的电阻随着温度的降低而迅速减小，因此不必每次再把转换开关旋至"液面计"档，而是应该密切监测超导样品电阻的变化。当超导样品的电阻接近零值时，如果低温恒温器的降温已经非常缓慢甚至停止，这时可以稍微下移拉杆。

2. 注意事项

① 所有测量必须在同一次降温过程中完成，应避免紫铜恒温块的温度上下波动。如果实验失败或需要补充不足的数据，必须将低温恒温器从杜瓦容器中取出并用电吹风机加热使其温度接近室温，待低温器温度计示值重新恢复到室温数据附近时，重做本实验，否则所得到的数据点将有可能偏离规则曲线较远。当然，这样势必会大大延误实验时间，因此应从一开始就认真按照本说明要求进行实验，避免实验失败，并一次性取齐数据。

② 恒流源不可开路，稳压电源不可短路。PZ158 型直流数字电压表也不宜长时间处在开路状态，必要时可利用校零电压引线将输入端短路。

③ 为了达到标称的稳定度，PZ158 型直流数字电压表和电源盒至少应预热 10 min。

⊖ 在拉杆下移过程中，在液面计浸入液氮与液面计示值恢复"零"值之间稍有滞后，切不可一味将拉杆下移。

④ 在电源盒接通交流 220 V 电源之前，一定要检查好所有电路的连接是否正确。特别是在开启总电源之前，各恒流源和直流稳压电源的分电源开关均应处在断开的状态，电加热器的电压旋钮应处在指零的位置上。

⑤ 低温下，塑料套管又硬又脆，极易折断。在实验结束取出低温恒温器时，一定要避免温差电偶和液面计的参考端与杜瓦容器（特别是出口处）相碰。由于液氮杜瓦容器的内筒的深度远小于低温恒温器的引线拉杆的长度，因此在超导特性测量的实验过程中，杜瓦容器内的液氮深度不应少于 15 cm，而且一定不要将拉杆往下移动太多，以免温差电偶和液面计的参考端与杜瓦容器内筒底部相碰。

⑥ 在旋松固定螺母并下移拉杆时，一定要握紧拉杆，以免拉杆下滑。

⑦ 低温恒温器的引线拉杆是厚度仅 0.5 mm 的薄壁德银管，注意一定不要使其受力，以免变形或损坏。

⑧ 不锈钢金属杜瓦容器的内筒壁厚仅为 0.5 mm，应避免硬物的撞击。杜瓦容器底部的真空封嘴已用一段附加的不锈钢圆管加以保护，切忌磕伤。

3. 升温过程中测量超导转变曲线

打开电加热器，使低温恒温器缓慢升温，在升温过程中测量超导转变曲线，并与降温过程中测得的曲线进行比对分析。

5.1.5 数据处理

自行设计表格，利用实验测得的数据经正确处理后分别画出超导体的电阻-温度曲线、铂电阻温度计的电阻-温度曲线、硅二极管温度计的正向电压-温度曲线及温差电偶温度计的温差电动势-温度曲线，并根据超导体的电阻-温度曲线确定超导体的临界转变温度以及进行低温温度计的比对分析。

5.1.6 思考题

① 零电阻常规导体遵从欧姆定律，它的磁性有什么特点？超导体的磁性又有什么特点？它是否是独立于零电阻性质的超导体的基本特性？

② 确定超导样品的零电阻时，测量电流为何必须反向？这种方法所判定的零电阻与实验仪器的灵敏度和精度有何关系？

③ 如何利用本实验装置获得较接近室温（如 250 K）的稳定的中间温度？

5.1.7 拓展研究

① 还有哪些设计低温温度计的方法？试说明其原理。自行设计低温温度计，并研究其测试特性。

② 在"四引线测量法"中，电流引线和电压引线能否互换？为什么？

5.1.8 参考文献

[1] 陆果，等. 高温超导材料特性测试装置 [J]. 物理实验，2001，21（5）：7-12.

[2] 何元金，等. 近代物理实验 [M]. 北京：清华大学出版社，2005.

[3] 章立源. 超导体 [M]. 北京：科学出版社，1986.

5.2　非线性电路中的混沌现象

20 世纪 80 年代，混沌作为举世瞩目的前沿课题和研究热点，揭示了自然界及人类社会中普遍存在的复杂性、有序与无序的统一、确定性与随机性的统一，大大拓宽了人们的视野，加深了人们对客观世界的认识。许多人认为混沌的发现是继 20 世纪初相对论与量子力学以来的第三次物理学革命。目前混沌控制与同步的研究成果已被用来解决秘密通信、改善和提高激光器性能以及控制人类心律不齐等问题。

混沌（chaos）作为一个科学概念，是指一个确定性系统中出现的类似随机的过程。理论和实验都证实，即使是最简单的非线性系统也能产生十分复杂的行为特性，可以概括一大类非线性系统的演化特性。混沌现象出现在非线性电路中是极为普遍的现象，本实验设计一种简单的非线性电路，通过改变电路中的参数可以观察到倍周期分岔、阵发混沌和奇导吸引子等现象。实验要求对非线性电路的电阻进行伏安特性的测量，以此研究混沌现象产生的原因，并通过对出现倍周期分岔时实验电路中参数的测定，实现对费根鲍姆常数的测量，认识倍周期分岔及该现象的普适常数——费根鲍姆（Feigenbaum）常数、奇异吸引子、阵发混沌等非线性系统的共同形态和特征。此外，通过电感的测量和混沌现象的观察，还可以巩固对串联谐振电路的认识和示波器的使用。

5.2.1　实验要求

1. 实验重点

① 了解和认识混沌现象及其产生的机理，初步了解倍周期分岔、阵发混沌和奇异吸引子等现象。

② 掌握用串联谐振电路测量电感的方法。

③ 了解非线性电阻的特性，并掌握一种测量非线性电阻伏安特性的方法。

④ 通过粗测费根鲍姆常数，加深对非线性系统步入混沌的通有特性的认识。

2. 预习要点

（1）用振幅法和相位法测电感

① 按已知的数据信息（$L \approx 20$ mH，$r \approx 10$ Ω，C_0 见现场测试盒提供的数据）估算电路的共振频率 f。

② 串联电路的电感测试盒如图 5.2.1 所示。J_1 和 J_2 是两个 Q9 插座，请考虑测共振频率时应如何连线？你期望会看到什么现象？

③ 考虑如何用振幅法和相位法测量共振频率并由此算得电感量？当激励频率小于、等于和大于电路的共振频率时，电流和激励源信号之间的相位有什么关系？

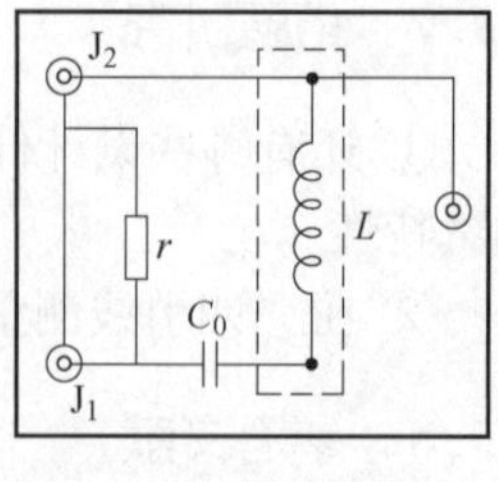

图 5.2.1　电感测试盒

（2）混沌现象的研究和描述

① 本实验中的混沌现象是怎样发生的？LC 电路有选频作用，为什么还会出现如此复杂的图形呢？

② 什么叫相图？为什么要用相图来研究混沌现象？本实验中的相图是怎么获得的？复习示波器的使用，考虑如何用示波器观察混沌系统的相图和动力学系统各变量如 $V_{C1}(t)$、$V_{C2}(t)$ 的波形。

③ 什么叫倍周期分岔，表现在相图上有什么特点？

④ 什么叫混沌？表现在相图上有什么特点？

⑤ 什么叫吸引子？什么是非奇异吸引子？什么是奇异吸引子？表现在相图上分别有什么特点？

⑥ 什么是费根鲍姆常数？在本实验中如何测量它的近似值？

（3）负阻元件

① 负阻元件在本实验中起什么作用？为什么把它作负阻元件？对结构比较复杂的负阻元件，我们采用了什么方法来进行研究？这种方法有什么优缺点？

② 非线性电阻 R 的伏安特性如何测量？如何对实验数据进行分段和拟合？实验中使用的是哪一段曲线（拟合曲线见图 5.2.2）？

③ 给出测量负阻元件特性的电路图，实验时应当怎样安排测量点？

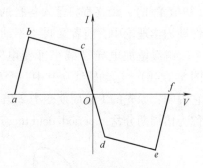

图 5.2.2 负阻元件的拟合曲线

5.2.2 实验原理

1. 非线性电路与混沌

非线性电路如图 5.2.3 所示。电路中只有一个非线性电阻 $R = 1/g$，它是一个有源非线性负阻元件，电感 L 与电容 C_2 组成一个损耗很小的振荡回路。可变电阻 $1/G$ 和电容 C_1 构成移相电路。最简单的非线性元件 R 可以看作由三个分段线性的元件组成。由于加在此元件上的电压增加时，其上面的电流减少，故称为非线性负阻元件（见图 5.2.2）。

图 5.2.3 电路的动力学方程为

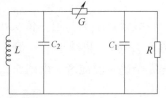

图 5.2.3 非线性电路原理图

$$\begin{cases} C_1 \dfrac{\mathrm{d}V_{C1}}{\mathrm{d}t} = G(V_{C2} - V_{C1}) - gV_{C1} \\[2mm] C_2 \dfrac{\mathrm{d}V_{C2}}{\mathrm{d}t} = G(V_{C1} - V_{C2}) + i_L \\[2mm] L \dfrac{\mathrm{d}i_L}{\mathrm{d}t} = -V_{C2} \end{cases} \tag{5.2.1}$$

式中，G 代表可变电阻的导纳；V_{C1}、V_{C2} 分别表示加在电容 C_1、C_2 上的电压；i_L 表示流过 L 的电流；$g = 1/R$ 表示非线性电阻 R 的导纳。

将电导值 G 取最小（电阻最大），同时用示波器观察 V_{C1}-V_{C2} 的李萨如图形。它相当于由方程 $x = V_{C1}(t)$ 和 $y = V_{C2}(t)$ 消去时间变量 t 而得到的空间曲线，在非线性理论中这种曲线称为相图（phase portrait）[注]。"相"的意思是运动状态，相图反映了运动状态的联系。一开始系统存在短暂的稳态，示波器上的李萨如图形表现为一个光点。随着 G 值的增加（电阻减小），李萨如图形表现为一个接近斜椭圆的图形（见图5.2.4a）。它表明系统开始自激振荡，其振荡频率决定于电感与非线性电阻组成的回路特性。由于 V_{C1} 和 V_{C2} 同频率但存在一定的相移，所以此时图形为一斜椭圆；由于非线性的存在，示波器显示的并不是严格的椭圆，但系统进行着简单的周期运动。这一点也不难用示波器双踪观察予以证实。

应当指出的是，无论是代表稳态的"光点"，还是开始自激振荡的"椭圆"，都是系统经过一段暂态过程后的终态。示波器显示的是系统进入稳定状态后的"相"图。实验和理论都证明：只要在各自对应的系统参数（G、C_1、C_2、L 和 R）下，无论给它什么样的激励（初值条件），最终都将落入各自的终态集上，故它们被称为"吸引子（attractor）"。在非线性动力学理论中，前者又叫"不动点"，后者则属于"极限环"。

继续增加电导（减小可变电阻值 $1/G$），此时示波器屏幕上出现两相交的椭圆（见图5.2.4b），运动轨线从其中一个椭圆跑到另一个椭圆，再在重叠处又跑到原来的椭圆上。它说明：原先的1倍周期变为2倍周期，即系统需两个周期才恢复原状。这在非线性理论中称为倍周期分岔（period-doubling bifurcation）。它揭开了动力学系统步入混沌的"序幕"。

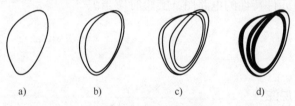

图 5.2.4　倍周期相图

a) 1倍周期　b) 2倍周期　c) 4倍周期　d) 阵发混沌

继续减小 $1/G$ 值，依次出现4倍周期、8倍周期、16倍周期……，以及阵发混沌（见图5.2.4d）。再减小 $1/G$ 值，出现3倍周期（见图5.2.5a），随着 $1/G$ 值的进一步减小，系统完全进入混沌区。由图5.2.5b到图5.2.5c，可以看出运动轨迹不再是周期性的，从屏幕

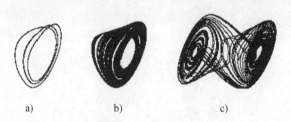

图 5.2.5　混沌吸引子

a) 3倍周期　b) 单吸引子　c) 双吸引子

[注]　在传统的讨论中，人们总是习惯在时间域来研究运动规律，例如讨论电压或电流的时间过程 $V_{C1}(t)$、$V_{C2}(t)$ 等。在非线性理论中，我们会看到使用运动状态之间的关系，更有利于揭示事物的本质。在本实验中就是研究 $V_{C1}(t)$-$V_{C2}(t)$ 的关系。这样做表面上看不到 V_{C2} 和 V_{C1} 的时间信息，却突出了电路系统运动的全局概念。

上观察轨道（见图 5.2.5c 双吸引子）的演化时，可以看到轨道在左侧绕一会儿，然后又跑到右侧范围走来走去，绕几圈、绕多大似乎是随机的。完全无法预料它什么时候该从一边过渡到另一边。但这种随机性与真正随机系统中不可预测的无规性又不相同。因为相点貌似无规游荡，不会重复已走过的路，但并不以连续概率分布在相平面上随机行走。类似"线圈"的轨道本身是有界的，其极限集合呈现出奇特而美丽的形状，带有许多空洞，显然有某种规律。我们仍把这时的解集和前面看到的周期解一样称为一种吸引子。此类吸引子与其他周期解的吸引子不同，通常称之为奇异吸引子（strange attractor）或混沌吸引子（chaotic attractor）。图 5.2.5b 称为单吸引子，图 5.2.5c 被称为双吸引子。

那么究竟什么是混沌呢？混沌的本意是指宇宙形成以前模糊一团的景象，作为一个科学的术语，它大体包含以下一些主要内容：①系统进行着貌似无规的运动，但决定其运动的基础动力学却是决定论的；②具体结果敏感地依赖初始条件，从而其长期行为具有不可预测性；③这种不可预测性并非由外界噪声引起；④系统长期行为具有某些全局和普适性的特征，这些特征与初始条件无关。

混沌吸引子具有许多新的特征，例如具有无穷嵌套的自相似结构，几何上的分形即具有分数维数等，还可以用李雅普诺夫（Lyapunov）指数、功率谱分析等手段来描述。这里仅就倍周期分岔通向混沌道路中的某种普适性做一简单分析。

尽管混沌行为是一种类随机运动，但其步入混沌的演化过程在非线性系统中具有普适性。对于任一非线性电路，其动力学方程可表示为

$$\frac{\mathrm{d}X}{\mathrm{d}t} = F(X,r) , \quad X \in \mathbf{R}^N \tag{5.2.2}$$

式中，N 为系统变量数；r 是系统参量。借助于相图（也称运动轨迹观察法，如任意两变量之间的关系图）可以观察系统的运动状态。改变参量 r，当 $r = r_1$ 时可以看到系统由稳定的周期 1 变为周期 2；继续改变 r，当 $r = r_2$ 时周期 2 失稳，同时出现周期 4；如此继续下去，当 $r = r_n$ 时出现周期为 2^n 的轨道。上述描述的过程为倍周期分岔。这一过程不断继续下去，即存在一个集合 $\{r_n\}$，使得如果 $r_{n+1} > r \geqslant r_n$，存在稳定的周期 2^n 解，且存在一极限 r_∞，这样系统经过不断周期倍化而进入混沌，这种演化过程在非线性系统中带有通有（genetic）性质。

上述分岔值序列按几何收敛方式 $r_n = r_\infty - \mathrm{Const} \cdot \delta^{-n}$ 迅速收敛。式中，Const 为常数，δ 是大于 1 的常数，且

$$\delta = \lim_{n \to \infty} \frac{r_n - r_{n-1}}{r_{n+1} - r_n} = 4.669\ 201\ 609\ 1\cdots \tag{5.2.3}$$

式中，常数 δ 被命名为费根鲍姆常数，它反映了沿周期倍化分岔序列通向混沌的道路中具有的普适性，其普适性地位如同圆周率 π、自然对数的底数 e 和普朗克常数 h 一样。实际上费根鲍姆常数之谜还有待更深入的科学论证。

最后再对阵发混沌做一点说明。当 $r > r_\infty$ 时，系统的结果大都完全不收敛于任何周期有限的轨道上，因而可以说系统在倍周期分岔的终点步入混沌。但是在混沌区，当系统变量变化时会出现周期窗口和间歇现象（intermittency）。其中最宽的窗口是对应周期 3 的运动轨道。在这些窗口内，周期轨道也要发生倍周期分岔，最后又进入混沌状态。另外在出现周期 3 窗口的位置，发生的分岔在分岔理论中被称为切分岔。这类分岔点的一侧有三个稳定的周

期解，而另一侧根本没有任何稳定的周期解存在，这样当 r 稍小于切分岔时的参量 r_c 时，系统动力学行为呈现间歇现象。$X(t)$ 在一段时间内好像在往一周期轨道上收敛，但由于并没有稳定的周期存在，"徘徊"几次后又远离而去，经过一些无规可循的运动后，又可能来到某个不稳定周期轨道附近，再次重复上述过程。但是每次都不是准确地去重蹈覆辙。整个过程看起来就像在周期运动中随机地夹杂了一些混沌运动，这种运动状态称为阵发混沌。

2. 有源非线性负阻元件

有源非线性负阻元件实现的方法有多种，这里使用一种较为简单的电路，采用 2 个运算放大器（1 个双运放 TL082）和 6 个配置电阻来实现，其电路如图 5.2.6 所示，它主要是一个正反馈电路，能输出电流以维持振荡器不断振荡，而非线性负阻元件的作用是能使振动周期产生分岔和混沌等一系列非线性现象。

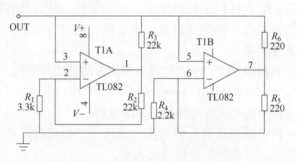

图 5.2.6　有源非线性负阻元件电路

5.2.3　实验仪器

本实验装置的核心是 NCE-1 非线性电路混沌实验仪，它由非线性电路混沌实验电路板、$-15 \sim 0 \sim +15$ V 稳压电源和四位半数字电压表（$0 \sim 20$ V，分辨率 1 mV）组成，装在一个仪器箱内。非线性电路除电感外，全部焊接在一块电路板上。电感是用漆包线在铁氧体磁芯上绕制成的，通过香蕉插孔与外部连接，可分别插入非线性电路板或电感测量盒进行实验。

实验还另配电感测量盒（其内部元件和外部连线见图 5.2.7）、双踪示波器、信号发生器和电阻箱各 1 个，电缆（导线）6 根（其中 Q9-Q9 两根、Q9-鳄鱼夹两根、鳄鱼夹-焊片两根），三通 1 个。

非线性电路混沌实验线路如图 5.2.7 所示。右边部分为非线性负阻元件，由双运放 TL082CN 集成块和 6 个配置电阻构成。运放的 8 脚与 4 脚接 ±15 V 直流电

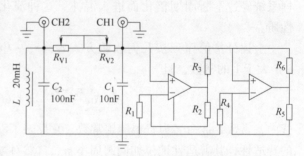

图 5.2.7　非线性电路混沌实验线路

源，$R_1 = 3.3$ kΩ，$R_2 = 22$ kΩ，$R_3 = 22$ kΩ，$R_4 = 2.2$ kΩ，$R_5 = 220$ kΩ，$R_6 = 220$ kΩ。由戴维宁定理，双运放加有关电阻可看作是一个等效直流电源和非线性电阻的串联。其非线性负阻特性可用伏安法直接测定。移相电路的可变电阻 $1/G$ 由两个阻值为 2.2 kΩ 和 100 Ω 的可调多圈电位器串联组成，$C_1 = 10$ nF。谐振电路的电感 L 约 20 mH，采用铁氧体做磁芯，$C_2 =$

100 nF。

实验仪右上角为 ±15 V 电源的 9 芯输入插座，电源放在实验箱右上方的分隔框内，使用时注意插头和插座的方向，不要插错。插上电源，面板右侧的钮子开关扳向 on 一侧，电源接通，±15 V 电源的指示灯亮。面板左侧的钮子开关为数字电压表的控制开关，扳向 on 一侧，电压表接通，可通过面板上的红-黑接线测量相应位置的电压。面板上的 CH1-⊥ 和 CH2-⊥ 接线柱分别代表 V_{C1} 和 V_{C2} 的电压输出位置，可直接连接示波器的 X-Y 输入观察李萨如图形或对 CH1 与 CH2 作双踪显示。图 5.2.3 中的电导 G 由粗调电位器 R_{V1} 和细调电位器 R_{V2} 充当。改变 $R_{V1} + R_{V2}$ 即改变移相器的阻值，用于观察相图的变化。

5.2.4 实验内容

1. 串联谐振电路和电感的测量

串联谐振电路如图 5.2.8 所示。略去初始条件产生的暂态过程，只考虑电路的稳态振荡。这时可以采用复阻抗来进行计算，即满足

$$I\left(\frac{1}{\mathrm{j}\omega C} + \mathrm{j}\omega L + R\right) = E, \quad I = \frac{E}{\frac{1}{\mathrm{j}\omega C} + \mathrm{j}\omega L + R} = \frac{E}{\mathrm{j}\left(\omega L - \frac{1}{\omega C}\right) + R} \tag{5.2.4}$$

当 $\omega L - \dfrac{1}{\omega C} = 0$ 时，I 有极大值，它所对应的频率就是电路的串联

谐振频率 $f = \dfrac{1}{2\pi\sqrt{LC}}$。如果测得串联谐振频率 f，则可以求出电

感为

$$L = \frac{1}{4\pi^2 f^2 C} \tag{5.2.5}$$

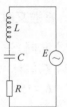

图 5.2.8 串联谐振电路

由式（5.2.4）还可以讨论 E 与 I 的相位关系。由已知的数据信息（$L \approx 20$ mH，$r \approx 10\ \Omega$，C_0 见现场测试盒提供的数据）估算电路的共振频率 f；串联电路的电感测试盒如图 5.2.1 所示。J_1 和 J_2 是两个 Q9 插座，连线用振幅法和相位法测量共振频率并由此算得电感量，测量时电流不要超过 20 mA。

2. 倍周期分岔和混沌现象的观察

打开机箱，接好实验装置后，将电导 G 由最小值逐步增大，即调节（减小）粗调电位器 R_{V1} 和细调电位器 R_{V2}，用示波器观察相图的变化。要求观察并记录 2 倍周期分岔、4 倍周期分岔、阵发混沌、3 倍周期、单吸引子、双吸引子现象及相应的 $V_{C1}(t)$ 和 $V_{C2}(t)$ 的波形。

3. 非线性电阻伏安特性的测量

可把有源非线性负阻元件看作一个黑盒子，用伏安法测量其伏安特性。测量时把有源非线性负阻元件与移相器隔开（想一想，如何实现？），将电阻箱 R_0 和有源非线性负阻元件并联，改变电阻箱的电阻值 R_0，用数字电压表测 U_{R_0}，获得有源非线性负阻元件在 $U < 0$ 时的伏安特性，作 U-I 关系图。测量时注意实验点分布的合理选择。

5.2.5 数据处理

① 由测量数据计算电感 L。根据具体的测量条件，估算电感测量结果的有效数字和不确

定度。

② 用一元线性回归方法对有源非线性负阻元件的测量数据做分段拟合，并作图。

③ 由非线性方程组（5.2.1）结合本实验的相关参数，用四阶龙格-库塔（Runge-Kutta）数值积分法编程，画出奇异吸引子、双吸引子的相图和对应的 R_{V1}-t 及 R_{V2}-t 图并与实验记录进行对照。

说明：有源非线性负阻元件的参数用实测数据的分段拟合结果，实验中一般不能获得正向电压部分的曲线，可按反向电压曲线关于原点对称得出。

5.2.6　思考题

① 比较用计算机模拟获得的吸引子相图与在实验中观察到相图，从非线性系统的特点分析它们为何不同？

② 根据实验室给定的现有仪器，设计实验方案，测量费根鲍姆常数。

5.2.7　拓展研究

① 用 Lyapunov 指数或分形维数研究非线性电路步入混沌过程的特点。

② 设计新的非线性电路，改变参数观察其相图，总结出现混沌的一些标志性现象。

5.2.8　参考文献

［1］陆同兴. 非线性物理概论［M］. 合肥：中国科学技术大学出版社，2002.

［2］郝伯林. 分岔、混沌、奇怪吸引子、湍流及其他［J］. 物理学进展，1993，3（1）：63-150.

［3］KAPLAN D，GLASS L. Understanding Nonlinear Dynamics［M］. New York：Springer-Verlag，1995.

［4］CHUA L O，WU C W，HUANG A，et al. A Universal Circuit for Studying and Generating Chaos［J］. IEEE Trans. Circuits Syst. （I）. 1993（40）：732.

［5］赵凯华. 从单摆到混沌［J］. 现代物理知识，1993（4-6）.

5.2.9　附录

1. 费根鲍姆常数的测量

以 G 作为系统参数，将 $R_{V1}+R_{V2}$ 由一较大值逐渐减小，记录出现倍周期分岔时的参数值 G_n，得到倍周期分岔之间相继参量间隔比为

$$\delta = \lim_{n\to\infty} \frac{G_n - G_{n-1}}{G_{n+1} - G_n}$$

测量时 n 越大，δ 值越趋近于费根鲍姆常数，但由于实验条件的限制，很难观察到更高倍数的周期分岔，因此本实验的测量只能是粗略的。旋转电位器，将可变电阻值调至最大，在其两端并联一电阻箱 R_b，改变电阻箱 R_b 阻值，当 $R_b = R_1$ 时可以看到系统由周期1变为周期2；继续改变 R_b，当 $R_b = R_2$ 时，周期2失稳，同时出现周期4；如此当 $R_b = R_3$ 出现周期8时，则费根鲍姆常数的近似值为 $\delta \approx \dfrac{(R_1 - R_2)R_3}{(R_2 - R_3)R_1}$。

2. 四阶龙格-库塔方法介绍

对初值问题 $\dfrac{\mathrm{d}y}{\mathrm{d}x} = f(x,y)$，$y(a) = s$，用离散化方法求它的数值解，龙格-库塔方法是最常用的方法之一。标准四阶龙格-库塔方法的推算公式是：已知 $y_n \equiv y(x_n)$，则 $y_{n+1} \equiv y(x_n + h)$ 可由下式推出，即

$$K_1 = hf(x_n, y_n) \qquad\qquad K_2 = hf\left(x_n + \frac{h}{2}, \ y_n + \frac{K_1}{2}\right)$$

$$K_3 = hf\left(x_n + \frac{h}{2}, \ y_n + \frac{K_2}{2}\right) \qquad K_4 = hf(x_n + h, \ y_n + K_3)$$

$$y_{n+1} = y_n + \frac{1}{6}(K_1 + 2K_2 + 2K_3 + K_4)$$

有关龙格-库塔方法的证明和更详细的讨论，请参阅计算方法等专业书籍。

5.3 声源定位和 GPS 模拟

波的传播在物理研究和工程应用中都占有重要的地位。利用波动传播过程中时间坐标和空间坐标的关联，可以获得许多重要的信息，例如地震学的研究、全球定位系统（Global Positioning System，GPS）和无损检测中的声发射技术等。

在地震研究中确定震源的最简单的模型就是：由同一观察点记录两种直达波（例如纵波和横波）波前到达的时间差，如果相应的传播速度已知，那么震源离开该观察点的距离就可以推算出来；利用 3 个观察点的数据就可以确定震源的三维坐标。全球定位系统则是通过导航卫星发出的电磁波信号来确定用户位置的测量装置，是以三角测量定位原理来进行定位的。它采用多星高轨测距体制，以接收机至 GPS 卫星之间的距离作为基本观测量。当地面用户的 GPS 接收机同时接收到 3 颗以上卫星的信号后，测算出卫星信号到接收机所需要的时间、距离，再根据导航电文提供的卫星位置和钟差改正信息，即可确定用户的三维（经度、纬度、高度）坐标位置以及速度、时间等相关参数。

声源定位实验还带有物理学中反演问题的一些特征。反演问题中两个最著名的范例就是地震研究和 CT（计算机断层成像）技术。以地震研究为例。它的正问题是已知震源的信息（发生时间、位置和强度等）和周围媒质的性质，推算出地震发生后周围媒质的响应；而它的一个反问题则是在媒质性质给定的条件下，根据在有限时间内几个位置的响应来反推出源的性质。一般来说，后者的求解要比前者困难得多。或者由于规律本身的复杂难解，或者由于信息获取不完备，或者由于误差影响的复杂途径，常常使得求出的解偏离真值很远、出现多重解甚至根本解不出来。这些情况在声源定位中也会存在。

本实验采用声发射技术中的平面定位原理，可进行二维的声源定位和 GPS 模拟实验。通过本实验不仅可以学习到相关实验的基本原理，进一步理解物理学在高科技领域的基础地位和作用，而且可以了解由传感器、信号调理电路和计算机组成的现代测量系统的许多基本知识以及用计算机处理实验数据的一些基本方法。

5.3.1 实验要求

1. 实验重点

① 了解压电效应以及压电换能器在电声转换中的应用。

② 通过利用声波传播进行定位的实验，体会物理知识在现代科技领域应用的重要性。

③ 学习现代测量技术和计算机在物理实验中的应用。

2. 预习要点

① 本实验中时差是如何得到的？怎样才能获得相对时差和绝对时差的信息？

② 各种电缆如何连接？在声源定位和 GPS 仿真实验中的接线有什么不同？

③ 为什么要强调传感器阵列和时差测定仪连接的顺序？怎样保证两者有正确的对应关系？

④ 在 GPS 模拟实验中只有一个"卫星"通道，为什么也能定位？为什么要获得多组数据来定位？

5.3.2 实验原理

1. 声源定位（二维）

如图 5.3.1 所示，3 个接收传感器 S_0、S_1 和 S_2 的坐标分别为 (X_0,Y_0)、(X_1,Y_1) 和 (X_2,Y_2)，当平面上某处 (X,Y) 发出（超）声波时，该信号将先后被 3 个传感器所接收，设时间分别为 t_0、t_1 和 t_2。限于实验条件，实验中并不能真正测到事件到达的绝对时间，而只能测出它们到达各个传感器的时间差 $\Delta t_1 = t_1 - t_0$，$\Delta t_2 = t_2 - t_0$。设声波沿媒质表面的传播速度为 c，对换能器 S_0 和 S_1 而言，声源发生的位置应当在到该两点的距离差为 $c\Delta t_1$ 的曲线上，这是一条双曲线。显然，利用 Δt_1 和 Δt_2 可以得到两条双曲线，它们的交点就是声源所在的位置。

为了便于导出具体的计算公式，把 S_0 设为坐标原点（不失一般性），即 $(X_0,Y_0)=(0,0)$。声源发生的位置为 (X,Y)，它也可以用极坐标 (r,θ) 表示（见图 5.3.2）并满足

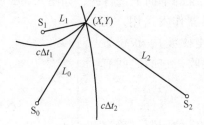 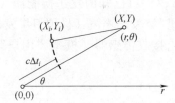

图 5.3.1　声源定位原理　　　　图 5.3.2　声源位置的坐标

$$X^2 + Y^2 = r^2 \tag{5.3.1}$$
$$(X-X_1)^2 + (Y-Y_1)^2 = (r+c\Delta t_1)^2 \tag{5.3.2}$$
$$(X-X_2)^2 + (Y-Y_2)^2 = (r+c\Delta t_2)^2 \tag{5.3.3}$$

把式（5.3.1）分别代入式（5.3.2）和式（5.3.3），可得

$$2XX_1 + 2YY_1 + 2rc\Delta t_1 = X_1^2 + Y_1^2 - c^2\Delta t_1^2 \tag{5.3.4}$$
$$2XX_2 + 2YY_2 + 2rc\Delta t_2 = X_2^2 + Y_2^2 - c^2\Delta t_2^2 \tag{5.3.5}$$

把 (X,Y) 换成极坐标，并令 $\Delta_1 = c\Delta t_1$，$\Delta_2 = c\Delta t_2$，式（5.3.4）和式（5.3.5）可写成

$$2r(X_1\cos\theta + Y_1\sin\theta) + 2r\Delta_1 = X_1^2 + Y_1^2 - \Delta_1^2 \tag{5.3.6}$$
$$2r(X_2\cos\theta + Y_2\sin\theta) + 2r\Delta_2 = X_2^2 + Y_2^2 - \Delta_2^2 \tag{5.3.7}$$

由式（5.3.6）和式（5.3.7）可得

$$(X_1^2 + Y_1^2 - \Delta_1^2)(X_2\cos\theta + Y_2\sin\theta + \Delta_2) = (X_2^2 + Y_2^2 - \Delta_2^2)(X_1\cos\theta + Y_1\sin\theta + \Delta_1)$$

令

$$\left. \begin{aligned} A &= X_2(X_1^2 + Y_1^2 - \Delta_1^2) - X_1(X_2^2 + Y_2^2 - \Delta_2^2) \\ B &= Y_2(X_1^2 + Y_1^2 - \Delta_1^2) - Y_1(X_2^2 + Y_2^2 - \Delta_2^2) \\ D &= \Delta_1(X_2^2 + Y_2^2 - \Delta_2^2) - \Delta_2(X_1^2 + Y_1^2 - \Delta_1^2) \end{aligned} \right\} \tag{5.3.8}$$

则有

$$A\cos\theta + B\sin\theta = D \tag{5.3.9}$$

引入 $\dfrac{A}{\sqrt{A^2+B^2}}=\cos\Phi$，$\dfrac{B}{\sqrt{A^2+B^2}}=\sin\Phi$，于是式（5.3.9）可写成

$$\cos\Phi\cos\theta+\sin\Phi\sin\theta=\frac{D}{\sqrt{A^2+B^2}} \quad 即 \quad \cos(\theta-\Phi)=\frac{D}{\sqrt{A^2+B^2}}$$

式中，A、B、D 可由式（5.3.8）用实验数据算出，$\Phi=\arctan B/A$，于是 θ 可由下式得到，即

$$|\theta-\Phi|=\arccos\frac{D}{\sqrt{A^2+B^2}} \tag{5.3.10}$$

而 r 可由式（5.3.6）解出，即

$$r=\frac{X_1^2+Y_1^2-\Delta_1^2}{2(X_1\cos\theta+Y_1\sin\theta+\Delta_1)} \tag{5.3.11}$$

至此，声源位置已通过极坐标给出。

2. GPS 模拟

本实验对 GPS 过程的声学模拟是在一个二维的平面上进行的，如图 5.3.3 所示。位置 (X_i,Y_i) $(i=1,2,\cdots)$ 已知的发送换能器（传感器作发送用，模拟"导航卫星"）发出声波（模拟卫星发出的电磁波），被位置 (X,Y) 的待求接收传感器（模拟"用户"）接收，它们之间有关系：

$$(X_i-X)^2+(Y_i-Y)^2=c^2 t_i^2 \quad (i=1,2,\cdots) \tag{5.3.12}$$

式中，c 是波的传播速度。显然，对一个二维的定位问题（确定 X 和 Y），如果传播速度已知，要算出 X 和 Y 可以归结为一个求解两个变量的代数方程的问题，也就是说原则上只要有两颗不同位置的模拟"卫星"就可以了。实际的 GPS 定位，则至少要对四颗卫星同时进行测量，才能确定地球坐标系中的三维坐标和因卫星时钟与接收机时钟不同步所造成的钟差修正。在 GPS 的声学模拟中，为了减小时差不准对定位精度的影响，应当获

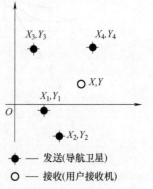

图 5.3.3 GPS 模拟

取来自多个"卫星"（发送换能器）的位置和时差信息，并通过最小二乘法来求得"用户"（接收传感器）的位置和声波的传播速度。为此可以把式（5.3.12）写成

$$(X_i-X)^2+(Y_i-Y)^2-c^2 t_i^2=0 \quad (i=1,2,\cdots,n) \tag{5.3.13}$$

当 n 大于 3 时，可由最小二乘法导出 (X,Y) 的最佳值，它们应满足使 $[(X_i-X)^2+(Y_i-Y)^2-c^2 t_i^2]^2$ 的和取极小值，即

$$F(X,Y,c)=\sum_i[(X_i-X)^2+(Y_i-Y)^2-c^2 t_i^2]^2=\min \tag{5.3.14}$$

由此可获得 X、Y、c 应满足的一组代数方程为

$$\left.\begin{aligned}
\frac{\partial F}{\partial X}=0 &\Rightarrow \sum_i[(X_i-X)^2+(Y_i-Y)^2-c^2 t_i^2](X_i-X)=0 \\[2mm]
\frac{\partial F}{\partial Y}=0 &\Rightarrow \sum_i[(X_i-X)^2+(Y_i-Y)^2-c^2 t_i^2](Y_i-Y)=0 \\[2mm]
\frac{\partial F}{\partial c}=0 &\Rightarrow \sum_i[(X_i-X)^2+(Y_i-Y)^2-c^2 t_i^2]ct_i^2=0
\end{aligned}\right\} \tag{5.3.15}$$

这是一个三元的非线性代数方程组，可通过计算方法求得数值解。如果声速 c 已知，获得的将是一组二元代数方程；若 c 未知，而且需要考虑钟差修正（发送换能器发出声脉冲的时间不能严格确定），则获得的是一组四元代数方程（$n > 4$），可由牛顿迭代法等方法求出数值解。

5.3.3 实验仪器

图 5.3.4 和图 5.3.5 分别给出了声源定位和 GPS 模拟实验的装置示意图。图中 1 是传播媒质，2 是模拟源（铅笔芯折断），3（接收换能器）和 7（发送换能器）是压电传感器，4 是接收放大器，5 是时差测定装置，6 是计算机，8 是隔离放大器，9 是单脉冲发生器。在声源定位实验中，压电传感器构成接收传感器阵列，模拟源采用铅笔芯折断装置；在 GPS 模拟实验中，只有压电换能器 7 用作发送（由单次电脉冲激励，7 和 9 构成模拟声源，模拟导航卫星）；其余 3 个换能器用作接收，模拟"用户接收机"。

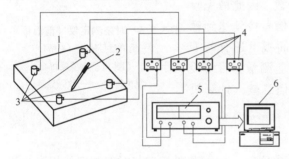
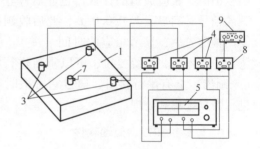

图 5.3.4　声源定位实验　　　　　图 5.3.5　GPS 模拟实验

1. 传播媒质

声波只能在媒质中传播。理论和实验表明：在固体薄平板中传播的主要是一种被称为板波（也称 Lamb 波）的声波。它包括多种模式，并且属于频散波（传播速度是频率的函数）。具体激发出哪一类或几类模式，与声源的性质和媒质的边界条件有关。这将给声源定位带来巨大的困难。理论计算表明：当板的厚度 d 和声波频率的乘积趋于 ∞ 时，各种模式的板波均趋于无频散的表面波（也称 Rayleigh 波）。在工程上一般只要厚度达到 $2 \sim 3$ 个波长时，模拟源在媒质表面（同侧）激发出的声波，其主要成分就可以认为是表面波了。对钢而言，瑞利波的传播速度的典型值为 $c_R = 2\,982$ m/s（取泊松比 $\nu = 0.29$，c_R 为切变波速度的 0.926 倍）。本实验中采用 45# 厚钢板作为传播媒质，长度×宽度×厚度 ≈ 600 mm $\times 480$ mm $\times 70$ mm。

2. 模拟源

模拟源是能在传播媒质中激发出声波、用来模拟实际声源的信号源。本实验提供了两种类型的模拟源，分别是：铅笔芯折断或用单次（连续）电脉冲激励压电传感器（利用反向压电效应，把传感器作发送用）产生的单次（连续）声脉冲。连续声脉冲的重复频率约为 25 Hz，用作声波在传播过程的定性观察和系统检测；铅笔芯折断（$\phi 0.5$ mm，HB）用作声源定位实验；单次声脉冲用作 GPS 模拟。

3. 传感器

本实验共有 4 个传感器，声源定位中可构成一组平面定位的接收传感器阵列。在 GPS

仿真时，一个用作模拟导航卫星（发送），其余 3 个模拟用户接收机（接收）。

4. 接收放大器

用于放大接收传感器输出的电信号。它由两级组成，第一级作前置放大（增益 40 dB）；第二级作后置放大（20 dB）；两级之间加有包络检波电路，用于取得信号的事件包络。

5. 时差测定仪

时差测定仪是以单片机为核心的测量装置，用于测定传感器接收到的信号的时差。前面板（见图 5.3.6）上有 4 个信号输入通道（Q9 插座）和相应的时差数码显示。4 个通道的输入信号，经过门槛电路产生触发信号去控制各自的计数器。门槛值由面板上的波段开关设定（0.2 ~ 5 V 可调）。当来自某一通道的信号超过设定的门槛值时，该通道计数为零，其余通道的计数器同时开始计数。当其余通道的信号先后超过门槛值时，相应通道的计数器也先后停止计数。因此最先收到的信号时间显示为 000.0 μs，此后收到的信号按其达到触发门槛的先后，显示相应的时间（差）。前面板上还有清零按钮，清零后，系统复位，可以重新进行时差测量。后面板（未画出）上有串行接口，通过它可把时差信息输入计算机进行数据采集和处理。

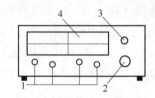

图 5.3.6　时差测定仪（前面板）
1—模拟信号输入（4 路）
2—门槛电平调节旋钮
3—复位按钮　4—数码显示

6. 计算机和数据处理软件

利用专门软件可进行实验原理和声源定位的演示。计算机的串口与时差测定仪相连，利用软件可进行数据通信、处理、存盘和显示。

系统硬件的主要技术指标如下：

① 声发射传感器：工作频率约 150 kHz，灵敏度约 65 dB（0 dB = 1 Vs/m）。

② 接收放大器：前置级（增益 40 dB，频带 20 kHz ~ 2 MHz，噪声 $\leqslant$ 5 μV），后置级（增益 20 dB，动态范围 $\geqslant 10 V_{\text{p-p}}$），两级放大中间带包络检波电路，电源 15 V。

③ 时差测定装置：4 路输入，计数频率 10 MHz（最高分辨率可达 0.05 μs），门槛值 0.2 ~ 5.0 V 可调，时差数字显示 4 位，串行口，电源 5 V。

④ 模拟源：铅笔芯断裂模拟源（ϕ0.5mm，HB，带护套）。

⑤ 脉冲源：单次及连续，连续脉冲的重复频率约 25 Hz，幅度 $\geqslant$ 8 V。

⑥ 隔离放大器：隔离放大（约 10 倍）来自脉冲源的信号，电源 15 V。

⑦ 计算机：包括主机、显示器、鼠标和键盘等基本配置的微机系统。

⑧ 数据处理和演示软件。

5.3.4　实验内容

1. 声源定位

（1）电路连接

4 个传感器全部用作接收。传感器与放大器的输入端相连（连接电缆的两端分别为 L6 插头和 Q9 插头）；放大器的电源端与电源分配器的输出（4 个 Q9 插座）相连（连接电缆的两端均为 Q9 插头）；放大器输出分别与时差测定装置的 4 个输入通道连接（连接电缆的两端均为 Q9 插头），时差测定装置的通信口（后面板）通过专用电缆与计算机的串行口连接。

由于时差测定仪的输入通道、时差显示与传感器布阵之间存在确定的对应关系，因此一定要保证电缆连接的正确对应。通常可按图 5.3.7 的对应位置连线。

（2）系统调试

传感器按要求耦合到传播媒质上（No.1 ~ No.3 传感器已用耦合剂固定，未经教师允许不要强行拆移），检查连线后开启电源。用模拟源（铅笔芯伸出 1 ~ 2 mm，通过护套与媒质接触，倾斜约 45°加压，使铅笔芯折断）在几个典型位置检查系统工作状态，

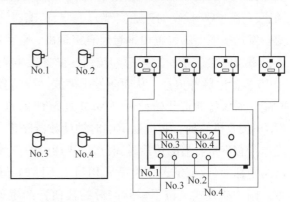

图 5.3.7　传感器布阵及其对应的输入通道连接

选择最佳的测量条件（一般门槛值尽量选低一些，铅笔芯伸出长度也以短一些为好）。

系统检查和调整（包括故障的分析、判别和确认）是实验特别是大型实验的重要环节。在某种意义上它比测量本身更加重要，也更有训练价值。在本实验中最常见的问题有耦合不好（耦合剂或保护膜问题）、电缆短路或断路。

（3）数据测量

按"时差测定仪"的红色按钮清零，用铅笔芯折断作模拟源产生声源信号，"时差测定仪"显示对应的时差数据。该数据可通过串行口输入计算机并以文件形式保存。源定位的时差记录一般不要少于 8 组，还应记录传感器阵列和声源位置的坐标值，以便进行数据处理并与实际结果作对比。若需进行传播速度的测量，可按如下方法进行：模拟源放在两个传感器连线的延长线上，读取时差信息，若两者的距离为 L，对应的时差为 t，则传播速度 $c = L/t$。为提高测量精度，可在不同方位利用不同的传感器（对）进行多次测量。

（4）数据记录

在计算机桌面上双击"AL-1 声源定位及 GPS 仿真"图标，系统启动。屏幕出现"用户进入"界面，在"实验选项"对话框选择"实验数据采集"（另两项声源定位演示和数据回放是为教师讲解实验原理和检查作业设置，学生不用），同时输入本人姓名（用户名）和学号（口令）后，系统进入"声发射源定位"界面。其左半部为传感器阵列的分布图形，右半部为时差信息窗（上方）和功能选择按钮（下方）。第一次做该实验，建议先打开"实验原理"，了解实验的基本原理后返回"声发射源定位"界面。单击"参数设置"，系统进入"参数设置"界面。可以看到"定位算法""通讯口"、（坐标）"原点""声速""坐标"（传感器布阵）及"样板大小"等基本参数。初做时可按系统默认值（点击"恢复缺省值"）排布传感器，选择三角形算法定位（实验中若发现数据通信口因选错而不能接收数据时，可更改选择后重新接收数据）。熟悉后再按需要变更。参数设置完成后应返回"声发射源定位"界面。当声信号被传感器接收并由时差测定仪显示相应的时差后，可按"接收数据"，把时差数据输入计算机；确认其合理性后，按"存盘"保存数据。

2. GPS 模拟

参见图 5.3.5 和图 5.3.7，把 No.4 传感器作为发送器使用（模拟导航卫星），其余 3 个

均作为接收机。发送器的激励信号来自隔离放大器的输出端,隔离放大器的输入则来自脉冲发生器的单次输出端(单次电脉冲),隔离放大器的输出信号同时输入时差记录仪的 No. 4 插座(通过 Q9 插座的三通实现)。其余传感器(模拟不同位置的用户接收机)连接方式不变。发送换能器的位置由钢卷尺直接量出。信号的传播时间,则由时差记录仪读出。方法如下:每按一次(手动)单脉冲按钮(脉冲发生器的红色按钮),发送换能器获得一个幅度大于 10 V 的电脉冲信号,从而激发出声波(模拟发出的电磁波信号),电脉冲信号同时启动,时差记录仪各通道开始计时(No. 4 通道计数为零);当声波传播到不同位置的接收传感器(用户接收机)时,相应通道的时钟计数器停止计数,时差记录仪面板显示声信号由发送换能器到相应接收器的传播时间(No. 4 通道的读数为 000.0 μs)。记录实验数据(时差和发送器的坐标)。改变发送器位置(相当于不同的导航卫星),接收传感器不动,时差记录仪清零,用手动方式(按下单脉冲源的按钮)产生单次电脉冲,再次激励发送器发出声脉冲,记录相应的实验数据并完成一次测量。为了用最小二乘法处理数据,测量次数不应小于 10。

3. 选做实验

① 增加一个双踪示波器,观察声波在媒质传播过程的时间延迟、振幅衰减和前沿变缓等现象,利用不同位置传感器的输出信号估算声波在媒质中的传播速度。

② 从理论和实验两个方面研究不同定位算法和不同区域的声源定位的测量精度。

5.3.5　数据处理

1. 声源定位

自编三角形算法或其他算法的计算机程序,获得声源的计算值,与实际的声源位置进行比较,讨论与实际值的偏离,分析主要误差来源。

2. GPS 模拟

自选算法(用最小二乘法求解非线性代数方程组)并编写计算机程序,获得 GPS 用户(接收传感器)的位置计算值,讨论与实际值的偏离,分析主要误差来源。

5.3.6　思考题

① 考虑到钢媒质的表面波传播速度约为 3 000 m/s,传播距离(最长)约为 54 cm,那么时差测定仪最大的读数应该不会大于多少 μs?

② 声源定位的发射源位置如何计算?是否用两个时差就可以了?

③ GPS 模拟实验用最小二乘法求数值解时,一般会涉及 4 个待测参数,除用户接收机的 X、Y 坐标和传播速度 c 以外,另一个参数是什么?有无具体的物理意义?如何用牛顿迭代法求非线性代数方程组的数值解?

5.3.7　拓展研究

① 讨论声源定位和 GPS 模拟实验的相同点和不同点。

② 利用物理原理，自行搭建实验装置，实现物体的空间定位。

5.3.8 参考文献

[1] 梁家惠，等. 声源定位实验 [J]. 物理实验，2000，20（1）：5-7.

[2] 袁振明，等. 声发射技术及其应用. 北京：机械工业出版社，1985.

[3] 李天文. GPS 原理及应用 [M]. 北京：科学出版社，2004.

[4] 陈红雨. 基于声源定位的 GPS 模拟实验设计 [J]. 实验技术与管理，2009，26（2）：30-33.

5.3.9 附录 关于非线性代数方程的迭代求解

设变量 $(x_1, x_2, \cdots, x_n)$ 满足的非线性代数方程为

$$
\left.
\begin{aligned}
f_1(x_1, x_2, \cdots x_n) &= 0 \\
f_2(x_1, x_2, \cdots x_n) &= 0 \\
&\vdots \\
f_n(x_1, x_2, \cdots x_n) &= 0
\end{aligned}
\right\}
\tag{5.3.16}
$$

先设定一组数 $(x_{10}, x_{20}, \cdots\cdots, x_{n0})$ 作为迭代的初值，将方程（5.3.16）在初值点展开，则有

$$
\left.
\begin{aligned}
f_1(x_{10}, x_{20}, \cdots x_{n0}) + \frac{\partial f_1}{\partial x_1}(x_1 - x_{10}) + \frac{\partial f_1}{\partial x_2}(x_2 - x_{20}) + \cdots + \frac{\partial f_1}{\partial x_n}(x_n - x_{n0}) &= 0 \\
f_2(x_{10}, x_{20}, \cdots x_{n0}) + \frac{\partial f_2}{\partial x_1}(x_1 - x_{10}) + \frac{\partial f_2}{\partial x_2}(x_2 - x_{20}) + \cdots + \frac{\partial f_2}{\partial x_n}(x_n - x_{n0}) &= 0 \\
&\vdots \\
f_n(x_{10}, x_{20}, \cdots x_{n0}) + \frac{\partial f_n}{\partial x_1}(x_1 - x_{10}) + \frac{\partial f_n}{\partial x_2}(x_2 - x_{20}) + \cdots + \frac{\partial f_n}{\partial x_n}(x_n - x_{n0}) &= 0
\end{aligned}
\right\}
\tag{5.3.17}
$$

式（5.3.17）是一组 n 个变量的线性代数方程组，可用线性代数的标准方法求解。设求得的数值解为 $(x_{11}, x_{21}, \cdots, x_{n1})$，再把它作为新的初值，将方程（5.3.16）在新初值点展开，则有

$$
\left.
\begin{aligned}
f_1(x_{11}, x_{21}, \cdots x_{n1}) + \frac{\partial f_1}{\partial x_1}(x_1 - x_{11}) + \frac{\partial f_1}{\partial x_2}(x_2 - x_{21}) + \cdots + \frac{\partial f_1}{\partial x_n}(x_n - x_{n1}) &= 0 \\
f_2(x_{11}, x_{21}, \cdots x_{n1}) + \frac{\partial f_2}{\partial x_1}(x_1 - x_{11}) + \frac{\partial f_2}{\partial x_2}(x_2 - x_{21}) + \cdots + \frac{\partial f_2}{\partial x_n}(x_n - x_{n1}) &= 0 \\
&\vdots \\
f_n(x_{11}, x_{21}, \cdots x_{n1}) + \frac{\partial f_n}{\partial x_1}(x_1 - x_{11}) + \frac{\partial f_n}{\partial x_2}(x_2 - x_{21}) + \cdots + \frac{\partial f_n}{\partial x_n}(x_n - x_{n1}) &= 0
\end{aligned}
\right\}
\tag{5.3.18}
$$

解出方程（5.3.18）作为初值进行新的迭代……一直到临近两次迭代结果的差值小于指定的误差范围为止。

5.4　多普勒效应测量超声声速

在无色散情况下，波在介质中的传播速度是恒定的，不会因波源运动而改变，也不会因观察者运动而改变。但当波源（或观察者）相对介质运动时，观察者接收到的波的频率和波源发出的频率将不再相同。当波源和观察者相对静止时，单位时间通过观察者的波峰的数目是一定的，观察者所观察到的频率等于波源振动的频率。当波源和观察者相向运动时，单位时间通过观察者的波峰的数目增加，观察到的频率增加；反之，当波源和观察者互相远离时，观察到的频率变小。这种由于波源或观察者（或两者）相对介质运动而使观察者接收到的频率与波源发出的频率不同的现象，称为多普勒效应。它是奥地利物理学家多普勒（J. C. Doppler）于 1842 年首先发现的。

声波是波动的一种，因此具有多普勒效应。例如，火车进站，站台上的观察者听到火车汽笛声的声调变高；火车出站，站台上的观察者听到火车汽笛声的声调变低。具有波动性的光波（更一般地说电磁波）也会出现这种效应，但机械波的多普勒效应与光波的多普勒效应产生的机制完全不同。机械波的传播一定要通过介质，而光波的传播不需要介质，可以在真空中传播；机械波的多普勒效应是由于波源或观察者（或两者）相对传播介质运动而产生的，而光波的多普勒效应只取决于波源和观察者之间的（横向或纵向）相对运动。多普勒效应在军事、医疗诊断、工程技术以及科学研究等各方面具有十分广泛的应用。

（1）雷达测速

检测机动车速度的雷达测速仪就是基于多普勒效应设计的。雷达测速仪向行进中的目标车辆发射频率已知的电磁波，同时测量反射波的频率，根据反射波的频率变化计算出车辆的行驶速度。多普勒效应测速系统可广泛应用于导弹、卫星等运动目标速度的测量与监测。

（2）医疗诊断

利用声波的多普勒效应，可以测量心脏血流速度。超声波发生器产生的超声波辐射到体内，被流动的血液反射，回波产生多普勒频移，根据频移量可得出血液流速信息，进一步给血流加上彩色，显示在屏幕上，即可实时观察心脏血流状态，这就是所谓的"彩超"。近年来迅速发展的超声脉冲 Doppler 检查仪，其工作原理为当波源或反射界面移动时，比如当红细胞流经心脏大血管时，从其表面散射的声音频率发生改变，由这种频率偏移可以知道血流的方向和速度。

（3）科学研究

光波与声波的不同之处在于，光波频率的变化使人感觉到颜色的变化。如果恒星远离我们而去，则光的谱线就向红光方向移动，称为红移；如果恒星朝向我们运动，光的谱线就向紫光方向移动，称为蓝移。通过测量遥远星系发出的光波是被压缩还是拉伸，就能确定它们是在移向还是远离我们。

20 世纪 20 年代，美国天文学家维斯托·斯莱弗（V. Slipher）在研究远处的旋涡星云发出的光谱时，首先发现了光谱的红移，认识到了旋涡星云正快速远离地球而去。美国天文学家埃德温·哈勃（E. Hubble）根据光普红移总结出著名的哈勃定律，星系的红移量与距离成正比。以后哈勃定律被更多的观测资料所证实，这意味着越远的星系退行速度越大，整个宇宙一直在膨胀。20 世纪 40 年代末，物理学家伽莫夫（G. Gamow）等人提出大爆炸宇宙模型。20 世纪 60 年代以来，大爆炸宇宙模型逐渐被广泛接受，以致被天文学家称为宇宙的"标准模型"。正是因为多普勒效应，使人们对距地球遥远的天体运动研究成为可能。

5.4.1　实验要求

1. 实验重点

① 通过该实验了解多普勒效应原理及其应用。

② 熟悉 BHWL-Ⅱ多普勒超声测速仪的使用。

③ 熟练掌握数字示波器的使用。

2. 预习要点

① 预习多普勒效应原理与多普勒频移相关知识。

② 推导本实验中需要用到的相关公式。

③ 掌握多普勒超声测速仪的原理与操作方法。

5.4.2　实验原理

1. 多普勒效应测速原理

根据声波的多普勒效应公式，当声源与接收器之间有相对运动时，接收器接收到的频率为

$$f = \frac{u + v_1 \cos\alpha_1}{u - v_2 \cos\alpha_2} f_0 \tag{5.4.1}$$

式中，f_0 为声源发射频率；u 为声速；v_1 为接收器运动速率；α_1 为声源-接收器连线与接收器运动方向之间的夹角；v_2 为声源运动速率；α_2 为声源-接收器连线与声源运动方向之间的夹角。为简单起见，设声源或观察者的运动都沿两者的连线，此时式（5.4.1）简化为

$$f = \frac{u + v_1}{u - v_2} f_0 \tag{5.4.2}$$

式中，v_1、v_2 的符号规则为：声源和观察者相向运动时为正，背离运动时为负。

本实验装置如图 5.4.1 所示，电机与超声头固定于导轨上面，小车可以由电机牵引沿导轨左右运动，超声发射头与接收头固定于导轨右端，超声波通过小车上的铝板反射回来被接收器接收，小车运动速度为 v（向右为正），因此声源运动速度也为 v。

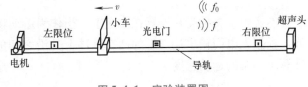

图 5.4.1　实验装置图

依据多普勒频移公式（5.4.2），不难推导出回波频率、多普勒频移和小车运动的速度分别为

$$f = \frac{u + v}{u - v} f_0, \quad \Delta f = \frac{f + f_0}{u} v, \quad v = \frac{f - f_0}{f + f_0} u$$

由于电路中不能表征负频移（即不论靠近还是远离超声头，Δf 恒为正），所以在该系统

中采用了标量表示（Δf不区分正负，v以靠近或远离超声头进行标识）。

小车靠近超声头时速度为

$$v = \frac{\Delta f}{2f_0 + \Delta f} u \qquad (5.4.3)$$

小车远离超声头时速度为

$$v = \frac{\Delta f}{2f_0 - \Delta f} u \qquad (5.4.4)$$

式（5.4.3）和式（5.4.4）是进行测量的依据。在实验中，可从示波器上相应波形读出f_0与Δf，并由这两个公式计算得到小车的运行速度，再与仪器自动测量值进行比较。

2. 光电门测速原理

作为多普勒效应测速的参考，在本实验中还采用了光电门测速方式以利于比较。光电门测速是一种比较通用的测速方法，图5.4.2是光电门的典型应用电路。发光二极管经过R_1与V_{cc}相连，导通并发出红外光。光电三极管在光照条件下可以导通。如果在发光二极管与光电三极管之间没有障碍物，则发光二极管所发出的光能够使光电三极管导通，output 输出端被拉至 0 电平，输出为低；如果中间有障碍物，则光电三极管截止，output 端被拉至 1 电平，输出为高。因此可以通过电平的高低变化，来判断是否被挡光。本仪器中挡光片外形如图5.4.3所示。

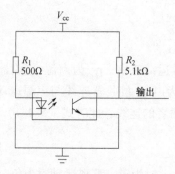

图 5.4.2　光电门的典型应用电路

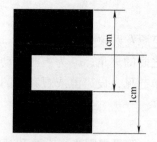

图 5.4.3　挡光片外形

本实验中将挡光片安置在小车上，当作为运动物体的小车通过光电门时，将产生二次挡光。根据光电门输出端产生的两个脉冲上升沿之间的时差和挡光片相应长度（1 cm），可以计算出小车的运动速度。

5.4.3　仪器介绍

实验系统原理框图如图5.4.4所示。单片机（MCU）通过计时器（T/C）产生 40 kHz 方波，该方波通过低通滤波器后获得 40 kHz 正弦信号并耦合至发射换能器；发射换能器发出的超声波经小车反射后由接收换能器接收，此接收信号频率与发射换能器发出的超声波频率符合多普勒频移关系。将发射波信号与接收波信号经模拟乘法器相乘，其输出产生差频和倍频相关频谱，经过低通滤波器滤除高频信号以后，取出所期望得到的差频信号。该差频信号经过整形送至 MCU 处理，MCU 根据多普勒频率公式计算出运动物体的运动速度。

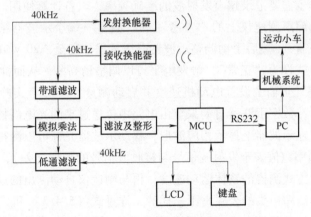

图 5.4.4　实验系统原理框图

5.4.4　实验内容

1. 利用多普勒测速仪测量运动物体通过光电门处的速度

打开多普勒超声测速仪以及示波器的电源，此时系统启动并初始化，如小车不在指定位置（导轨左侧限位处），则系统自动将小车复位。

操作测速仪表面薄膜键盘，通过"上翻""下翻"或数字键选择"开始测量"，单击"确定"按钮进入测试页面。

选择"多普勒测速"并单击"确认"按钮进入，选择"参数查看/设置"可以查看或修改测速仪相关参数（电动机运行转速等）。在设置电动机速度时，需设置在最大值的 20% ~ 70% 之间，如果超出该范围，则容易导致电动机无法启动或发生异常。设置好相关参数后，返回至"多普勒测速"页面选择"启动测量"。此时，电动机运转，小车运行到光电门处开始测速。测速过程中键盘被屏蔽，当测速完成时测速数据在液晶面板上显示，其中，"测得速度"指用多普勒方式测得的小车运动速度；"标准速度"指采用光电门方式测得的小车运动速度，在本实验中作为参照；"误差"指用多普勒方式与光电方式测速之间的相对误差。

2. 加入温度校正后运动物体速度的测量

在测试页面中，选择"测量环境温度"，按"确定"按钮进入，系统根据温度传感器传回的温度数据自动计算并显示理论声速（理论声速 $u = 331.45\sqrt{1 + \dfrac{t}{273.15\,℃}}$ m/s，其中 t 为温度，单位：℃），系统会自动提示是否需要校正声速，按"确定"按钮校正，然后返回。重复按照实验内容 1 操作，此时得到的是经过温度校正后实际声速的数据，有着更好的精度。

3. 手动测量运动物体通过光电门处的速度

该实验内容主要是在温度校正后的情况下，利用示波器上显示的相关波形，通过手动测量并计算得到小车运动速度。

分别连接多普勒超声测速仪上的"发射"和"接收"端至示波器第一、二通道，按一下示波器上"自动设置"，此时可由示波器观察到发射信号和接收信号的波形，其频率可由数字示波器读出，学生需要记录超声发射波的准确频率，以备计算使用。

分别连接多普勒超声测速仪上的"参考"和"频移"端至示波器第一、二通道，按一下示波器上"自动设置"，然后手动调整示波器电压量程分度至"20 V/div"，时间分度调整至"50 ms"，触发方式设为"正常"，触发电平可以调整稍高些，从而抑制部分噪声。

在"多普勒测速"页面中设置电动机速度并启动测量（可参考实验内容 1 进行操作），当小车通过光电门时，数字示波器自动采集由电路中传送过来的光电门挡光信号和包含差频信息的方波信号，并在示波器上显示相应波形，移动示波器光标可以测得光电门挡光时间和方波频率（该方波频率数值等于发射波信号与接收波信号的频率之差），从而手动计算得出用多普勒方式与光电方式测得的物体运动速度，再与测速仪自动测出的速度进行分析比较。

注意：靠近与远离超声头的公式是不一样的，详见式（5.4.3）和式（5.4.4），超声波传播速度为经过温度校正后的声速（可以在"参数查看/设置"中找到该项），光电门长度为 1 cm。

4. 环境声速的测量

在测试页面中，选择"测量环境声速"，按"确定"按钮进入，系统自动将小车复位至左端限位处，通过发射并接收回波的方式测得时间差，系统根据该时间差和超声波从发射到反射接收的路径长度（1.58 m）自动计算得出实际声速，可以按"确定"按钮校正声速，按"返回"按钮开始操作。

5. 速度曲线绘制

返回至测试页面，选择"绘制速度曲线"，按"确定"按钮进入绘图，可以选择匀速运动或者匀加速运动进行绘制曲线（在该部分，初速度设置要求在最大值的 20% ~ 70% 之间，加速度最好不要超过最大值的 10%，因为如果超出该范围，容易导致电动机无法启动或发生意外）。该部分要求学生通过测速仪液晶显示界面观察小车的匀速/加速运动过程，不需要记录处理数据。

5.4.5 数据处理

按照各实验内容自行设计相应数据表格，通过多次测量，记录、处理实验数据，并对结果进行简要误差分析。

5.4.6 思考题

① 该实验中发射与接收换能器位于导轨一端，小车运动反射的回波与发出的 40 kHz 信号产生差频（即频移），在实验原理部分已给出相应 Δf、v 公式，请推导发射换能器在导轨上固定，接收换能器在小车上运动的 Δf、v 的表达式。

② 简要说明对多普勒超声测速仪和该实验的意见与建议。

5.4.7 拓展研究

① 基于本实验所用测速仪研究物体的其他运动状态。

② 本实验中，分析主要的误差来源，如何减小实验误差？

5.4.8 参考文献

［1］沈熊. 激光多普勒测速技术及应用［M］. 北京：清华大学出版社，2004.

［2］吴百诗. 大学物理学［M］. 北京：高等教育出版社，2004.

［3］陈熙谋. 光学·近代物理［M］. 北京：北京大学出版社，2002.

5.5 光电效应法测定普朗克常数

光电效应是指一定频率的光照射在金属表面时会有电子从金属表面逸出的现象。1887年，德国物理学家赫兹（H. R. Hertz）用实验验证电磁波的存在时发现了这一现象，但是这一实验现象无法用当时人们所熟知的电磁波理论加以解释。

1905 年，爱因斯坦（A. Einstein）大胆地把普朗克在进行黑体辐射研究过程中提出的辐射能量不连续观点应用于光辐射，提出"光量子"概念，从而成功地解释了光电效应现象。1916 年，密立根（R. A. Millikan）通过光电效应对普朗克常数的精确测量，证实了爱因斯坦方程的正确性，并精确地测出了普朗克常数。爱因斯坦与密立根都因光电效应等方面的杰出贡献，分别于 1921 年和 1923 年获得了诺贝尔物理学奖。

光电效应实验对于认识光的本质及早期量子理论的发展，具有里程碑式的意义。随着科学技术的发展，光电效应已广泛用于工农业生产、国防和许多科技领域。利用光电效应制成的光电器件，如光电管、光电池、光电倍增管等，已成为生产和科研中不可缺少的器件。

5.5.1 实验要求

1. 实验重点

① 定性分析光电效应规律，通过光电效应实验进一步理解光的量子性。
② 学习验证爱因斯坦光电方程的实验方法，并测定普朗克常数 h。
③ 利用线性回归法和作图法处理实验数据。

2. 预习要点

① 经典的光波动理论在哪些方面不能解释光电效应的实验结果？
② 光电效应有哪些规律，爱因斯坦方程的物理意义是什么？
③ 光电流与光通量有直线关系的前提是什么？掌握光电特性有什么意义？
④ 光电管的阴极上均匀涂有逸出功小的光敏材料，而阳极选用逸出功大的金属制造，为什么？

5.5.2 实验原理

光电效应的实验原理如图 5.5.1 所示。入射光照射到光电管阴极 K 上，产生的光电子在电场的作用下向阳极 A 迁移构成光电流；改变外加电压 U_{AK}，测量出光电流 I 的大小，即可得到光电管的伏安特性曲线。

光电效应的基本实验事实如下：

① 对应于某一频率，光电效应的 I-U_{AK} 关系如图 5.5.2 所示。从图中可见，对一定的频率，有一电压 U_0，当 $U_{AK} \leqslant U_0$ 时，电流为零。这个 U_0 被称为截止电压，它相对于阴极是负电压。

② 当 $U_{AK} \geqslant U_0$ 后，I 迅速增加，然后趋于饱和，饱和光电流 I_M 的大小与入射光的强度 P 成正比。

③ 对于不同频率的光，其截止电压的值不同，如图 5.5.3 所示。

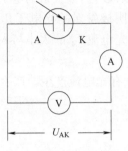

图 5.5.1 实验原理图

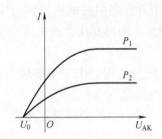

图 5.5.2 同一频率、不同光强时
光电管的伏安特性曲线

④ 截止电压 U_0 与频率 ν 的关系如图 5.5.4 所示，U_0 与 ν 成正比。当入射光频率低于某极限值 ν_0（ν_0 随不同金属而异）时，不论光的强度如何，照射时间多长，都没有光电流产生，该 ν_0 通常被称为红限频率（也称截止频率）。

⑤ 光电效应是瞬时效应。即使入射光的强度非常微弱，只要频率大于 ν_0，在开始照射后几乎立即有光电子逸出，所经过的时间至多为 10^{-9} s 的数量级。

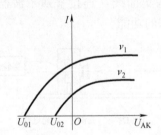

图 5.5.3 不同频率时光电管
的伏安特性曲线

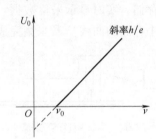

图 5.5.4 截止电压 U_0 与
入射光频率 ν 的关系图

按照爱因斯坦的光量子理论，光能并不像电磁波理论所想象的那样，分布在波阵面上，而是集中在被称之为光子的微粒上，但这种微粒仍然保持着频率（或波长）的概念，频率为 ν 的光子具有能量 $E = h\nu$，h 为普朗克常数。当光子照射到金属表面上时，一次被金属中的电子全部吸收，而无须积累能量的时间。电子把该能量的一部分用来克服金属表面对它的吸引力，余下的部分就变为电子离开金属表面后的动能，按照能量守恒原理，爱因斯坦提出了著名的光电效应方程：

$$h\nu = \frac{1}{2}m\upsilon_0^2 + A \tag{5.5.1}$$

式中，A 为金属的逸出功；$\frac{1}{2}m\upsilon_0^2$ 为光电子获得的初始动能。

由式（5.5.1）可见，入射到金属表面的光频率越高，逸出的电子动能越大，所以即使阳极电位比阴极电位低，也会有电子落入阳极形成光电流，直至阳极电位低于截止电压，光电流才为零，此时有关系：

$$eU_0 = \frac{1}{2}m\upsilon_0^2 \tag{5.5.2}$$

阳极电位高于截止电压后，随着阳极电位的升高，阳极对阴极发射的电子的收集作用越强，光电流随之上升；当阳极电压高到一定程度，已把阴极发射的光电子几乎全收集到阳极，再增加 U_{AK} 时，I 不再变化，光电流出现饱和，饱和光电流 I_M 的大小与入射光的强度 P 成正比。

光子的能量 $h\nu_0 < A$ 时，电子不能脱离金属，因而没有光电流产生。产生光电效应的最低频率（截止频率）是 $\nu_0 = A/h$。

将式（5.5.1）代入式（5.5.2）可得

$$eU_0 = h\nu - A \tag{5.5.3}$$

式（5.5.3）表明，截止电压 U_0 是频率 ν 的线性函数，直线斜率 $k = h/e$，只要用实验方法得出不同的频率对应的截止电压，求出直线斜率，就可算出普朗克常数 h。

5.5.3　实验仪器

光电效应实验仪 ZKY-GD-4 由光电检测装置和实验仪主机两部分组成（见图 5.5.5）。光电检测装置包括：光电管暗盒、高压汞灯灯箱、高压汞灯电源和实验基准平台。实验主机为 GD-4 型光电效应（普朗克常数）实验仪，该实验仪有手动和自动两种工作模式，具有数据自动采集、存储、实时显示采集数据、动态显示采集曲线（连接普通示波器，可同时显示 5 个存储区中存储的曲线）及采集完成后查询数据的功能。

高压汞灯电源　高压汞灯灯箱　基座　　　　　　　滤色片　光阑　光电管

图 5.5.5　仪器结构图

5.5.4　实验内容

1. 测试前准备

将实验仪及汞灯电源接通（汞灯及光电管暗盒由遮光盖盖上），预热 20 min。调整光电管与汞灯距离为约 40 cm 并保持不变。用专用连接线将光电管暗箱电压输入端与实验仪电压输出端（后面板上）连接起来（红—红，蓝—蓝）。务必反复检查，切勿连错！（本实验已连接好，请不要更改。）

将"电流量程"选择开关置于所选档位，进行测试前调零。调零时应将光电管暗盒电流输出端 K 与实验仪微电流输入端（后面板上）断开，且必须断开连接实验仪的一端。旋转"调零"旋钮使电流指示为 000.0。调节好后，用高频匹配电缆将电流输入端连接起来，按"调零确认/系统清零"键，系统进入测试状态。

若要动态显示采集曲线，需将实验仪的"信号输出"端口接至示波器的"Y"输入端，"同步输出"端口接至示波器的"外触发"输入端。示波器"触发源"开关拨至"外"，"Y 衰减"旋钮拨至约"1 V/div"，"扫描时间"旋钮拨至约"20 μs/div"。此时示波器将以轮流扫描的方式显示 5 个存储区中存储的曲线，横轴代表电压 U_{AK}，纵轴代表电流 I。

注意：实验过程中，仪器暂不使用时，均须将汞灯和光电暗箱用遮光盖盖上，使光电暗箱处于完全闭光状态。切忌汞灯直接照射光电管。

2. 测普朗克常数 h

测量截止电压时，"伏安特性测试/截止电压测试"状态键应为截止电压测试状态，"电流量程"开关应处于 10^{-13} A 档。

（1）手动测量

使"手动/自动"模式键处于手动模式。将直径 4 mm 的光阑及 365.0 nm 的滤色片装在光电管暗盒光输入口上，打开汞灯遮光盖。此时电压表显示 U_{AK} 的值，单位为 V；电流表显示与 U_{AK} 对应的电流值 I，单位为所选择的"电流量程"。用电压调节键"→""←""↑""↓"可调节 U_{AK} 的值，"→""←"键用于选择调节位，"↑""↓"键用于调节值的大小。

从低到高调节电压（绝对值减小），观察电流值的变化，寻找电流为零时对应的 U_{AK}，以其绝对值作为该波长对应的 U_0 的值。为尽快找到 U_0 的值，调节时应从高位到低位，先确定高位的值，再顺次往低位调节。

依次换上 404.7 nm、435.8 nm、546.1 nm、577.0 nm 的滤色片，重复以上测量步骤。

注意：

① 先安装光阑及滤光片后再打开汞灯遮光盖。

② 更换滤光片时需盖上汞灯遮光盖。

（2）自动测量

按"手动/自动"模式键切换到自动模式。此时电流表左边的指示灯闪烁，表示系统处于自动测量扫描范围设置状态，用电压调节键可设置扫描起始和终止电压。（注：显示区左边设置起始电压，右边设置终止电压。）

对各条谱线，建议扫描范围大致如表 5.5.1 所列。

表 5.5.1 扫描范围

波长/nm	365	405	436	546	577
电压范围/V	$-1.90 \sim -1.50$	$-1.60 \sim -1.20$	$-1.35 \sim -0.95$	$-0.80 \sim -0.40$	$-0.65 \sim -0.25$

实验仪设有 5 个数据存储区，每个存储区可存储 500 组数据，由指示灯表示其状态。灯亮表示该存储区已存有数据，灯不亮为空存储区，灯闪烁表示系统预选的或正在存储数据的存储区。

设置好扫描起始和终止电压后，按动相应的存储区按键，仪器将先清除存储区原有数据，等待约 30 s，然后实验仪按 4 mV 的步长自动扫描，并显示、存储相应的电压、电流值。扫描完成后，仪器自动进入数据查询状态，此时查询指示灯亮，显示区显示扫描起始电压和相应的电流值。用电压调节键改变电压值，就可查阅到在测试过程中，扫描电压为当前显示值时相应的电流值。读取电流为零时对应的 U_{AK}，以其绝对值作为该波长对应的 U_0 的值。

按"查询"键，查询指示灯灭，系统恢复到扫描范围设置状态，可进行下一次测量。将仪器与示波器连接，可观察到 U_{AK} 为负值时各谱线在选定的扫描范围内的伏安特性曲线。

注意：在自动测量过程中或测量完成后，按"手动/自动"模式键，系统恢复到手动测量模式，模式转换前存入存储区内的数据将被清除。

3. 测量光电管的伏安特性曲线

将"伏安特性测试/截止电压测试"状态键切换至伏安特性测试状态。"电流量程"开关应拨至 10^{-10} A 档，并重新调零。将直径 4 mm 的光阑及所选谱线的滤色片装在光电管暗盒光输入口上。测伏安特性曲线可选用"手动/自动"两种模式之一，测量的范围为 -1 ~ $+50$ V。手动测量时每隔 5 V 记录一组数据，自动测量时步长为 1 V。

将仪器与示波器连接，此时：

① 可同时观察 5 条谱线在同一光阑、同一距离下伏安饱和特性曲线。

② 可同时观察某条谱线在不同距离（即不同光强）、同一光阑下的伏安饱和特性曲线。

③ 可同时观察某条谱线在不同光阑（即不同光通量）、同一距离下的伏安饱和特性曲线。

由此可验证光电管的饱和光电流与入射光强成正比。

在 U_{AK} 为 50 V 时，将仪器设置为手动模式，测量并记录对同一谱线、同一入射距离，光阑分别为 2 mm、4 mm、8 mm 时对应的电流值，验证光电管的饱和光电流与入射光强成正比。

也可在 U_{AK} 为 50 V 时，将仪器设置为手动模式，测量并记录对同一谱线、同一光阑时，光电管与入射光在不同距离时的电流值，验证光电管的饱和光电流与入射光强成正比。

5.5.5　数据处理

① 将不同频率下的截止电压 U_0 描绘在坐标纸上，即作出 U_0-ν 曲线，从而验证爱因斯坦方程。

② 用图示法求出 U_0-ν 直线的斜率 k，利用 $h = ek$ 求出普朗克常数，并算出所测值与公认值之间的相对误差。（$e = 1.602 \times 10^{-19}$ C）

③ 利用线性回归法计算普朗克常数 h，将结果与图示法求出的结果进行比较。

④ 利用 I-U_{AK} 数据，绘出对应于不同频率及光强的伏安特性曲线。

5.5.6　思考题

① 定性解释 I-U_{AK} 特性曲线和 U_0-ν 曲线的意义。

② 光电流是否随光源的强度变化而变化？截止电压是否因光强不同而变化？

③ 测量普朗克常数实验中有哪些误差来源？如何减小这些误差？

5.5.7　拓展研究

① 影响饱和光电流的因素有哪些？设计实验方案研究其影响。

② 你了解哪些测量普朗克常数的实验方法？

5.5.8　参考文献

[1] 吴百诗. 大学物理学 [M]. 北京：高等教育出版社，2004.

[2] 陈熙谋. 光学·近代物理 [M]. 北京：北京大学出版社，2002.

5.6 光纤陀螺寻北实验

力学定律告诉我们，关在一个"黑箱"内的观察者，在匀速直线运动中无法知道自己的运动。但如果这个"黑箱"具有加速度，那么检测其线性加速度或旋转则是可能的，这就是惯性制导和导航的基本原理。知道了运动体的初始方向和位置，对测量的加速度和旋转速率进行（数学）积分就得到运动体的姿态和轨迹。这种惯性技术完全是自主式的，无须外部基准，不受任何盲区效应或干扰的影响。20 世纪 50 年代以来，这种自主式惯性技术已经成为民用或军用航空、航海和航天系统中的一项关键技术。

光纤陀螺寻北实验

惯性技术的发展与陀螺仪的发展密切相关。陀螺仪作为一种对惯性空间角运动的惯性敏感器，可用于测量运载体姿态角和角速度，是构成惯性系统的基础核心器件。1913 年，法国学者萨格奈克（G. Sagnac）论证了运用无运动部件的光学系统同样能够检测相对惯性空间的旋转。他采用一个环形干涉仪，并证实在两个反向传播的光路中，旋转产生一个相位差。当然，由于灵敏度非常有限，最初的装置全然不是一个实用的旋转速率传感器。1962 年，美国科尔斯曼仪器公司工程师 A. Rosenthal 提出采用一个环形激光腔增强灵敏度，其中反向传播的两束光波沿着封闭的谐振腔传播多次，以增强萨格奈克效应，此即谐振式光纤陀螺（Resonator Fiber-Optic Gyroscope，R-FOG）的理论基础。20 世纪 70 年代对电信应用的低损耗光纤、固态半导体光源和探测器的研发取得了重大进展，从而用多匝光纤线圈代替环形激光器、通过多次循环来增加萨格奈克效应已成为可能，在此背景下出现了干涉式光纤陀螺（Interferometer Fiber-Optic Gyroscope，I-FOG）。光纤陀螺仪自问世以来，已经发展为惯性技术领域具有划时代特征的新型主流仪表，具有高可靠性、长寿命、快速启动、大动态范围等一系列优点。它适合于结构设计要求小型化的中等精度应用领域，如飞机的姿态/航向基准系统、导弹的战术制导；也可应用于钻井测量、机器人和汽车的制导系统。

5.6.1 实验要求

1. 实验重点

① 了解光纤陀螺的主要物理原理——萨格奈克效应。

② 理解光纤陀螺寻北的测量原理和消除误差的基本方法。

③ 应用四位置法和多位置法测量地球自转角速度。

④ 学习使用数字示波器，通过数字阶梯波测量光纤长度和干涉光相位差等相关物理量。

2. 预习要点

（1）光纤陀螺工作原理

① 什么是萨格奈克效应？在干涉式光纤陀螺中旋转角速度与萨格奈克相位差的关系是怎样的？

② 调制方波与数字阶梯波的作用是什么？

③ 调制方波的振幅与半周期各是多少？

④ 数字阶梯波每个"台阶"的宽度和高度各是多少？

⑤ 陀螺输出零偏的正负与阶梯波有怎样的关系？

⑥ 渡越时间是怎样得到的？

（2）寻北原理

① 地理北极、地轴北极的关系是怎样的？

② 角速度是矢量还是标量？陀螺寻北仪的基本原理是什么？

（3）实验装置和操作

① 在开机和关机时，陀螺开关与电源开关的操作顺序是怎样的？为什么要这样操作？

② 确定标度因数时，选择 0°和 180°两个位置的零偏值进行标定的优势在哪里？

③ 在旋转转台的过程中，为什么要尽量保证向着一个方向旋转？

5.6.2　实验原理

1. 光纤陀螺的工作原理

（1）干涉式光纤陀螺（I-FOG）的工作原理

本实验使用的干涉式光纤陀螺的工作原理是基于萨格奈克效应，即当环形干涉仪旋转时，产生一个正比于旋转速率 Ω 的相位差 $\Delta\phi_R$。萨格奈克的最初装置由一个准直光源和一个分束器组成，将输入光分成两束波，在一个由反射镜确定的闭合光路内沿相反方向传播（见图 5.6.1）。

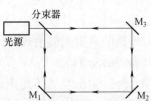

图 5.6.1　萨格奈克干涉仪

使一个反射镜产生轻微的不对准，获得一个直观的干涉条纹图样；当整个系统旋转时，可观察到条纹图样的横向移动。条纹的移动对应着两束反相传播光波之间产生的附加相位差 $\Delta\phi_R$，此处 $\Delta\phi_R$ 与闭合光路围成的面积有关。

为了更好地理解萨格奈克效应，可以考虑一个简单的"理想"圆形光路的情形（见图 5.6.2）。进入该系统的光被分成两束反向传播光波，在同一光路中沿相反方向传播返回。当干涉仪旋转时，一个在惯性参考系中静止的观察者，看到光从一点进入干涉仪，并以相同的光速沿两个相反的方向传播；但是，经过了光纤环的传输时间后，分束器的位置发生了移动，观察者看到，与旋转同向的光波比反向的光波所经历的路程要长。这个路程差可以通过干涉法测量。

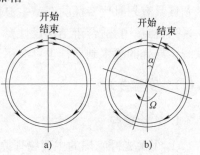

图 5.6.2　光波在圆形光路中传播
a）系统静止　b）系统旋转

实验中利用无源光纤环代替萨格奈克干涉仪中的空间光路部分，使光在光纤中传播，如图 5.6.3 所示。光源发出的光通过分束器进入光纤，在光纤中产生两束反向传播的光束。此时萨格奈克效应相位差为

$$\Delta\phi_R = \frac{2\pi LD}{\lambda c}\Omega \qquad (5.6.1)$$

式中，λ 为真空中的入射光波长；D 是线圈的直径；$L = N\pi D$ 是光纤的长度；N 为匝数。恒定的速率产生一个常

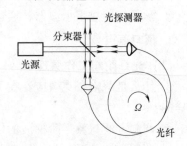

图 5.6.3　干涉式陀螺仪的光路部分

值的相位差，通过对相位差的测量，由式（5.6.1）即可求出旋转速率 Ω。

在陀螺静止时，光探测器输出的示值称为零偏值，是地球自转角速度与电路共同引起的偏移，根据干涉光学和探测器采集信号的基本原理，其对光功率的响应为正弦（或余弦）函数，可表示为

$$P = P_0\big[1 + \cos(\Delta\phi_R)\big] \tag{5.6.2}$$

显然，光功率响应是相位差 $\Delta\phi_R$ 的函数。

（2）互易性的偏置调制

互易性是指在单一激励的情况下，当激励端口和响应端口互换位置时，响应不因这种互换而有所改变的特性。由于两束反向传播光波的相位和振幅在静止时完全相等，故互易性结构为萨格奈克效应的干涉信号提供了理想的对比度。由式（5.6.2）可见，当 $\Delta\phi_R = 0$ 时光功率响应取最大值，但此处曲线斜率为 0，响应灵敏度最低。为了获得高的灵敏度，应给该信号施加一个偏置，使之工作在一个响应斜率不为零的点附近，即满足

$$P(\Delta\phi_R) = P_0\big[1 + \cos(\Delta\phi_R + \phi_b)\big] \tag{5.6.3}$$

式中，ϕ_b 为相位偏置。

在光纤环的一端放置一个互易性相位调制器作为时延线（见图 5.6.4），由于互易性，两束干涉波受到完全相同的相位调制 $\phi_m(t)$，但不同时，其时延等于渡越时间，即调制器和分束器之间长、短光路的群传输时间之差 $\Delta\tau_g$（可近似认为是光波在光纤环内的传播时间）。

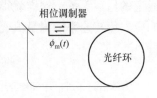

图 5.6.4　利用光纤环时延产生相位偏置

这提供了一个相位差的偏置调制，即

$$\Delta\phi_m(t) = \phi_m(t) - \phi_m(t - \Delta\tau_g) \tag{5.6.4}$$

这种方法可以用一个方波调制 $\phi_m = \pm\dfrac{\phi_b}{2}$ 来实现，其中方波的半周期等于 $\Delta\tau_g$，从而产生一个 $\phi_m = \pm\phi_b$ 的偏置调制，如图 5.6.5 所示。

静止时，方波的两种调制态给出相同的信号（见图 5.6.6）。此时

$$P(0, -\phi_b) = P(0, \phi_b) = P_0(1 + \cos\phi_b) \tag{5.6.5}$$

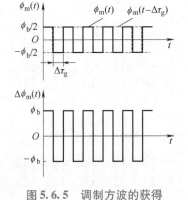

图 5.6.5　调制方波的获得

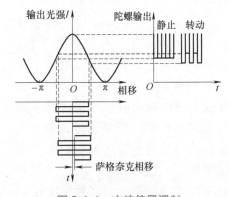

图 5.6.6　方波偏置调制

当旋转时，则有

$$P(\Delta\phi_R, \phi_b) = P_0\big[1 + \cos(\Delta\phi_R + \phi_b)\big]$$

$$P(\Delta\phi_R, -\phi_b) = P_0[1 + \cos(\Delta\phi_R - \phi_b)]$$

两种调制态之差变为

$$\Delta P = P_0[\cos(\Delta\phi_R + \phi_b) - \cos(\Delta\phi_R - \phi_b)] = 2P_0\sin\phi_b\sin(\Delta\phi_R) \qquad (5.6.6)$$

用锁相放大器对探测信号进行解调，可以测量这个"偏置"信号 ΔP；当 $\phi_b = \pi/2$ 时，$\sin\phi_b = 1$，此时有最大灵敏度。

（3）闭环工作原理

上面描述的调制-解调检测方案能够保持环形干涉仪的互易性，其中信号偏置问题可以采用闭环信号处理方法来解决。解调出的偏置信号作为一个误差信号反馈到系统中，产生一个附加的反馈相位差 $\Delta\phi_{FB}$。$\Delta\phi_{FB}$ 与旋转引起的相位差 $\Delta\phi_R$ 大小相等、符号相反，总的相位差 $\Delta\phi_T = \Delta\phi_{FB} + \Delta\phi_R$ 被伺服控制在零位上。由于系统总是工作在一个斜率很大的工作点上，从而提供了很高的灵敏度。在这种闭环方案中，新的测量信号是反馈信号 $\Delta\phi_{FB}$，如图 5.6.7 所示。$\Delta\phi_{FB}$ 与返回的光功率和检测通道的增益无关，这样就得到了一个稳定性好的线性响应。旋转速率的测量值变为

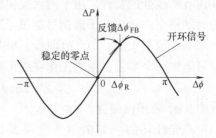

图 5.6.7 闭环干涉式光纤陀螺工作原理

$$\Omega = -\frac{\lambda c}{2\pi LD}\Delta\phi_{FB} \qquad (5.6.7)$$

方案的关键在于如何引入补偿用非互易相移。以相位调制器为例，若给相位调制器加上时变信号，则光在不同时间通过相位调制器时产生的相移不同。将相位调制器放在光纤环的一端，由于互易光经过相位调制器的时间是不同的，故其时间间隔为渡越时间，满足

$$\Delta\tau_g = \frac{nL}{c} \qquad (5.6.8)$$

式中，n 为光纤折射率；L 为光纤环总长；c 为光速。理想情况下，若在相位调制器上加上无限斜坡信号，有

$$\phi = kt \qquad (5.6.9)$$

则此相位调制器引入的非互易相移为

$$\Delta\phi = kt - k(t - \Delta\tau_g) = k\Delta\tau_g = \dot\phi\Delta\tau_g \qquad (5.6.10)$$

由式（5.6.10）可以看出，只要改变 k 值，就可以获得不同的非互易效应，以抵消不同角速度对应的萨格奈克相移。实际运用中一般采用周期性复位的锯齿波信号来代替无限斜波信号（见图 5.6.8），但是这种调制方法要求模拟锯齿波信号有很快的回扫时间，而这在模拟技术实现上比较困难。

随着数字技术的发展，利用数字方法很容易解决模拟反馈信号的回扫时间问题。数字相位斜波产生一个持续时间为 $\Delta\tau_g$ 的相位台阶 $\Delta\phi_S$，取代连续斜波。

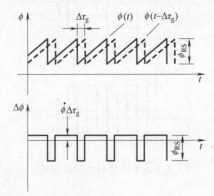

图 5.6.8 模拟锯齿波相位调制 ϕ 及反馈相差 $\Delta\phi$

这些相位台阶和复位可以与工作在本征频率上的方波调制偏置同步（见图 5.6.9）：方波的半周期等于渡越时间 $\Delta\tau_g$。相位台阶的幅值 $\Delta\phi_S$ 通过相位置零反馈回路来设置，与旋转引起的萨格奈克相位差 $\Delta\phi_R$ 大小相等，方向相反，即

$$\Delta\phi_S = -\Delta\phi_R \tag{5.6.11}$$

从而总的相位差伺服控制在零位上。此时若 $\Delta\phi_R$ 为正，$\Delta\phi_S$ 为负，则有下降的阶梯波；反之，得到的是上升的阶梯波。

综上所述，一方面，陀螺需要一个偏置调制以使其获得最佳灵敏度；另一方面，又需要施加数字阶梯波使陀螺稳定工作在零位。在实际中，闭环工作的陀螺采用的是将数字阶梯波与调制方波进行数字叠加的方案（见图 5.6.10）。

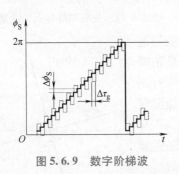

图 5.6.9　数字阶梯波

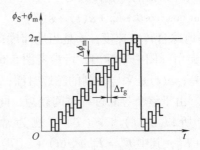

图 5.6.10　数字阶梯波和相位调制方波叠加

这样归一化的信号输出为

$$P(\Delta\phi_R) = P_0[1 + \cos(\Delta\phi_R + \Delta\phi_m + \Delta\phi_S)] \tag{5.6.12}$$

式中，$\Delta\phi_R$ 为转速信号产生的相移；$\Delta\phi_m$、$\Delta\phi_S$ 分别为调制方波和数字阶梯波产生的相移，当台阶高度为 $-\Delta\phi_R$ 时：

在递增阶段　　　$\Delta\phi_S = -\Delta\phi_R$

在复位阶段　　　$\Delta\phi_S = -\Delta\phi_R - 2\pi$

调制方波信号为偏置信号，取 $\Delta\phi_m = \pm\dfrac{\pi}{2}$，叠加在阶梯波上。在方波的正半周期，对应的采样信号为

$$P(\Delta\phi_R)_+ = P_0[1 + \sin(\Delta\phi_R + \Delta\phi_S)]$$

在方波的负半周期，对应的采样信号为

$$P(\Delta\phi_R)_- = P_0[1 - \sin(\Delta\phi_R + \Delta\phi_S)]$$

则光功率响应为

$$\Delta P(\Delta\phi_R) = \frac{P(\Delta\phi_R)_+ - P(\Delta\phi_R)_-}{2} = P_0\sin(\Delta\phi_R + \Delta\phi_S) \tag{5.6.13}$$

此时系统的灵敏度最大。

2. 光纤陀螺寻北仪测量原理

光纤陀螺寻北仪测量原理如图 5.6.11 所示。地球以恒定的自转角速度 ω_e（$15°/h$）绕地轴旋转。对于地球上纬度为 φ 的某点，在该点地球自转的角速率可以分解为两个分量：

水平分量 $\omega_{e1} = \omega_e\cos\varphi$ 沿地球经线指向地理北极$^{\ominus}$；垂直分量 $\omega_{e2} = \omega_e\sin\varphi$ 沿地球垂线垂直向上。可见，利用惯性技术测量角速度在各方向的分量，即可以获得地球上被测点的北向信息，这就是陀螺寻北仪的基本原理。

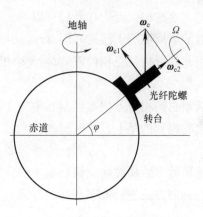

图 5.6.11　光纤陀螺寻北仪测量原理

　　光纤陀螺测量的是其法向的角速度，在我们的实验中，光纤陀螺没有转动却有读数，这包含两个方面：一方面是地球自转角速度在其轴向的投影分量，另一方面是由于硬件引起的常值偏移。对于陀螺没有转动而具有的读数称为零偏值。

　　由实验软件给出的零偏读数为

$$\omega' = \omega_e\cos\varphi\cos\theta + E_0 + \varepsilon(t) + \varepsilon(T) \qquad (5.6.14)$$

式中，ω_e 是地球自转角速度；φ 是当地纬度；θ 是陀螺轴与地理北极所成夹角（图中未标出，可参考图 5.6.12）；E_0 是陀螺常值漂移误差；$\varepsilon(t)$ 是采样时刻的陀螺时漂；$\varepsilon(T)$ 是采样时刻的陀螺温漂。由于整个寻北过程时间较短，同时光纤陀螺温度变化不大，所以 $\varepsilon(t) + \varepsilon(T)$ 可视为常数，于是 $\omega' = \omega_e\cos\varphi\cos\theta + E_0'$，其中 $E_0' = E_0 + \varepsilon(t) + \varepsilon(T)$。为了保证实验的精度，我们采用了四位置法和多位置法来消除 E_0' 的影响。

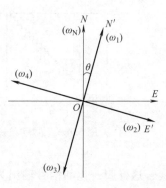

图 5.6.12　四位置法示意图

3. 四位置法

　　如图 5.6.12 所示，利用光纤陀螺分别在相隔 90° 的位置上测量其轴向的角速度分量，分别记为 ω_1、ω_2、ω_3、ω_4，于是有

$$\left.\begin{aligned}
\omega_1 &= \omega\cos\theta + \varepsilon + \varepsilon_0 \\
\omega_2 &= \omega\cos(\theta+90°) + \varepsilon + \varepsilon_0 = -\omega\sin\theta + \varepsilon + \varepsilon_0 \\
\omega_3 &= \omega\cos(\theta+180°) + \varepsilon + \varepsilon_0 = -\omega\cos\theta + \varepsilon + \varepsilon_0 \\
\omega_4 &= \omega\cos(\theta+270°) + \varepsilon + \varepsilon_0 = \omega\sin\theta + \varepsilon + \varepsilon_0
\end{aligned}\right\} \qquad (5.6.15)$$

式中，ω 为光纤陀螺所在平面内角速度的最大值；θ 为初始位置与角速度最大值位置的夹角；ε 为随机误差；ε_0 为系统误差。

　　由以上各式可得

$$\omega_4 - \omega_2 = 2\omega\sin\theta \qquad (5.6.16)$$

$$\omega_1 - \omega_3 = 2\omega\cos\theta \qquad (5.6.17)$$

再由式（5.6.16）、式（5.6.17）得

$$\tan\theta = \frac{\omega_4 - \omega_2}{\omega_1 - \omega_3} \quad \Rightarrow \quad \theta = \arctan\frac{\omega_4 - \omega_2}{\omega_1 - \omega_3} \qquad (5.6.18)$$

将 θ 代入式（5.6.16）或式（5.6.17）中，有

$\ominus$　地理北极为我们日常生活中所说的"北"，其方向由测量地沿经线指向北极点。地轴北极由北极点出发，沿地轴方向。

$$\omega = \frac{\omega_4 - \omega_2}{2\sin\theta} = \frac{\omega_1 - \omega_3}{2\cos\theta} \tag{5.6.19}$$

从式（5.6.18）、式（5.6.19）可以求得 θ 和 ω，于是便可确定地理北极、地轴北极，并由此得到陀螺所在位置的纬度和地球的自转角速度。

4. 多位置法

多位置法在本质上与四位置法是相同的，所不同的是，多位置法测量点更多，因此测量结果也更加准确，但是同时带来的是采样时间过长、效率不高的缺点，和四位置法相比各有千秋。现以寻找地轴北极时每隔 20° 测量一次为例进行说明，如图 5.6.13 所示。

令一组数据中最大的值为 ω_{max}，则此位置与地理北极夹角为 θ。按照测量顺序，其两边的测量值分别为 ω_{R1}，ω_{R2}，$\cdots$，ω_{R8}；ω_{L1}，ω_{L2}，$\cdots$，ω_{L8}，则有

$$\omega_{max} = \omega\cos\theta + \varepsilon + \varepsilon_0$$
$$\omega_{R1} = \omega\cos(\theta + 20°) + \varepsilon + \varepsilon_0$$
$$\omega_{L1} = \omega\cos(\theta - 20°) + \varepsilon + \varepsilon_0$$
$$\omega_{R2} = \omega\cos(\theta + 40°) + \varepsilon + \varepsilon_0$$
$$\omega_{L2} = \omega\cos(\theta - 40°) + \varepsilon + \varepsilon_0$$
$$\vdots$$
$$\omega_{R8} = \omega\cos(\theta + 160°) + \varepsilon + \varepsilon_0$$
$$\omega_{L8} = \omega\cos(\theta - 160°) + \varepsilon + \varepsilon_0$$

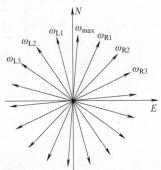

图 5.6.13　多位置法寻北原理图

于是得到

$$\omega_{R1} + \omega_{L1} = 2\omega\cos\theta\cos20° + 2\varepsilon + 2\varepsilon_0$$
$$\omega_{R2} + \omega_{L2} = 2\omega\cos\theta\cos40° + 2\varepsilon + 2\varepsilon_0$$
$$\vdots \tag{5.6.20}$$
$$\omega_{R8} + \omega_{L8} = 2\omega\cos\theta\cos160° + 2\varepsilon + 2\varepsilon_0$$

以及

$$\omega_{L1} - \omega_{R1} = 2\omega\sin\theta\sin20°$$
$$\omega_{L2} - \omega_{R2} = 2\omega\sin\theta\sin40°$$
$$\vdots \tag{5.6.21}$$
$$\omega_{L8} - \omega_{R8} = 2\omega\sin\theta\sin160°$$

分别对上面两组式子进行一元线性回归，可求出 $\omega\sin\theta$ 与 $\omega\cos\theta$，进而得到 $\tan\theta$；再通过反正切计算即可求得 θ 与 ω。

5.6.3　实验仪器

实验仪器由光纤陀螺、二自由度转台、水平尺、直流稳压电源、示波器几部分组成。

1. 光纤陀螺

光纤陀螺结构如图 5.6.14 和图 5.6.15 所示，主要包括光纤环、多功能集成光学芯片（MIOC）、光源及其控制电路和信号处理电路四部分。

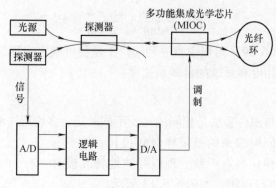

图 5.6.14　全数字闭环光纤陀螺结构框图

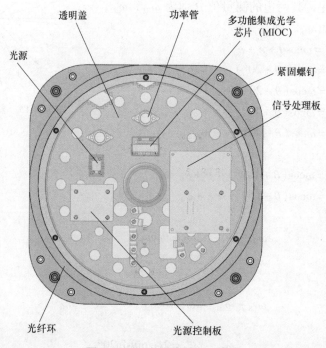

图 5.6.15　光纤陀螺实际布局

① 光纤环：光纤陀螺的敏感器件。

② 多功能集成光学芯片（MIOC）：将偏振器、分束器、相位调制器集成一体。

③ 光源及其控制电路：提供稳定的干涉光。

④ 信号处理电路：处理陀螺信号，包含 FPGA、DSP 和 A/D、D/A 转换几部分，相位的调制以及闭环工作主要在这里实现。

2. 二自由度转台

有水平和竖直两个转轴，可以自由调整陀螺的俯仰角和方位角并分别通过竖直刻度盘和水平刻度盘进行测量（见图 5.6.16）。

3. 计算机测量软件

双击"光纤陀螺仪寻北仪 IFOG 1.0"进入实验界面（见图 5.6.17）。下方左边两列为陀螺参数设置区，右边两列为陀螺输出显示区。本实验中仅需记录陀螺输出的"零偏"值。

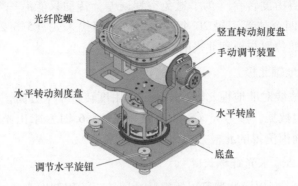

图 5.6.16 光纤陀螺及二自由度转台

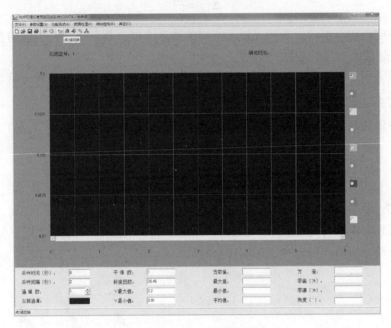

图 5.6.17 实验界面

5.6.4 实验内容

1. 校正陀螺标定因数

利用水平仪对陀螺进行水平调节，确保陀螺的法线竖直向上，记录陀螺的零偏输出 A_0；然后将陀螺旋转 180°，调至法线铅垂向下，记录陀螺的零偏输出 A_{180}。计算 $B_1 = 2\omega\sin\varphi$，$B_2 = |A_0| + |A_{180}|$，其中地球自转角速度 $\omega = 15°/\text{h}$，北京地区纬度 $\varphi = 39.97°$。然后根据公式 $K_x = \dfrac{B_2}{B_1}K_d$ 不断调整"标度因数"的当前值 K_d，直至满足 $|A_0| = |A_{180}| = B_1/2$。

2. 四位置法寻找地理北极

先绕水平轴转动光纤陀螺，使陀螺法线平行于水平面，固定竖直方向。再绕竖直轴转动转台，使光纤陀螺法线对准任一方向，记录此位置水平刻度盘的读数和陀螺输出值。然后沿刚才方向继续转动二自由度转台（为了避免空程误差，转动只能沿一个方向），每旋转90°重复测量 5 次，共取四个位置记录 20 个数据。将它们代入式（5.6.26）和式（5.6.27），求得光纤陀螺法向初始位置与地理北极的夹角 θ。

3. 多位置法寻找地轴北极

将光纤陀螺转至法线对准地理北极，固定二自由度转台水平方向，使陀螺仪绕水平轴转动。每旋转10°测一组数据，参考式（5.6.20）和式（5.6.21）求出光纤陀螺初始位置与北极的夹角 θ，在此平面内测得的北极方向即为地轴北极。

4. 根据渡越时间 $\Delta\tau_g$ 求光纤环长度

如图 5.6.18 所示，利用示波器可以测得脉冲周期，此周期即为 $\Delta\tau_g$。由式（5.6.8）有

$$\Delta\tau_g = \frac{nL}{c}$$

光纤由石英玻璃经掺杂形成，不同光纤、不同的掺杂浓度，折射率会有细微的差距，但这里统一用1.5（此数值为经验数据）代替。

注：陀螺采用了 3 倍频技术，因此实际周期数值是示波器显示读数的 3 倍。

5. 根据数字相位斜波求干涉光相位差

数字相位斜波的每个台阶高度等于 $\Delta\phi_R$，由式（5.6.9）有

$$\Delta\phi_R = \frac{2\pi LD\Omega}{3\lambda c} \quad （因子 3 的引入是因为陀螺的 3 倍频技术）$$

式中，L 为光纤长度；$D = 0.3$ m；陀螺所用光源波长 $\lambda = 1\,310$ nm。

具体方法：如图 5.6.19 所示，先利用示波器求得每个阶梯波的周期 $m\Delta\tau_g$，然后除以渡越时间 $\Delta\tau_g$ 得到台阶数 m，最后用 $V_{2\pi} = mV_\phi$ 除以 m 得到每个台阶的高度 V_ϕ（这里得到的是台阶高度的驱动电压值，请思考怎样求得角度值）。

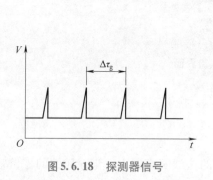

图 5.6.18 探测器信号

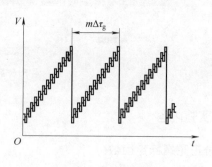

图 5.6.19 调制波形

5.6.5 数据处理

① 利用四位置法寻找地理北极，并求 θ 与 ω。

② 利用多位置法寻找地轴北极，并用一元线性回归处理数据计算地球自转角速度及实验室所在纬度，与理论值进行比较求相对误差。（地球自转角速度：15°/h；北京地区纬度

文献值：39.97°。）

③ 根据渡越时间 $\Delta\tau_g$ 求光纤环长度。

④ 根据数字相位斜波求当前陀螺输出，并与计算机采样值比较求相对误差。

5.6.6 思考题

① 光纤陀螺测量的是其轴向的角速度，在我们的实验中，测量时陀螺并没有转动，陀螺为什么会有读数？

② 在处理数据过程中，为什么要采用四位置法或多位置法？

5.6.7 拓展研究

① 采集数字相位斜波时，外界干扰对结果影响很大，试设计合适方法减弱这种干扰。

② 利用 Sagnac 干涉原理，自行设计实验装置，测量所需物理量。

5.6.8 参考文献

[1] LEFEVRE H C. 光纤陀螺仪 [M]. 张桂才，王巍，译. 北京：国防工业出版社，2002.

[2] 张得宁，万健如，韩延明，等. 光纤陀螺寻北仪原理及其应用 [J]. 航海技术，2006 (1)：37-38.

[3] 戴旭涵，周柯江，等. 光纤陀螺的信号处理方案评述 [J]. 光子学报，1999，28 (11)：1043-1048.

5.7　晶体的电光效应

某些晶体在外电场作用下折射率会发生变化，这种现象称为电光效应。电光效应分为一次电光效应（Δn 与电场 E 呈线性关系）和二次电光效应（Δn 与电场 E 呈平方关系）；它们又分别被称为泡克耳斯（Pokells）效应和克尔（Kerr）效应。

晶体的电光效应

电光效应在工程技术和科学研究中有许多重要应用，它有很短的响应时间（足以跟上频率为 $10^{10}\,\mathrm{Hz}$ 的电场变化），可以制成快速控制光强的光开关；利用电场引起折射率的改变可以控制光波的相位、偏振态等特性，从而实现对光束的调制，做成快速传递信息的电光调制器。在激光出现以后，电光效应的研究和应用得到迅速的发展，电光器件被广泛应用在激光通信、激光测距、激光显示和光学数据处理等方面。此外，克尔效应在物质的物性研究、微观参量的测量等方面也有许多应用价值。

本实验主要研究铌酸锂（$LiNbO_3$）晶体的一次电光效应，用铌酸锂晶体的横向调制装置测量晶体的半波电压及电光系数。通过本实验不仅可以获得晶体电光效应的基础知识，还可以对偏振光的干涉、信号的调制和传递有具体生动的了解，也能更加熟练地掌握示波器的使用及有关的光路调节技术。

5.7.1　实验要求

1. 实验重点

① 掌握晶体电光调制的原理和实验方法。
② 了解电光效应引起的晶体光学性质的变化，观察会聚偏振光的干涉现象。
③ 学习测量晶体半波电压和电光常数的实验方法。

2. 预习要点

① 什么叫调制和解调？为什么要进行信号的调制？试举出一个实例。
② 什么叫电光调制？对什么物理量进行调制？什么叫横向调制，它有什么优点？
③ 本实验的光路调整要达到什么要求？具体说明对偏振片和铌酸锂晶体的位置要求。
④ 光路调整时为什么要紧靠晶体前放一扩束镜？锥光干涉图的同心干涉圆环和暗十字图形是怎样形成的？
⑤ 光路调整如何进行？如何根据晶体的锥光干涉图调整光路？
⑥ 铌酸锂晶体在施加电场前后有什么不同？是否都存在双折射现象？
⑦ 什么叫半波电压？何谓电光系数？实验中的线性调制和倍频失真是怎样产生的？半波电压如何测量，本实验有几种测量的方法？操作有什么特点？
⑧ 什么是 1/4 波片？什么是 1/4 波片的快慢轴？

5.7.2　实验原理

1. 电光晶体和泡克耳斯效应

晶体在外电场作用下折射率会发生变化，这种现象称为电光效应。通常将电场引起的折

射率的变化用下式表示，即

$$n - n^0 = aE_0 + bE_0^2 + \cdots \tag{5.7.1}$$

式中，a 和 b 为与 E_0 无关的常数；n^0 为 $E_0 = 0$ 时的折射率。由一次项 aE_0 引起的折射率变化的效应称为一次电光效应，也称线性电光效应或泡克耳斯效应；由二次项 bE_0^2 引起的折射率变化效应称为二次电光效应，也称平方电光效应或克尔效应。一次电光效应只存在于不具有对称中心的晶体中，二次电光效应则可能存在于任何物质中。通常一次效应要比二次效应显著。

晶体的一次电光效应分为纵向电光效应和横向电光效应。纵向电光效应是加在晶体上的电场方向与光在晶体中的传播方向平行时产生的电光效应；横向电光效应是加在晶体上的电场方向与光在晶体中的传播方向垂直时产生的电光效应。观察纵向电光效应最常用的晶体是磷酸二氢钾（KDP），而观察横向电光效应则常用铌酸锂（LiNbO$_3$）类型的晶体。晶体的坐标轴如图 5.7.1 所示。

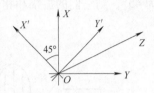

图 5.7.1 晶体的坐标轴

本实验主要研究铌酸锂晶体的一次电光效应，用铌酸锂的横向调制装置测量晶体的半波电压及电光系数，并用两种方法改变调制器的工作点，观察相应的输出特性。

在未加场前，铌酸锂是单轴晶体。当线偏振光沿光轴（Z 轴）方向通过晶体时，不会产生双折射。但如在铌酸锂晶体的 X 轴施加电场，晶体将由单轴晶体变为双轴晶体。这时沿 Z 轴传播的偏振光应按特定的晶体感应轴 X' 和 Y' 进行分解，因为光沿这两个方向偏振的折射率不同（传播速度不同）。类似于双折射中关于 o 光和 e 光的偏振态的讨论，由于沿 X' 和 Y' 的偏振分量存在相位差，出射光一般将成为椭圆偏振光。由晶体光学可以证明，这两个方向的折射率（参见本节附录 1）为

$$n_{X'} = n_o - n_o^3 r_{22} E_X / 2, \quad n_{Y'} = n_o + n_o^3 r_{22} E_X / 2 \tag{5.7.2}$$

式中，n_o 和 r_{22} 是晶体的 o 光折射率和电光系数；$E_X = V/d$ 是 X 方向所加的外电场。

2. 电光调制原理

在无线电通信中，为了把语言、音乐或图像等信息发送出去，总是通过表征电磁波特性的振幅、频率或相位受被传递信号的控制来实现的，这种控制过程称为调制；而接收时，则需把所要的信息从调制信号中还原出来，这个过程称为解调。在现代社会，激光也常被用作传递信息的工具，它的调制与无线电波调制相类似，可以采用连续的调幅、调频、调相以及脉冲调制等形式。本实验采用强度调制，即输出的激光辐射强度按照调制信号的规律变化。激光调制之所以常采用强度调制形式，主要是因为光接收器（探测器）一般都是直接地响应其所接收的光强度变化的缘故。

激光调制的方法很多，如机械调制、电光调制、声光调制、磁光调制和电源调制等。而电光调制开关速度快、结构简单，因此在激光调 Q 技术、混合型光学双稳器件等方面有广泛的应用。

电光调制根据所施加的电场方向的不同，可分为纵向电光调制和横向电光调制。利用纵向电光效应的调制叫纵向电光调制，利用横向电光效应的调制叫横向电光调制。本实验用铌酸锂晶体做横向电光调制实验。

（1）横向电光调制

铌酸锂晶体的横向电光调制过程如图 5.7.2 所示。图中 1 是入射激光束；2 是起偏器，偏振方向平行于电光晶体的 X 轴；3 是 1/4 波片，其"快轴"平行于电光晶体的 X' 方向，"慢轴"平行于晶体的 Y' 方向；4 是铌酸锂电光晶体，晶体在 X 方向加电场，激光束沿晶体的 Z 方向（长度 l）传播；5 是检偏器，偏振方向平行于 Y 轴；6 代表出射光束。入射光经起偏器后变为振动方向平行于 X 轴的线性偏振光，晶体的电光效应可按光矢量的分解与合成来处理。进入晶体时，X 偏振的线偏振光按感应轴 X' 和 Y' 轴分解，若 X 轴与 X' 轴间夹角为 $45°$，则它们的振幅和相位都相等，电矢量可以分别记为

$$E_{X'} = A\cos\omega t, \quad E_{Y'} = A\cos\omega t \tag{5.7.3}$$

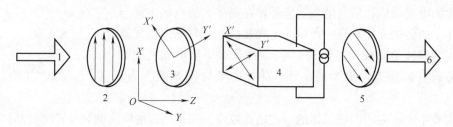

图 5.7.2　横向电光调制原理

为方便计算，用复振幅的表示方法，省去时间的简谐因子 $e^{j\omega t}$，这时位于晶体表面（$Z=0$）的光波表示为

$$E_{X'}(0) = A, \quad E_{Y'}(0) = A \tag{5.7.4}$$

所以入射光的强度

$$I_i \propto |E_{X'}(0)|^2 + |E_{Y'}(0)|^2 = 2A^2 \tag{5.7.5}$$

当光通过长为 l 的电光晶体后，因折射率不同，X' 和 Y' 两分量之间将产生相位差 δ，于是

$$E_{X'}(l) = Ae^{i\delta_0}, \quad E_{Y'}(l) = Ae^{i(\delta_0 - \delta)} \tag{5.7.6}$$

式中，δ_0 是出射面 X' 方向的电矢量相位。通过检偏器出射的光，是该两分量在 Y 轴上的投影之和

$$(E_Y)_0 = \frac{A}{\sqrt{2}}(e^{-i\delta} - 1)e^{i\delta_0} \tag{5.7.7}$$

输出光强（先不讨论 1/4 波片的影响，其作用后述）

$$I_t \propto [(E_Y)_0 \cdot (E_Y)_0^*] = \frac{A^2}{2}[(e^{-i\delta}-1)(e^{i\delta}-1)] = 2A^2\sin^2\frac{\delta}{2} \tag{5.7.8}$$

式中，上标"$*$"代表复数共轭。由式（5.7.5）和式（5.7.8），可求出光强的透过率 T 为

$$T = \frac{I_t}{I_i} = \sin^2\frac{\delta}{2} \tag{5.7.9}$$

由式（5.7.2），并注意到 $E_X = V/d$（d 是晶体的厚度），有

$$\delta = \frac{2\pi}{\lambda}(n_{Y'} - n_{X'})l = \frac{2\pi}{\lambda}n_0^3\gamma_{22}V\frac{l}{d} \tag{5.7.10}$$

由此可见，δ 和 V 有关，当电压增加到某一值时，X'、Y' 方向的偏振光经过晶体后产生 $\lambda/2$ 的光程差，相位差 $\Phi = \pi$，$T = 100\%$，这一电压叫半波电压，通常用 V_π 或 $V_{\lambda/2}$ 表示。

V_π 是描述晶体电光效应的重要参数。在实验中，这个电压越小越好。因为 V_π 小，表示较小的调制信号就会有较大的响应；用作快速电光开关时，V_π 小意味着用比较小的电压就可以实现光开关的动作。根据半波电压值，我们可以估计出控制电光效应所需电压。由式（5.7.10）得

$$V_\pi = \frac{\lambda}{2n_o^3\gamma_{22}}\left(\frac{d}{l}\right) \tag{5.7.11}$$

式中，d 和 l 分别为晶体的厚度和长度。由此可见，横向电光效应的半波电压与晶体的几何尺寸有关。如果减小电极之间的距离 d，而增加通光方向的长度 l，则同样的晶体横向电光效应的半波电压 V_π 将会下降，而纵向电光效应的半波电压为 $\frac{\lambda}{2n_o^3\gamma_{22}}$，不能靠尺寸调整，这是横向调制器的优点之一。因此，横向效应的电光晶体都加工成细长的扁长方体。

结合式（5.7.10）、式（5.7.11），$\delta = \pi\dfrac{V}{V_\pi}$，取 $V = V_0 + V_m\sin\omega t$（$V_0$ 是直流偏压，$V_m\sin\omega t$ 是交流调制信号，V_m 是调制信号的振幅，ω 是调制的角频率），由式（5.7.9）可得

$$T = \sin^2\frac{\pi}{2V_\pi}V = \sin^2\frac{\pi}{2V_\pi}(V_0 + V_m\sin\omega t) \tag{5.7.12}$$

由此可以看出，改变 V_0 或 V_m，输出特性将相应发生变化。

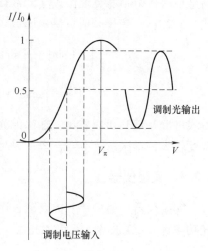

图 5.7.3　电光调制工作曲线

对单色光，$\pi n_o^3\gamma_{22}/\lambda$ 为常数，因而 T 将随晶体上所加的电压变化，如图 5.7.3 所示，T 与 V 的关系是非线性的。如果工作点 V_0 选择不当，则会使输出信号发生畸变；但在 $V_\pi/2$ 附近有一近似直线的部分，这一直线部分称为线性工作区。不难看出，当 $V = V_\pi/2$ 时，$\delta = \pi/2$，$T = 50\%$。

（2）直流偏压对输出特性的影响

① 当 $V_0 = V_\pi/2$ 时，工作点落在线性工作区的中部，此时，可获得较高效率的线性调制，把 $V_0 = V_\pi/2$ 代入式（5.7.12）得

$$T = \sin^2\left[\frac{\pi}{4} + \left(\frac{\pi}{2V_\pi}\right)V_m\sin\omega t\right] = \frac{1}{2}\left[1 - \cos\left(\frac{\pi}{2} + \frac{\pi}{V_\pi}V_m\sin\omega t\right)\right]$$

$$= \frac{1}{2}\left[1 + \sin\left(\frac{\pi}{V_\pi}V_m\sin\omega t\right)\right] \tag{5.7.13}$$

当 $V_m \ll V_\pi$ 时

$$T \approx \frac{1}{2}\left(1 + \frac{\pi V_m}{V_\pi}\sin\omega t\right) \tag{5.7.14}$$

它表明 $T \propto V_m\sin\omega t$。这时，调制器输出的波形和调制信号的频率相同，即线性调制。

② 当 $V_0 = 0$ 或 V_π，$V_m \ll V_\pi$ 时，把 $V_0 = 0$ 代入式（5.7.12），则

$$T = \sin^2\left(\frac{\pi}{2V_{\mathrm{m}}}V_{\mathrm{m}}\sin\omega t\right) = \frac{1}{2}\left[1 - \cos\left(\frac{\pi V_{\mathrm{m}}}{V_\pi}\sin\omega t\right)\right]$$

$$\approx \frac{1}{4}\left(\frac{\pi V_{\mathrm{m}}}{V_\pi}\right)^2\sin^2\omega t \approx \frac{1}{8}\left(\frac{\pi V_{\mathrm{m}}}{V_\pi}\right)^2(1 - \cos2\omega t) \tag{5.7.15}$$

即 $T \propto \cos2\omega t$。这时，输出光的频率是调制信号的 2 倍，即产生"倍频"失真。类似地，对 $V_0 = V_\pi$，可得

$$T \approx 1 - \frac{1}{8}\left(\frac{\pi V_{\mathrm{m}}}{V_\pi}\right)^2(1 - \cos2\omega t) \tag{5.7.16}$$

这时仍将看到"倍频"失真的波形。

③ 直流偏压 V_0 在 0 V 附近或变化时，由于工作点不在线性工作区，故输出波形将失真。

④ 当 $V_0 = V_\pi/2$ 且 $V_{\mathrm{m}} > V_\pi/2$ 时，调制器的工作点虽然选定在线性工作区的中心，但不满足小信号调制的要求，式（5.7.13）不能写成式（5.7.14）的形式，此时的透射率函数式（5.7.13）应展开成贝塞尔函数[⊖]，即

$$T = \frac{1}{2}\left[1 + \sin\left(\frac{\pi V_{\mathrm{m}}}{V_\pi}\sin\omega t\right)\right]$$

$$= 2\left[J_1\left(\frac{\pi V_{\mathrm{m}}}{V_\pi}\right)\sin\omega t + J_3\left(\frac{\pi V_{\mathrm{m}}}{V_\pi}\right)\sin3\omega t + J_5\left(\frac{\pi V_{\mathrm{m}}}{V_\pi}\right)\sin5\omega t\right] \tag{5.7.17}$$

由式（5.7.17）可以看出，输出的光束包括交流的基波，还有奇次谐波。由于调制信号的幅度较大，奇次谐波不能忽略，因此，这时虽然工作点选定在线性区，输出波形仍然失真。

5.7.3　实验仪器

实验仪器：偏振片、扩束镜、铌酸锂电光晶体、光电二极管、光电池、晶体驱动电源、光功率计、1/4 波片、双踪示波器。

5.7.4　实验内容

1. 调节光路

① 将半导体激光器、起偏器、扩束镜、LN 晶体、检偏器、白屏依次摆放。

② 打开激光功率指示计电源，激光器亮。调整激光器的方向和各附件的高低，使各光学元件尽量同轴且与光束垂直。取下扩束镜，旋转起偏器，使透过起偏器的光最强；旋转检偏器，使白屏上的光点最弱。这时起偏器与检偏器互相垂直，系统进入消光状态。

③ 用白屏记下激光点的位置。紧靠晶体放上扩束镜，观察白屏上的图案，可观察到如图 5.7.4 所示的图案，这种图案是典型的会聚偏振光穿过单轴晶体后形成的干涉图案[⊖]。中心是一个暗十字图形，四周为明暗相间的同心干涉圆环，十字中心同时

图 5.7.4　晶体的锥光干涉

⊖　参见王竹溪、郭敦仁编著的《特殊函数概论》470 页（科学出版社）。

⊖　参见赵凯华、钟锡华编著的《光学》（下册）（北京大学出版社）。

也是圆环的中心，它对应着晶体的光轴方向，十字方向对应于两个偏振片的偏振轴方向。仔细调整晶体的两个方位螺钉，使图案中心与原激光点的位置重合（此时激光束与晶体光轴平行），并根据暗十字细调起偏器和检偏器正交。

④ 打开晶体驱动电源，将状态开关打在直流状态，顺时针旋转电压调整旋钮，调高驱动电压，观察白屏上图案的变化。这时将会观察到图案由一个中心分裂为两个中心，这是典型的会聚偏振光经过双轴晶体时的干涉图案。

⑤ 将扩束镜取下，用光电池换下白屏，取驱动电压为某一固定值（如 $U = 300$ V），仔细旋转晶体，使出射光强最大。（此时晶体感应轴 X'、Y' 和起偏器及检偏器的偏振化方向 X、Y 成 $45°$ 夹角，请证明。）

2. 电光调制器 T-V 工作曲线的测量

① 缓慢调高直流驱动电压，并记录下电压值和输出激光功率值，可每 50 V 记录一次，在最大功率和最小功率附近可把驱动电压间隔减小。（思考：如果输出光强随直流电压变化不明显，应如何调整？可参见思考题①的结果。）

② 画出驱动电压与输出光功率的对应曲线（可在全部实验结束后进行），读出输出光功率出现极大和极小对应的驱动电压，相邻极小和极大光功率时对应的驱动电压之差是半波电压。由半波电压 V_π 计算晶体的电光系数 γ_{22}。

3. 动态法观察调制器性能

① 将驱动信号波形插座和接收信号插座分别与双踪示波器 CH1 和 CH2 通道连接，光电二极管换下光电池，光电二极管探头与信号输入插座连接。

② 将状态开关置于正弦波位置，幅度调节旋钮调至最大。示波器置于双踪同时显示，以驱动信号波形为触发信号，正弦波频率约为 1 kHz。

③ 旋转驱动电压调节旋钮，改变静态工作点，观察示波器上的波形变化。特别注意，记录接收信号波形失真最小、接收信号幅度最大以及出现倍频失真时的静态工作点电压，对照 T-V 曲线，理解静态工作点对调制性能的影响。

④ 用 1/4 波片改变工作点，观察输出特性。分别将静态工作电压固定于倍频失真点、接收信号波形失真最小、接收信号波形幅度最大点（参照步骤③的参数），在起偏器与 LN 晶体间放入 1/4 波片。旋转 1/4 波片，观察接收信号波形的变化情况，分别记录出现倍频失真时对应 1/4 波片上的转角，并总结规律。

⑤ 在步骤④基础上，改变工作电压，记录相邻两次出现倍频失真时对应的工作电压之差即为半波电压。（考虑如何才能保证观察到两次倍频失真现象？）

⑥ 光通信演示音频信号的调制与传输：将音频信号插入音频插座，状态开关置于音频状态，打开仪器后面的扬声器开关。改变工作电压，观察示波器上的波形，监听音频调制与传输效果。

4. 用相位补偿测量晶体快慢轴相位差

利用本实验装置测量云母片（1/4 波片）快慢轴间的相位差。

5.7.5 数据处理

① 利用实验数据列表并绘制电光调制器的 T-V 曲线，讨论它与理论曲线（见图 5.7.3）

的差异并分析原因。

② 用两种方法计算铌酸锂晶体横向调制的半波电压和电光系数，并与标准值进行比较。（晶体厚度 $d = 5$ mm，长度 $l = 30$ mm，$\lambda = 632.8$ nm，$n_o = 2.286$。）

③ 结合电光调制器的 T-V 曲线，讨论实验中观察到的输出波形和畸变产生的原因。

5.7.6 思考题

① 在正交的偏振片之间插入厚度为 d 的双折射晶体，其表面与晶体的光轴平行，则 $n_o - n_e = \Delta n$。当平行光正入射时，起偏器的偏振化方向与 o 光的夹角为 α（见图 5.7.5），试讨论出射光强与入射光强之比。

② 1/4 波片快慢轴有固定的相位差，为什么旋转 1/4 波片也可以改变电光晶体的工作点？说明 1/4 波片和直流电压改变晶体工作点有什么区别？

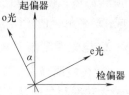

图 5.7.5 思考题①用图

5.7.7 拓展研究

① 分析本实验中误差的主要来源及对实验结果的影响。

② 如何利用本实验系统测量光通过双折射晶体（例如云母片）时快慢轴的相位差？

5.7.8 参考文献

［1］ 金光旭，等. 电光振幅调制实验［J］. 物理实验，1990，10（5）：193-195.

［2］ 汪太辅，等. 晶体的电光效应及其应用——用位相补偿测量双折射样品的微小位相差［M］//吴思诚，王祖铨. 近代物理实验②. 北京：北京大学出版社，1986.

［3］ 波恩 M，沃耳夫 E. 光学原理：下册［M］. 北京：科学出版社，1981.

［4］ 金光旭，王桂枝. EOM-Ⅱ型电光调制器［M］//高等学校物理教学仪器汇编. 北京：高等教育出版社，1992.

附录

1. 折射率椭球

光在各向异性晶体中传播时，因光的传播方向不同或者是电矢量的振动方向不同，光的折射率也不同。在晶体光学中，通常用折射率椭球来描述折射率与光的传播方向、振动方向的关系。适当选择坐标系即所谓的主轴坐标系，折射率可以用以下的椭球方程表出，即

$$\frac{X^2}{n_1^2} + \frac{Y^2}{n_2^2} + \frac{Z^2}{n_3^2} = 1 \tag{5.7.18}$$

式中，n_1、n_2、n_3 为椭球三个主轴方向上的折射率，称为主折射率。如图 5.7.6 所示，如果光波沿任意 k 方向传播，则偏振方向和折射率应当这样确定：从折射率椭球的坐标原点 O 出发，通过 O 作一垂直于 k 方向（OP）的平面，它在椭球上截出一个椭圆，该椭圆的两主轴方向就是沿 k 方向传播的平面波所允许的两个线偏振光的偏振方向，两主轴的半轴长度 OA 和

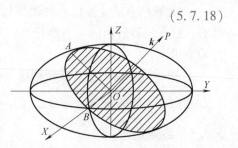

图 5.7.6 折射率椭球

OB 即是相应偏振光的折射率 n' 和 n''。显然 k、OA、OB 三者互相垂直。

当晶体加上电场后，折射率椭球的形状、大小、方位都发生变化，椭球方程的一般形式变成

$$\frac{X^2}{n_{11}^2} + \frac{Y^2}{n_{22}^2} + \frac{Z^2}{n_{33}^2} + \frac{2YZ}{n_{23}^2} + \frac{2XZ}{n_{13}^2} + \frac{2XY}{n_{12}^2} = 1 \tag{5.7.19}$$

对一次电光效应，式（5.7.18）与式（5.7.19）相应项的系数之差与电场强度的一次方成正比，由于晶体的各向异性，一次电光效应的普遍形式可由下式表示，即

$$\frac{1}{n_{11}^2} - \frac{1}{n_1^2} = r_{11}E_X + r_{12}E_Y + r_{13}E_Z$$

$$\frac{1}{n_{22}^2} - \frac{1}{n_2^2} = r_{21}E_X + r_{22}E_Y + r_{23}E_Z$$

$$\frac{1}{n_{33}^2} - \frac{1}{n_3^2} = r_{31}E_X + r_{32}E_Y + r_{33}E_Z$$

$$\frac{1}{n_{23}^2} = r_{41}E_X + r_{42}E_Y + r_{43}E_Z \tag{5.7.20}$$

$$\frac{1}{n_{13}^2} = r_{51}E_X + r_{52}E_Y + r_{53}E_Z$$

$$\frac{1}{n_{12}^2} = r_{61}E_X + r_{62}E_Y + r_{63}E_Z$$

式中，$r_{ij}(i=1,2,\cdots,6; j=1,2,3)$ 叫作电光系数，它可用由 18 个分量组成的矩阵（见下式左半部）

$$\begin{bmatrix} r_{11} & r_{12} & r_{13} \\ r_{21} & r_{22} & r_{23} \\ r_{31} & r_{32} & r_{33} \\ r_{41} & r_{42} & r_{43} \\ r_{51} & r_{52} & r_{53} \\ r_{61} & r_{62} & r_{63} \end{bmatrix} = \begin{bmatrix} 0 & -r_{22} & r_{13} \\ 0 & r_{22} & r_{13} \\ 0 & 0 & r_{33} \\ 0 & r_{51} & 0 \\ r_{51} & 0 & 0 \\ -r_{22} & 0 & 0 \end{bmatrix} \tag{5.7.21}$$

来表示；E_X、E_Y 和 E_Z 是电场 E 在 X、Y、Z 方向上的分量。由于晶体存在对称性，$\{r_{ij}\}$ 一般并不完全独立，有一些元素还是 0。对铌酸锂晶体而言，它属于三角晶系，$\{r_{ij}\}$ 只有 4 个独立分量 [见式（5.7.21）右半部]。在不加外电场时，主轴 Z 方向有一个三次旋转轴，光轴与 Z 轴重合，是单轴晶体；折射率椭球是旋转椭球，其表达式为 $\frac{X^2+Y^2}{n_o^2} + \frac{Z^2}{n_e^2} = 1$。式中，$n_o$ 和 n_e 分别为晶体的寻常光和非常光的折射率。在 X 轴方向加上电场后，折射率椭球发生畸变，折射率椭球应由式（5.7.19）并结合具体的电光系数和 $E_Y = E_Z = 0$ 的条件给出，即满足

$$\frac{X^2}{n_1^2} + \frac{Y^2}{n_2^2} + \frac{Z^2}{n_3^2} + 2r_{51}E_XZY - 2r_{22}E_XXY = 1 \tag{5.7.22}$$

光沿 Z 轴方向传播时，晶体由单轴晶体变为双轴晶体，折射率椭球与 Z 轴的垂直平面的截面由圆变成椭圆。此椭圆方程为

$$\frac{X^2}{n_o^2} + \frac{Y^2}{n_o^2} - 2r_{22}E_X XY = 1 \tag{5.7.23}$$

只要将原坐标系统 Z 轴逆时针旋转 $45°$，就可将式（5.7.23）用主轴坐标给出，即

$$\left(\frac{1}{n_o^2} + r_{22}E_X\right)X'^2 + \left(\frac{1}{n_o^2} - r_{22}E_X\right)Y'^2 = 1 \quad \text{或} \quad \frac{X'^2}{n_{X'}^2} + \frac{Y'^2}{n_{Y'}^2} = 1 \tag{5.7.24}$$

式中

$$n_{X'} = n_o - n_o^3 r_{22}E_X/2, \quad n_{Y'} = n_o + n_o^3 r_{22}E_X/2 \tag{5.7.25}$$

这一结果是在考虑到 $n_o^2 r_{22}E_X \ll 1$，经化简后得到的，此即式（5.7.2）。

2. 关于单轴晶体的锥光干涉图样的讨论

锥光干涉是一种会聚偏振光的干涉，其严格的实验装置如图 5.7.7 所示。P_1 和 P_2 是正交的偏振片；L_1 是透镜，用来产生会聚光；N 是厚度均匀的晶体。对本实验中的铌酸锂而言，不加电场时为单轴晶体，光轴沿图中所示的水平方向。由于对晶体而言，不是平行光入射，不同倾角的光线将发生双折射（见图 5.7.8），而且 o 光和 e 光的振动方向在不同的入射点也不相同。离开晶体时，两条光线以平行光出射，它们沿 P_2 方向的振动分量将在无穷远处会聚而发生干涉。其光程差 δ 由晶体的厚度 h、o 光和 e 光的折射率之差 $(n_o - n_e)$ 及入射的倾角 θ 决定。不难想象，相同 θ 的光线将形成类似等倾干涉的同心圆环。θ 越大，δ 也越大，明暗相间的圆环的间隔就越小。必须指出，会聚偏振光干涉的明暗分布不仅与光程差有关，还与参与叠加的 o 光和 e 光的振幅比有关。重新考察一下图 5.7.4，形成中央十字线的是来自沿 X 和 Y 平面进入晶体的光线。这些光线在进入晶体后或者只有 o 光（振动方向垂直于 o 光和晶面法线所在的平面），或者只有 e 光（振动方向在 e 光和晶面法线所在的平面内），而且它们由晶体出射后都不能通过偏振片 P_2，形成了正交的黑十字，而且黑十字的两侧也由中心向外逐渐扩展。它们有时被形象地称为正交黑刷（brushes）。

按锥光干涉图样的讨论，在十字刷的中心应是暗点。思考：它与我们观察到的实际现象是否一致，为什么？

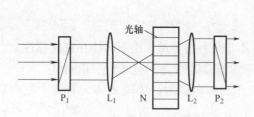

图 5.7.7 会聚偏振光的干涉

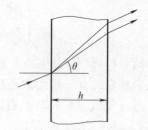

图 5.7.8 通过晶体的双折射

5.8 晶体的声光效应

当声波在媒质中传播时，由于应变的缘故，媒质的折射率会随空间和时间周期性地变化。我们将会看到，在这样的周期性媒质中，光波会被衍射，这就是所谓的声光效应。声光效应这种现象是光波与介质中声波相互作用的结果。早在 20 世纪 30 年代就开始了声光衍射的实验研究，60 年代激光器的问世为声光现象的研究提供了理想的光源，也由于许多优越的声光和压电性能材料的出现，促进了声光学理论和应用研究的迅速发展。声光学是研究材料物理性能的有力手段，同时又提供了一种先进的光控制技术。声光效应为控制激光束的方向、频率和强度提供了一个有效的手段。利用声光效应制成的声光器件，如声光偏转器、声光调制器和可调谐滤光器等，在激光技术、光信号处理和集成光通信技术等方面有着重要的应用。

晶体的声光效应

5.8.1 实验要求

1. 实验重点

① 了解声光效应的原理。

② 了解拉曼-纳斯衍射和布拉格衍射的实验条件和特点。

③ 通过对声光器件衍射效率、中心频率和带宽等的测量，加深对其概念的理解。

④ 测量声光偏转和声光调制曲线。

⑤ 模拟激光通信实验。

2. 预习要点

① 什么是声光效应？

② 怎么区分拉曼-纳斯衍射和布拉格衍射？如何利用 CCD 和示波器测量偏转角？

③ 声光偏转器和声光调制器的基本原理是什么？

④ 模拟激光通信实验是如何传播声音信号的？

5.8.2 实验原理

1. 声光效应

当超声波在介质中传播时，会引起介质的弹性应变在时间上和空间上做周期性的变化，从而导致介质的折射率也发生相应的变化。当光束通过有超声波的介质后就会产生衍射现象，这就是声光效应。有超声波传播着的介质如同一个相位光栅。

声光效应有正常声光效应和反常声光效应之分。在各向同性介质中，声光相互作用不导致入射光偏振状态的变化，产生正常声光效应；在各向异性介质中，声光相互作用可能导致入射光偏振状态的变化，产生反常声光效应。反常声光效应是制造高性能声光偏转器和可调谐滤光器的物理基础。正常声光效应可用相位光栅假设做出解释，而反常声光效应却不能用光栅假设解释。在非线性光学中，利用参量相互作用理论，可建立起声-光相互作用的统一理论，并且运用动量匹配和失配等概念对正常和反常声光效应都可做出解释。本实验只涉及各向同性介质中的正常声光效应。

如图 5.8.1 所示，设声光介质中的超声行波是沿 y 方向传播的平面纵波，其角频率为 ω_s，波长为 λ_s，波矢为 $\boldsymbol{k}_s$。介质内由超声行波引起的弹性应变 S 也以行波形式随声波一起传播，所以可以表示为

$$S = S_0 \sin(\omega_s t - k_s y) \tag{5.8.1}$$

入射光为沿 x 方向传播的平面波，其角频率为 ω，在介质中的波长为 λ，波矢为 $\boldsymbol{k}$。由于光速大约是声速的 10^5 倍，在光波通过的时间内介质在空间上的周期变化可看成是固定的。

由于弹性形变而引起的介质折射率的变化由下式决定：

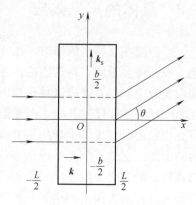

图 5.8.1　声光衍射

$$\Delta n = \frac{1}{2} n^3 P S \tag{5.8.2}$$

式中，n 为介质折射率；S 为应变；P 为光弹系数。通常，P 和 S 为二阶张量。当声波在各向同性介质中传播时，P 和 S 可作为标量处理。当应变较小时，折射率作为 y 和 t 的函数可写为

$$n(y,t) = n + \mu \sin(\omega_s t - k_s y) \tag{5.8.3}$$

式中，n 为无超声波时的介质折射率；$\mu = \frac{1}{2} n^3 P S_0$ 为声致折射率变化的幅值。设光束垂直入射（$\boldsymbol{k} \perp \boldsymbol{k}_s$）并通过厚度为 L 的介质，则前后两点的相位差为

$$\begin{aligned}
\Delta \Phi &= k_0 n(y,t) L \\
&= k_0 n L + k_0 \mu L \sin(\omega_s t - k_s y) \\
&= \Delta \Phi_0 + \delta \Phi \sin(\omega_s t - k_s y)
\end{aligned} \tag{5.8.4}$$

式中，k_0 为入射光在真空中的波矢的大小；右边第一项 $\Delta \Phi_0$ 为不存在超声波时光波在入射到介质前后二点的相位差；右边第二项为超声波引起的附加相位差（相位调制），$\delta \Phi = k_0 \mu L$。可见，当平面光波入射在介质的前界面上时，超声波使出射光波的波阵面变为周期变化的褶皱曲面，从而改变了出射光的传播特征，产生衍射。

按照超声波频率的高低、光波相对声场的入射角度和介质中声光相互作用长度 L 的不同，声光效应产生的衍射有两种极端情况：拉曼-纳斯衍射和布拉格衍射。当 $L < \lambda_s^2 / 2\lambda$ 时，声光介质相当于一平面相位光栅，发生拉曼-纳斯衍射；当 $L > 2\lambda_s^2 / \lambda$ 时声光介质相当于一个立体光栅，发生布拉格衍射。

2. 声光衍射

（1）拉曼-纳斯衍射

考虑平面光波垂直入射到晶体表面，入射面 $x = -\dfrac{L}{2}$ 上的光振动可写为 $E_i = A e^{i\omega t}$，A 为一常数，也可以是复数，ω 为光频率。考虑到在出射面 $x = \dfrac{L}{2}$ 上各点相位的改变和调制，在 xy 平面内离出射面很远一点处的衍射光叠加结果可表示为

$$E \propto A \int_{-\frac{b}{2}}^{\frac{b}{2}} e^{i[(\omega t + k_0 n(y,t)L) + nk_0 y \sin\theta]} dy$$

写成等式为

$$E = C e^{i\omega t} \int_{-\frac{b}{2}}^{\frac{b}{2}} e^{i\delta\Phi \sin(\omega_s t - k_s y)} e^{ink_0 y \sin\theta} dy \tag{5.8.5}$$

式中，b 为光束宽度；θ 为衍射角；n 是晶体折射率；为了简化表达将与 A 等常数相关的量用 C 表示。利用与贝塞尔函数有关的恒等式 $e^{ia\sin\theta} = \sum_{m=-\infty}^{\infty} J_m(a) e^{im\theta}$，式中 $J_m(a)$ 为（第一类）m 阶贝塞尔函数，将式（5.8.5）中 $e^{i\delta\Phi\sin(\omega_s t - k_s y)}$ 展开，积分得

$$E = Cb \sum_{m=-\infty}^{\infty} J_m(\delta\Phi) e^{i(\omega+m\omega_s)t} \frac{\sin[b(mk_s - nk_0\sin\theta)/2]}{b(mk_s - nk_0\sin\theta)/2} \tag{5.8.6}$$

式（5.8.6）表示第 m 级衍射光为

$$E = E_m e^{i(\omega+m\omega_s)t} \tag{5.8.7}$$

其中

$$E_m = Cb J_m(\delta\Phi) \frac{\sin[b(mk_s - nk_0\sin\theta)/2]}{b(mk_s - nk_0\sin\theta)/2} \tag{5.8.8}$$

由于函数 $\sin x/x$ 在 $x=0$ 时取极大值，因此由式（5.8.8）可知 m 级衍射极大的方位角 θ_m 由下式决定：

$$\sin\theta_m = m\frac{k_s}{nk_0} = m\frac{\lambda_0}{n\lambda_s} \tag{5.8.9}$$

式中，λ_0 为真空中光的波长；λ_s 为介质中超声波的波长；n 为介质折射率。与一般的光栅方程相比可知，由超声波引起应变的介质相当于一光栅常数为超声波长的光栅。并且由式（5.8.7）可知，第 m 级衍射光的频率 ω_m 为

$$\omega_m = \omega + m\omega_s \tag{5.8.10}$$

可见，衍射光仍然是单色光，但发生了频移。由于 $\omega_m \gg \omega_s$，所以这种频移是很小的。

第 m 级衍射极大的强度 I_m 可用（5.8.8）式模的平方表示为

$$I_m = E_m E_m^* = C^2 b^2 J_m^2(\delta\Phi) \tag{5.8.11}$$

式中，E_m^* 为 E_m 的共轭复数。第 m 级衍射光的衍射效率 η_m 定义为第 m 级衍射光的强度与入射光强度之比，$\eta_m = \dfrac{I_m}{I_0}$。由式（5.8.11）可知，$\eta_m$ 与 $J_m^2(\delta\Phi)$ 有关。当 m 为整数时，$J_{-m}(\alpha) = (-1)^m J_m(\alpha)$，又由式（5.8.9）表明，垂直入射时各级衍射光相对于零级对称分布。

当光束斜入射时，则各级衍射极大的方位角 θ_m 由下式决定：

$$\sin\theta_m = \sin i + m\frac{\lambda_0}{n\lambda_s} \tag{5.8.12}$$

式中，i 为入射光波矢 $\boldsymbol{k}$ 与超声波波面之间的夹角。上述的超声衍射均称为拉曼-纳斯衍射，有超声波存在的介质起一平面相位光栅的作用。

（2）布拉格衍射

当声光作用的距离满足 $L > 2\lambda_s^2/\lambda$，而且光束相对于超声波波面以某一角度斜入射时，在理想情况下除了 0 级透射光之外，只出现 1 级或者 -1 级衍射，此时衍射角等于反射角，

如图 5.8.2 所示。这种衍射与 X 射线在晶格点阵上发生的布拉格衍射很类似，故称为布拉格衍射。能产生这种衍射的光束入射角称为布拉格角。此时有超声波存在的介质起体光栅的作用。由于布拉格衍射衍射方向位于反射方向，可以由式（5.5.12）斜入射时取衍射角和入射角大小相等、方向相反，可证明，布拉格角满足

$$\sin i_{\mathrm{B}} = \frac{\lambda_0}{2n\lambda_s} \tag{5.8.13}$$

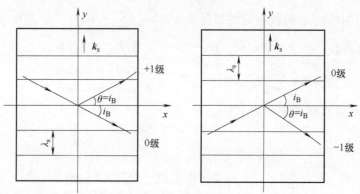

图 5.8.2　布拉格衍射

式（5.8.13）称为布拉格条件。因为布拉格角一般都很小，故衍射光相对于入射光的偏转角为

$$\varphi = 2i_{\mathrm{B}} \approx \frac{\lambda}{n\lambda_s} = \frac{\lambda_0}{nv_s} f_s \tag{5.8.14}$$

式中，v_s 为超声波波速；f_s 为超声波频率；其他量的意义同前。在布拉格衍射的情况下，一级衍射光的衍射效率为

$$\eta = \sin^2\left[\frac{\pi}{\lambda_0}\sqrt{\frac{M_2 L P_s}{2H}}\right] \tag{5.8.15}$$

式中，P_s 为超声波功率；L 和 H 为超声换能器的长和宽；M_2 为反映声光介质材料的特征常数；$M_2 = n^6 P^2/\rho v_s$，ρ 为介质密度，P 为光弹系数。在布拉格衍射下，各级衍射光的频率也满足式（5.8.10）。

　　选择合适的参数，理论上布拉格衍射的衍射效率可达到 100%，而拉曼-纳斯衍射中一级衍射光的最大衍射效率仅为 34%。由式（5.8.14）可看出，通过改变超声波的频率，可实现对激光束方向的控制，称为声光偏转；由式（5.8.15）可知，改变超声信号的功率，可实现对激光强度的控制，称为声光调制。这是声光偏转器和声光调制器的物理基础。由式（5.8.10）可知，超声光栅的衍射光会产生频移，因此利用声光效应还可制成频移器件。超声频移器在计量方面有重要应用，如用于激光多普勒测速仪等。

　　以上讨论的是超声行波对光波的衍射。实际上，超声驻波对光波的衍射也可以产生拉曼-纳斯衍射和布拉格衍射，而且各衍射光的方位角满足的公式与超声行波时相同。不过，各级衍射光不再是简单产生频移的单色光，而是含有多个傅里叶分量的复合光，不同频率的衍射光强度不一。

5.8.3　实验仪器

　　一套完整的声光效应实验仪配有：已安装在转角平台上的中心频率约为 100 MHz 的声光

器件、半导体激光器（$\lambda_0 = 650$ nm）、功率信号源、LM601s CCD光强分布测量仪及光具座。

1. 声光器件（钼酸铅中声速 $v_s = 3\,632$ m/s，二氧化碲中声速 $v_s = 4200$ m/s）

声光器件的结构示意图如图5.8.3所示。它由声光介质、压电换能器和吸声材料组成。本实验采用的声光介质为钼酸铅。吸声材料的作用是吸收通过介质传播到端面的超声波以建立超声行波。将介质的端面磨成斜面或成牛角状，也可达到吸声的作用。压电换能器又称超声发生器，由铌酸锂晶体或其他压电材料制成。它的作用是将电功率换成声功率，并在声光介质中建立起超声场。压电换能器既是一个机械振动系统，又是一个与功率信号源相联系的电振动系统，或者说是功率信号源的负载。为了获得最佳的电声能量转换效率，换能器的阻抗与信号源内阻应当匹配。声光器件有一个电声转换效率最大，即信号源功率不变时衍射效率最高的工作频率，此频率称为声光器件的中心频率，记为 f_c。对于其他频率的超声波，其衍射效率将降低。规定衍射效率（或衍射光的相对光强）下降3 db（即衍射效率降到最大值的 $1/\sqrt{2}$）时两频率间的间隔为声光器件的带宽。

声光器件安装在一个透明塑料盒内，置于转角平台上，如图5.8.4所示。盒上有一插座，用于和功率信号源的 声光 插座相连。透明塑料盒两端各开一个小孔，激光分别从这两个孔射入和射出声光器件，不用时用贴纸封住以保护声光器件。旋转转角平台的旋转手轮可以转动转角平台，从而改变激光射入声光器件的角度。

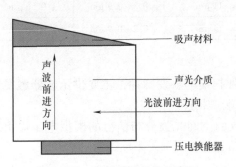

图5.8.3 声光器件结构示意图

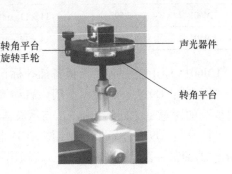

图5.8.4 转角平台

2. 功率信号源

功率信号源专为声光效应实验配套，输出频率范围为 $80 \sim 120$ MHz，最大输出功率1 W。面板上的各输入/输出信号和表头含义如下：

等幅/调幅：做基本的声光衍射实验时，要打在"等幅"位置，否则信号源无输出；做模拟通信实验时，要打在"调幅"位置。

调制：输入信号插座。等幅/调幅 开关处于"调幅"位置时，接上"模拟通信发送器"，从 调制 端口输入一个TTL电平的数字信号，就可以对超声信号的功率进行幅度调制，频率范围 $0 \sim 20$ KHz。调制波的解调可用光电池加放大电路组成的"光电池盒"来实现。具体方法是，移去CCD光强分布测量仪，安装上"光电池盒"，"光电池盒"再与"模拟通信接收器"相连。将1级衍射光对准"光电池盒"上的小孔，适当调节半导体激光器的功率，就可以用喇叭或示波器还原调制波的信号，进行模拟通信实验。模拟通信收发器的介绍见下文。

声光：输出信号插座。用于连接声光器件，将功率信号源的电信号传入声光器件，经压电换能器转换为声波后注入声光介质。

测频：输出信号插座。接频率计，用于测量功率信号源输出信号的频率。

频率旋钮：用于改变功率信号源的输出信号的频率，可调范围 80～120 MHz。逆时针到底是 80 MHz，顺时针到底是 120 MHz。

功率旋钮：用于调节功率信号源的输出功率，逆时针减小，顺时针增大。面板上的毫安表读数作功率指示用，读数值×10 约等于功率毫瓦数。注意：使用时，为保证声光器件的安全，不要长时间处于功率最大位置！

3. CCD 光强分布测量仪

其核心是线阵 CCD 器件，是一种可以电扫描的光电二极管列阵，有面阵（二维）和线阵（一维）之分。LM601s/LM601/LM501 CCD 光强仪所用的是线阵 CCD 器件，性能参数如表 5.8.1 所示。

表 5.8.1　LM601s/LM601/LM501 CCD 性能参数

型号	光敏元素	光敏元尺寸	光敏元中心距	光谱响应范围	光谱响应峰值
LM601s	2 700 个	$11 \times 11 \ \mu m^2$	11 μm	0.3～0.9 μm	0.56 μm
LM601	2 592 个	$11 \times 11 \ \mu m^2$	11 μm	0.3～0.9 μm	0.56 μm
LM501	2 048 个	$14 \times 14 \ \mu m^2$	14 μm	0.2～0.9 μm	0.56 μm

LM601s CCD 光强仪后面板各插孔标记含义：

"同步"：Q9 头，示波器型用。启动 CCD 器件扫描的触发脉冲，主要供示波器触发用。"同步"的含意是"同步扫描"，与示波器的触发端口相连。

"信号"：Q9 头，示波器型用。CCD 器件接收的空间光强分布信号的模拟电压输出端，与示波器的某一路信号端口相连。其输出波形如图 5.8.5 所示。

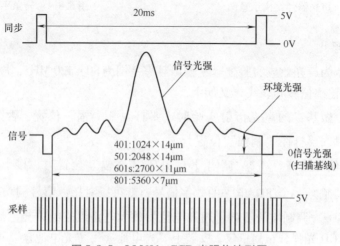

图 5.8.5　LM601s CCD 光强仪波形图

4. 模拟通信收发器

模拟通信收发器由三件仪器组成：模拟通信发送器、模拟通信接收器和光电池盒。

① 模拟通信发送器的各接口及开关描述如下：

调制：输出音乐 TTL 电平的数字调制信号。当功率信号源的 等幅/调幅 开关处于"调幅"位置时（即做模拟通信实验时），向功率信号源 调制 输入音乐 TTL 电平的数字调制信号，用于对超声功率进行幅度调制。

示波器：如果要在双踪示波器上对比观察本模拟通信实验中发送和接收到的音乐 TTL 电平的数字信号，则此插座接示波器的一路通道，并作为触发信号；模拟通信接收器的 示波器 插座接示波器的另一路通道。

喇叭开关：用于选择是否监听发送器送出的音乐 TTL 信号。

选曲开关：发送器可以送出的音乐 TTL 信号有两首乐曲，用此开关选择。

② 模拟通信接收器的各接口描述如下：

光电池：接光电池盒。

示波器：如果要在双踪示波器上对比观察本模拟通信实验中发送和接收到的音乐 TTL 电平的数字信号，则此插座接示波器的一路通道；模拟通信发送器的 示波器 插座接示波器的另一路通道，并作为触发信号。

音量旋钮：调节模拟通信接收器还原出来的音乐 TTL 信号的音量大小。

光电池盒：取代 CCD 光强分布测量仪，与模拟通信接收器的 光电池 插座连接并向模拟通信接收器传送接收到的带调制信号的衍射光信号。

5. 半导体激光器

半导体激光器输出光强可调，寿命长，其性能参数见激光器外壳上的铭牌。

5.8.4 实验内容

声光效应实验仪可完成基本声光效应实验和在此基础上的声光模拟通信实验，这两种实验的安装、连线分别介绍如下。

1. 光路安装（见图 5.8.6）

（1）连接 CCD 光强分布测量仪的"信号"和示波器的测量输入通道 CH1 或通道

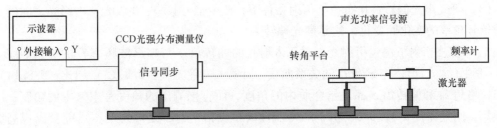

图 5.8.6 声光效应实验安装图

CH2，连接光强分布测量仪的"同步"和示波器的外触发同步通道，示波器触发源选择"外接"。

（2）连接功率信号源的 ⌐声光⌐ 插座到转角平台上的声光器件，此时，功率信号源要打在"等幅"上。

2. 数据测量

（1）仔细调节半导体激光器使出射的激光与导轨平行。按图 5.8.6 完成安装后，开启除功率信号源之外各部件的电源；使射出的光束准确地由声光器件外塑料盒的小孔射入、穿过声光介质由另一端的小孔射出，照射到 CCD 采集窗口上，这时衍射尚未产生（声光器件尽量靠近激光器）；用示波器测量时，将光强仪的"信号"插孔接至示波器的 Y 轴；光强仪的"同步"插孔接至示波器的外触发端口，极性为"+"。适当调节"触发电平"，在示波器上可以看到一个稳定的类似图 5.8.5 所示的单峰信号波形。如在示波器顶端只有一条直线而看不到波形，这是 CCD 器件已饱和所致，可试着减弱环境光强、减小激光器的输出功率，问题就可得以解决。如果在示波器上看到的波形不光滑有"毛刺"，大多是因为光没有直接打在 CCD 光敏面上，可微调 CCD 光具座的高度使光斑落在 CCD 最佳位置并使接收信号最强，若此时又出现削顶，可继续减小激光功率。得到满意的波形后，打开功率信号源的电源。

（2）将功率信号源频率放在 100 MHz，毫安表指示为 80~90 mA，微调转角平台旋钮即改变激光束的入射角，可获得布拉格衍射或拉曼-纳斯衍射，比较两种衍射的实验条件和特点。布拉格衍射的信号示例如图 5.8.7 所示。调节布拉格衍射时，使 1 级衍射光最强即可。

调出布拉格衍射，用示波器测量衍射角，先要解决"定标"的问题，即示波器 X 方向上的 1 格等于 CCD 器件上多少像元，或者示波器上 1 格等于 CCD 器件位置 X 方向上的多少距离。方法是调节示波器的"时基"，使信号波形一帧正好对应

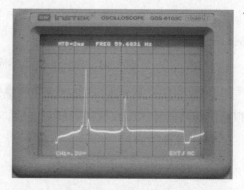

图 5.8.7　布拉格衍射的 0 级光和 1 级光

于示波器上的某个刻度数。以图 5.8.7 为例，波形一帧正好对应于示波器上的 8 格，则每格对应实际空间距离为 2 700 个像元 ÷8 格 ×11 μm = 3.712 5 mm，每小格对应实际空间距离为 3.712 5 mm ÷ 5 = 0.742 5 mm，0 级光与 1 级光的偏转距离为 0.742 5 mm × 12.5 小格 = 9.28 mm。

（3）研究声光偏转：在布拉格衍射条件下，改变信号频率，0 级光与 1 级光之间的衍射角随信号频率的变化而变化，这是声光偏转。

① 布拉格衍射下测量衍射光相对于入射光的偏转角 φ 与超声波频率 f_s 的关系曲线。测出 6~8 组 (φ, f_s) 值，作 φ 和 f_s 的关系曲线，计算 v_s。注意式（5.8.13）和式（5.8.14）中的布拉格角 i_B 和偏转角 φ 都是指介质内的角度，而直接测出的角度是空气中的角度，应进行换算，声光器件 $n = 2.386$。由于声光器件的布拉格衍射不是理想的，可能会出现高级次的衍射光。

② 在布拉格衍射条件下，改变频率，将功率信号源的 功率旋钮 置于某固定值（80～90 mA），测量一级衍射光强度与超声波频率的关系曲线，并由曲线定出声光器件的中心频率和带宽。

（4）研究声光调制：在布拉格衍射条件下，固定 频率旋钮 ，旋转 功率旋钮 改变超声信号的强度，0 级光与 1 级光的强度分别随之而变，这就是声光调制。

① 布拉格衍射下，将超声信号的频率固定在声光器件的中心频率上，测出衍射光强度与信号功率的关系，并绘出声光调制曲线。

② 由声光调制曲线给出布拉格衍射下的最大衍射效率，衍射效率 $\eta = I_1/I_0$，其中 I_0 为未发生声光衍射时"0 级光"的强度。

（5）研究拉曼-纳斯衍射：中心频率下调出垂直入射时的拉曼-纳斯衍射（两个 1 级衍射光对称），测量衍射角 θ_1 并与理论值比较。测定 1 级衍射光的最大衍射效率，并与布拉格衍射下的最大衍射效率比较。

注意：实验距离参数可以用米尺直接测量或通过图 5.8.8 由光具座读数推算得出（以声光器件中心为 0 点）。

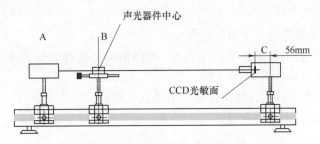

图 5.8.8　光具座上各元件位置示意图
A—激光光源　B—转角平台　C—CCD 光强分布测量仪

（6）声光模拟通信实验安装图如图 5.8.9 所示。

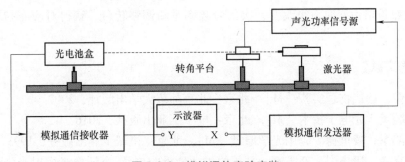

图 5.8.9　模拟通信实验安装

连接转角平台上声光器件与功率信号源的 声光 插座，功率信号源要打在 调幅 上；连接功率信号源 调制 和模拟通信发送器；连接模拟通信发送器和示波器；连接模拟通信接收器和光电池盒；连接模拟通信接收器和示波器。

① 完成安装后，开启各部件的电源。注意：功率信号源的输出功率不要太大。

② 在发生布拉格衍射时，将 1 级衍射光射入光电池盒的接收圆孔；将模拟通信发送器的 喇叭开关 打在 关 上，以避免它对模拟通信接收器还原出的音乐的干扰。此时，模拟通信接收器的扬声器应送出模拟通信发送器的音乐；在示波器上应观察到两路信号波形。

③ 改变信号功率，注意观察模拟通信接收器送出的音乐的变化，分析原因。

3. 数据处理

（1）验证布拉格衍射下衍射光相对于入射光的偏转角 φ 与超声波频率 f_s 的线性关系，计算超声波在晶体中的传播速度，并与理论值比较。

（2）布拉格衍射下作出一级衍射光强度与超声波频率的关系曲线，并由曲线定出声光器件的中心频率和带宽。

（3）布拉格衍射下作声光调制曲线，即衍射光强度与信号功率的关系，并计算最大衍射效率。

（4）计算垂直入射时的拉曼-纳斯衍射的一级衍射角并与理论值比较，计算拉曼-纳斯衍射的最大衍射效率。

5.8.5 思考题

① 为什么说声光器件相当于相位光栅？

② 声光器件在什么实验条件下产生拉曼-纳斯衍射？在什么实验条件下产生布拉格衍射？两种衍射的现象各有什么特点？

③ 调节拉曼-纳斯衍射时，如何保证光束垂直入射？

④ 声光效应有哪些可能的应用？

5.8.6 拓展研究

① 由式（5.8.11）可知，第 m 级衍射光衍射衍射效率与 $J_m^2(\delta\Phi)$ 有关，用 CCD 测量各级衍射光强，研究超声信号频率对声致折射率变化幅值的影响。

② 研究布拉格衍射时，每改变一次信号频率重新调整转台，获得对应布拉格衍射，比较结果区别。

5.8.7 参考文献

［1］熊俊. 近代物理实验［M］. 北京：北京师范大学出版社，2007.

［2］安毓英. 光电子技术［M］. 北京：电子工业出版社，2016.

［3］胡鸿章，凌世德. 应用光学原理［M］. 北京：机械工业出版社，1993.

［4］阮立锋，唐志列，刘雪凌. 基于傅里叶分析的拉曼-奈斯声光衍射光强分布的研究［J］. 光学学报，2013，33（3）：90-95.

5.9　液晶光阀的特性研究

在现代信息处理技术中，光电混合处理系统具有重要的地位。信息的传递和处理常常需要对信号进行调制，空间光调制器是光电混合处理系统的关键器件之一。液晶光阀（Liquid Crystal Light Valve，LCLV）就是利用液晶对光的调制特性而制作的一种实时空间光调制器，它可以广泛地应用于光计算、模式识别、信息处理、显示等现代高新技术领域。由于液晶光阀写入光和读出光互相独立，可以方便地把非相干光转换为相干光，因此在相干光实时处理系统中，液晶光阀可以发挥重要作用。同时液晶光阀还可以增大读出光的能量，实现弱图像的能量放大，因此它也被广泛地应用于大屏幕、高亮度的投影显示中。

通过本实验可以了解实时空间光调制器的一些基本知识、液晶光阀的工作原理和主要特性、偏振分光棱镜（Polarizing Beam Splitter，PBS）的作用和偏振光的转换等，还会涉及光学傅里叶变换的一些知识。

5.9.1　实验要求

1. 实验重点

① 学习液晶光阀的工作原理，测量其工作曲线，了解液晶光阀使图像反转的原理。

② 了解液晶光阀实现非相干光到相干光图像转换的工作原理，以及它在光学傅里叶变换等领域中的应用。

2. 预习要点

① 液晶是一种什么物质状态？它有什么特点和优点？

② 何谓非相干光图像和相干光图像？为什么要把非相干光图像转变为相干光图像？

③ PBS 的作用是什么？当一束线偏振光入射到 PBS 上时，出射光有什么特点？

④ 光学傅里叶变换系统中，各级衍射的角分布与傅里叶分解的谐波理论有什么关系？

5.9.2　实验原理

1. 液晶显示器的工作原理

液晶是介于液体与晶体之间的一种物理状态，它既有液体的流动性，又有晶体的取向特性。常见的液晶材料都是长型分子或盘型分子的有机化合物，是一种非线性的光学材料。当液晶分子有序排列时表现出光学各向异性，具有双折射性质，即沿分子长轴方向振动的光矢量表现为非常光（折射率为 n_e）；而垂直分子长轴方向的则为寻常光（折射率为 n_o）。

先来讨论液晶作为一种显示器件的工作原理。以最简单的向列相液晶数字显示器为例：由两块导电的平板玻璃构成电极基板，中间的间隔层充满液晶，形成液晶盒。导电玻璃表面经特殊处理，形成定向结构，可以使贴近基片表面的棒状液晶分子平行于玻璃表面，并且其长轴沿定向处理的方向排列。通常两基板表面的定向互相垂直。如图 5.9.1 所示，左侧液晶分子的长轴方向沿 X 方向排列，右侧表面液晶分子的长轴沿 Y 方向排列，中间分子长轴取向因受到分子间相互作用力的影响，将逐渐从一个基片表面的取向"均匀"地扭曲到另一个基片表面的取向，旋转了 90°。长轴方向代表了该层分子的光轴方向，长轴发生旋转意味着光轴的旋转。当光垂直入射时，在液晶盒外侧加偏振片，其偏振化方向与 X 方向相同，这时入射到液晶盒的光矢量是沿 X 方向偏振的。可以证明：对光轴方向线性扭曲的液晶，当液晶层厚度远大于波长即满足所谓弱扭曲条件时，光的振动方向将锁定在光轴方向上。跟随光轴的旋转，出射光仍是线偏振光，偏振方向与液晶出射表面的光轴一致。这种偏振光的扭曲效应也称旋光效应。如在出射处

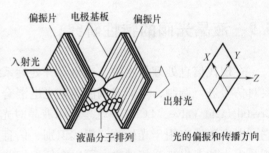

图 5.9.1 液晶的扭曲效应

放一偏振化方向为 X 的偏振片，则出射光呈全暗（关态）。如对导电玻璃加电压，液晶的长型分子作为电偶极子，将趋于电场方向重新排列，中间层影响最大，其作用相当于冲淡了光轴的"扭曲"效应，使器件获得一定的透过率。电压越高，透过率越大，电压达到一定值时，具有最大透过率（开态）。液晶长轴方向沿着电场方向的偏转表现为电场控制的双折射效应的变化。

如果在玻璃板上用大规模集成电路技术制作薄膜晶体管，构成像素，不同像素受来自不同晶体管的电场控制（电写入），则出射光将构成按电场的空间分布的光学图像。将微彩色膜（红绿蓝）直接制作在液晶盒内构成并列的三个像素，就可以进行彩色显示。这就是液晶显示器的基本原理。

液晶显示的最大优点是驱动电压低（<5 V），功耗（μW/cm²）小，寿命长，平板型结构，便于集成化和大屏幕显示。这些优势使液晶在数字图像显示特别是大屏幕、高亮度的投影显示方面获得了广泛的应用。

2. 液晶光阀的工作原理

（1）液晶光阀的结构

本实验使用的液晶光阀，是在液晶盒一侧增加一个光导层，从而实现光电信号转换的。利用光导层的光电效应，把照射在各像素位置上的写入光强度转变成电场强度的变化，再通过液晶的电光效应实现对读出光的调制。

液晶光阀的具体结构如图 5.9.2 所示。其中，1 为玻璃基板；2 是镀在玻璃基板上的透明导电膜，其上加有一定的电压；3 为液晶层；4 为反射镜，用来反射读出光；5 为中间阻隔层，用来分离读出光和写入光，使它们之间互不影响；6 为光敏材料构成的光电导层，当外界光写入时，它的电阻率就急剧下降。在无写入光的情况下，光导层的电阻率很高，光阀上所加的电压几乎全部落在光导层上，液晶层上的电场很小。当有外界光写入时，由于光导层电阻率急剧下降，外加电压将穿过光导层而直接加在液晶上，使液晶的光轴

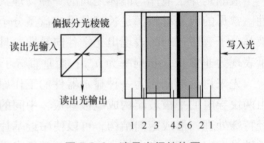

图 5.9.2 液晶光阀结构图

 通常液晶层厚度为 10 μm 量级，可见光平均波长 0.55 μm，可以认为满足弱扭曲条件。

在电压作用下发生偏转，从而引起双折射效应的变化。

（2）工作原理

与图 5.9.1 不同，液晶光阀实验装置去掉了偏振片，而代之以偏振分光棱镜，如图 5.9.3 所示。此外，两侧导电玻璃表面的定向结构为 45°而不是 90°（正交）。入射光经偏振分光棱镜从左侧进入液晶盒；偏振分光棱镜有按偏振方向分束的功能，即只有 P 分量（平行于纸面）的光才能透射，S 分量（垂直于纸面）的光则被反射。

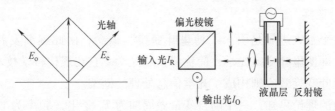

图 5.9.3　外电场使液晶扭曲结构破坏后的液晶光阀
（左图为右图的双折射）

首先讨论液晶盒两端不加电压时的情况。由于偏振分光棱镜的作用，进入液晶盒的偏振光为平行于纸面的 P 分量，它与液晶的光轴方向相同（沿 X 方向）。由于旋光效应，出射光的偏振方向绕 Z 轴旋转了 45°，被全反射后重新进入液晶盒；又由于旋光效应，从液晶盒左侧表面出射时，光矢量仍沿 X 方向，并重新进入偏振分光棱镜。由于进入偏光棱镜的入射光只有 P 分量，故全部透射而无反射光输出。

再来讨论加电压时的情况：由于外电场的作用，液晶分子的长轴将趋于垂面排列（Z 轴向）。当外电场比较小时，没有任何一层的液晶分子能达到真正的垂面排列，液晶层间仍保持连续的扭曲结构，但扭曲不再均匀。当外电场达到一定强度时，液晶盒中间层的分子首先沿垂面排列，从而完全切断了液晶盒左右两部分的扭曲关联，连续的扭曲结构被彻底破坏。作为初级近似的物理模型可以把液晶盒分成 3 个区：左表面附近光轴沿 X 方向；中间部位因电场作用，光轴沿 Z 方向；右表面附近光轴仍沿 45°方向。电压越高，中间层的宽度越大，左右表面的厚度越薄。当 P 光（X 方向）进入左侧表面附近时，光矢量不偏转；进入中间层，光矢量也不偏转；进入右半区时，光矢量分解为沿液晶光轴的 e 光和垂直主平面（晶面法线和光轴组成的平面）的 o 光。两个方向传播速度不同（因为折射率不同，$n_e \neq n_o$），产生相位差，从而以椭圆偏振光的形式离开液晶盒。经全反镜返回液晶盒后，右半区使相应的相位差增加 1 倍，而中间层对偏振态没有影响，左半区也会使偏振态发生变化。最后进入偏光棱镜的光束一般为椭偏光，其 P 分量透过偏光棱镜，而 S 分量则被反射，进入观察屏（或光电池）。另外，转动偏光棱镜或液晶盒的光轴方向，使入射到液晶盒的光同时包含平行于 X 轴和垂直于 X 轴分量，也会导致读出光中含有 S 光分量，从而被偏光棱镜反射后进入观察屏。

当写入光把光学图像写入（成像）在液晶的工作面上时，工作面上的电压分布是与图像的光强分布一一对应的。由于经光阀反射出来的读出光（相干光）被工作面上的电压分布所调制，因此得到的读出光图像与写入图像具有确定的对应关系。由于液晶层和光导层的电阻率相对较高，横向相邻点间亮暗变化引起的电位变化不会相互影响，因此当写入光为一幅图像时，液晶层也会让读出光输出一幅图像。利用这种方法，可以把非相干光的图像转换成相干光的图像。

通过外电场来控制液晶层的光学性质，实现对读出光的实时图像调制；利用光导层的光电效应，又把照射到不同"像面"位置上的写入光强转化为相应的电场强度，从而得到了光学图像的"编址"，这就是液晶光阀的工作原理。由于存在阻隔层，液晶光阀的写入光和读出光互相独立，可以方便地实现非相干光到相干光的转换，还可以实现图像的波长转换（以某个波长的光写入，另一个波长的光读出）或使图像增强（把图像的亮度放大）。

3. 光学傅里叶变换

现代光学的一个重大进展是引入"傅里叶变换"概念，由此逐渐发展形成光学领域中的一个重要分支，即傅里叶变换光学，简称傅里叶光学。它在现代科学技术中有许多重要应用，而透镜的傅里叶变换效应则构成了光学信息处理的框架。

由傅里叶级数的理论可知，一个随自变量做周期为 T_0 变化（频率为 $1/T_0$）的函数可以展开成一系列离散的频率不同的简谐函数的叠加，即

$$U(t) = \sum_{n=-\infty}^{+\infty} A_n \mathrm{e}^{\mathrm{j}2\pi f_n t} \tag{5.9.1}$$

式中，n 是正整数；频率 $f_0 = 1/T_0$ 称为基频；$f_n = nf_0$ 称为 n 次谐频；A_n 称为傅里叶系数，展开式称为函数的傅里叶级数。

推广到一般的非周期函数，则是把离散的傅里叶级数变为频率连续分布的简谐函数的叠加。用复指数形式表示则为

$$g(t) = \int_{-\infty}^{+\infty} G(f) \mathrm{e}^{\mathrm{j}2\pi f t} \mathrm{d}f \tag{5.9.2}$$

式中

$$G(f) = \int_{-\infty}^{+\infty} g(t) \mathrm{e}^{-\mathrm{j}2\pi f t} \mathrm{d}t \tag{5.9.3}$$

称为 $g(t)$ 的傅里叶变换，或傅里叶频谱。而 $g(t)$ 称为 $G(f)$ 的傅里叶逆变换。作为数学运算，变换式和逆变换式在形式上完全相似，只是被积函数的指数项符号不同。

数学上的傅里叶变换和逆变换在物理上如何实现，这是一个有意义的问题。光学理论已经证明，夫琅禾费衍射装置其实就是一个傅里叶频谱分析器。以矩形光栅为例：平行单色光垂直入射到缝宽为 a、间距为 d（光栅常数）的光栅上时，夫琅禾费衍射的极大位置由光栅方程决定，即

$$d\sin\theta = k\lambda \ (k=0, \pm1, \pm2, \cdots) \tag{5.9.4}$$

式中，θ 为衍射角。极大位置的光强为

$$I \propto \left[\frac{\sin(\pi a\sin\theta/\lambda)}{\pi a\sin\theta/\lambda} \right]^2 \tag{5.9.5}$$

它与周期性的矩形函数的傅里叶展开完全对应：宽度为 a、周期为 T_0 的矩形函数，高电平幅度为 1，低电平幅度为 0（见图 5.9.4）；按照傅里叶级数展开的理论，它可以看成基频 $f_0 = \dfrac{1}{T_0}$ 及其高次谐波 nf_0 的叠加，即

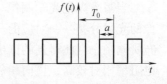

图 5.9.4　矩形函数

$$f(t) = \sum_{n=-\infty}^{\infty} F_n e^{j2\pi n \frac{t}{T_0}} \qquad (5.9.6)$$

式中

$$F_n = \frac{a}{T_0} \frac{\sin n\pi a/T_0}{n\pi a/T_0} \qquad (5.9.7)$$

两者的对应关系是 $\dfrac{n\pi a}{T_0} \Leftrightarrow \dfrac{\pi a \sin\theta}{\lambda}$ 或 $\dfrac{n}{T_0} \Leftrightarrow \dfrac{\sin\theta}{\lambda} = \dfrac{k}{d}$。由此可见，周期函数的 T_0 与光栅常数 d 的地位相同。因此 d 被称作空间"周期"，$f_0 = \dfrac{1}{d}$ 则被称作空间"频率"[一]。

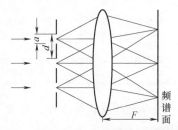

时域信号的傅里叶变换原来只是一种抽象的数学概念，光学的傅里叶变换把这种分析问题的方法变成了物理现实。当单色平面波照射到一幅图像（它可以看成无数不同方位和空间频率的光栅组合）时，不同方位和不同衍射角的衍射波就代表了它的频率分布。如果用一块凸透镜来接收衍射光，将在透镜的后焦面上生成相应图像的频谱（见图 5.9.5）。

图 5.9.5　矩形光栅的夫琅禾费衍射

光学的频谱分布有自己的特点。光栅方程 $\dfrac{k}{d} = \dfrac{\sin\theta}{\lambda}$ 表明：不同的频率分量 $\dfrac{k}{d} = kf_0$ 是按倾角 θ 分布的，频率越高（d 越小或 k 越大），倾角越大，所以光学傅里叶变换的频谱也被称为角谱。

光学傅里叶变换是一个二维的傅里叶变换。一幅平面图像的每个细节既包含空间周期 d（或空间频率 $\dfrac{1}{d}$）的信息，还要考虑其走向或方位。图 5.9.5 讨论的是一维的光栅衍射问题，当光栅刻线平行于 X 轴时，透镜后焦面上的频谱是沿 Y 方向间隔为 $F\lambda/d$（F 是透镜焦距，λ 是波长）[二]的一排光点，其强度被 $\left[\dfrac{\sin(\pi a\sin\theta/\lambda)}{\pi a\sin\theta/\lambda}\right]^2$ 所调制。请考虑如果光栅刻线是相互平行的直线但与 X 轴成 β 角时，频谱面上的光点将怎样分布？本节附录对几种最简单的函数从光学傅里叶变换的角度做了讨论和分析。

光学傅里叶变换使用的是单色平面波。由于一般的光学系统生成的大多是非相干的图像，如需进行频域处理，就要做非相干光到相干光的转换。因此液晶光阀在相干光实时处理系统中是必不可少的器件。

5.9.3　实验仪器

本实验使用的仪器或元件包括：T 形光学导轨，照明光源（12 V，30 W），成像物镜（$F = 50$ mm），激光器（> 3 mW，650 nm 半导体激光器或 632.8 nm 氦氖激光器），扩束镜（$F = 15$ mm），准直透镜（$\phi = 50$ mm，$F = 300$ mm），偏振分光棱镜（$T_P : T_S = 400 : 1$），傅

[一]　顺便指出，由于实际的光栅存在一定的宽度，缝长也不可能为无穷长，它的频谱不可能是严格的等间距的几何点，而是表现为频谱点有一定的展宽，并且还存在次极大。

[二]　由光栅方程知，透镜后焦面上的频谱间隔为 $F\Delta\theta = F\lambda/d$，推导时考虑了傍轴条件：$\sin\theta \approx \tan\theta \approx \theta$。

里叶透镜（$\phi = 50\ \text{mm}$，$F = 300\ \text{mm}$），光电探测器（光电池），系统控制器，白屏以及液晶光阀等。

1. 液晶光阀

液晶光阀是本实验的关键部件，其工作面直径约 30 mm，主要性能如表 5.9.1 所示。

表 5.9.1　液晶光阀的主要性能

参数名称	性能指标	参数名称	性能指标
工作面积	Φ30	反差	>200∶1（633 nm）
分辨本领	>50 l_{p}/mm	阈值灵敏度	<20 μW/cm²
响应时间	<30 ms（开通）	写入光波长	550~700 nm
	<40 ms（关断）		

液晶光阀要正常工作，必须通过控制器对其进行一定的设定和控制。液晶光阀控制器的作用是：

① 为照明光源提供电源（0~12 V）；

② 为液晶光阀提供驱动方波信号（频率为 500~2.5 kHz，幅度为 0~10 V）；

③ 测量光强时，可指示光电流的大小⊖（相对值）。通过开关切换（位于控制器前面板下方），相关参数均可显示在三位半数字面板上。

2. 实验系统的组成

本实验系统由液晶光阀和读出光路、非相干光成像光路和应用光路等部分组成。

① 写入光路。由光源、成像透镜（组）组成的非相干光成像光路。

② 读出光路。为了使读出图像为相干光图像，读出光源应采用相干光。本实验系统中使用半导体激光器（650 nm）或氦氖激光器作为光源。由激光器产生的激光是一种偏振光，能量集中，方向性好，相干长度长。为了使光束很细的读出光能均匀照明在液晶光阀上，必须对其进行扩束处理。扩束器件使用的是一种焦距极短的凸透镜。为滤除空间频率较高（即与光轴夹角较大）的杂散光，有时在扩束器件中除了扩束镜外还有一个小孔作为空间滤波器。

激光经过扩束器件后是一种发散光，需要使用一个凸透镜将其转换为平行光，经偏振分光棱镜后，均匀照明在液晶光阀面上。激光经过偏振分光棱镜后，只有某特定偏振方向的光（P 光）照射到液晶光阀。而由液晶光阀折回的光已经是被光阀上图像调制后的包含不同偏振分量的光。再次经过偏振分光棱镜后只有某特定偏振方向的光（S 光）被反射到出射光路。

③ 应用光路。可根据实验内容进行调整。如测量液晶光阀工作曲线时使用光电探测器测量光强；研究图像放大和反转时使用白屏；而在傅里叶变换实验中使用的是傅里叶透镜和白屏。

⊖　测工作曲线时，为减少切换开关带来的不便，本实验中光电流直接用数字三用表测量。

5.9.4 实验内容

1. 光路和仪器调节

液晶光阀实验主要仪器如图 5.9.6 所示。

图 5.9.6 液晶光阀实验主要仪器

a）T 型导轨和主要光学器件 b）系统控制器

① 将系统控制器的输出、灯源、液晶光阀以及光电二极管的接线连好。接上系统控制器的电源插头、激光器的电源插头。打开激光器电源与系统控制器电源。

② 做好各元件的目测粗调，特别要注意让各元件高度与激光束一致并有一定的调节余量。借助白屏，调整激光器，使光束与导轨平行且沿导轨中线通过。在此基础上做好光束与所有器件同轴等高。

③ 调整准直镜，使激光的输出为一个大而圆的光斑，光束经偏振棱镜照射到液晶光阀上。

④ 放置输入图像，调节系统控制器上的电源电压旋钮，使光均匀照明图片，调整成像物镜的位置，使图片成像于液晶光阀的光敏面上。

⑤ 调节系统控制器的驱动电压与频率，有时还要适当改变光阀的偏转角度，使光阀反射激光图像，并由 PBS 反射检偏后成像。

2. 测量液晶光阀的工作曲线

液晶光阀工作时，需在对应电极施加驱动电压。为防止直流电流流过液晶层造成对液晶光阀的损害，驱动电压是直流分量为零的方波信号。液晶光阀的工作曲线就是指所加驱动电压与光阀输出光强的函数关系曲线。液晶光阀的输出光强不仅与驱动电压的大小有关，还受到写入光的强弱、光阀的偏转角度以及驱动电压的频率等因素影响。实验中要求测出全暗（输入图像全黑）和全明（输入图像全明）的两条工作曲线（见图 5.9.7）

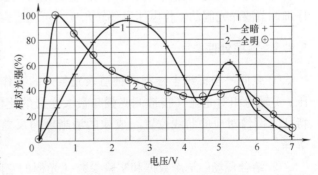

图 5.9.7 液晶光阀典型工作曲线

（驱动频率与光阀偏转角保持不变）：驱动电压从 $0 \sim 10 \ V$ 变化，用光电池测量读出光输出面的相应光强（见图 5.9.8 调整光路）。

根据实验条件，改变液晶光阀的偏转角（$0 \sim 90°$）及驱动频率（$f = 1 \sim 3 \ kHz$），再次测量全暗和全明的工作曲线，并进行比较。

3. 相干光图像的获得和反转

① 写入图片（非相干图像），结合测得的工作曲线，按照设定的驱动电压频率和液晶光阀偏转角，选择并调节驱动电压的大小，在观察屏处获得清晰的相干光图像。进一步调节驱动电压，使图像反转。所谓反转是指原写入图像的最暗处在读出图像时变为极亮；而原图像的最亮处，读出图像相应的部分变为最暗，类似于黑白照片的负片。

② 仔细观察相干光图像随驱动电压的变化而发生的变化。例如图像的反差和清晰度、反转时的电压大小、出现反转的次数等，并记录相应的结果和数据，与测得的工作曲线进行比较分析。

③ 改变液晶光阀偏转角度和驱动电压的频率，重复②的观察和记录。

4. 光学傅里叶变换实验

按图 5.9.8 所示光路，放上傅里叶透镜，观察矩形光栅和二维正交光栅的频谱，并记录实验结果。注意：为获得相应的频谱图，必须仔细调节写入-读出光路，找到正确的频谱面位置。

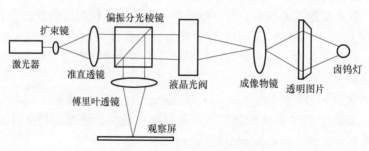

图 5.9.8 光学傅里叶变换光路图

如条件允许，还可以改变原图像的空间方位，观察频谱的变化。

由液晶光阀的工作曲线知，当液晶光阀工作在写入光全暗、读出光较强，而写入光全明、读出光较弱的区域，若输入一幅图像，则必然会观察到与原图像明暗颠倒的反转图像。仔细调节液晶光阀的工作电压和偏转角度，可在观察屏上看到清晰的反转图像。

5.9.5 数据处理

① 在同一坐标纸上绘制两种写入光条件的工作曲线，进行比较。要求 X 轴为驱动电压，Y 轴为相对光强（指被测光强与最大光强的比值）。对实验中观察到的相干光图像的特征（图像对应的曲线位置、成像的清晰度与反差、出现反转像的位置和次数等）做出解释。

② 结合现场的记录数据和实验参数（光栅的空间周期 d、成像物镜焦距 $f_{物}$、傅里叶透镜焦距 $f_{傅}$）估算光栅频谱的间隔，与实验观察结果进行比较。

5.9.6 思考题

① 简述利用液晶光阀组成的空间光调制器的工作原理。

② 液晶光阀的转臂主要功能是什么？如何获得相干光图像的反转图像？

③ 图 5.9.7 是某液晶光阀在确定的转角和驱动频率下的工作曲线，请说明在何种驱动电压下会出现正像或反像？正反像可互变几次？反差有什么变化？

5.9.7 拓展研究

① 如何用液晶光阀来观察矩形光栅的"频谱"？在本实验条件下，光栅的频谱面在什么位置？频谱的间距大概有多大？

② 基于液晶光阀的特性研究可以开展哪些物理特性的测试？设计实验方案研究生活中相关物理现象。

5.9.8 参考文献

［1］宋菲君，JUTAMULIA S. 近代光学信息处理［M］. 北京：北京大学出版社，1998.

［2］赵达尊，张怀玉. 空间光调制器［M］. 北京：北京理工大学出版社，1992.

［3］甘巧强，等. 液晶光阀图像输出特性的深入研究［J］. 物理实验，2002，22（10）：45-48.

［4］徐平，等. 液晶光阀用于光学傅里叶变换［J］. 物理实验，2002，22（12）：8-11.

5.9.9 附录

本附录主要介绍几个简单函数图像的光学傅里叶变换。

1. 点光源和平面波

对于理想的光学系统，位于凸透镜前焦面上的点光源，在经过透镜后形成平行光出射。这个现象可以从傅里叶变换的角度来分析：凸透镜相当于一个傅里叶变换器，一个点光源的傅里叶变换是一个平面波，在透镜的后焦平面上是一个各频率分量连续分布、振幅相同的常数频谱。当点光源位于光轴上，即 $(x_0, y_0) = (0, 0)$ 时，该平面波沿光轴传播；如果点光源不在光轴上，则平面波与光轴有一定的夹角。

类似地，几何光学中入射在凸透镜上的平行光，将会聚在透镜的后焦面上形成光点。用傅里叶变换的语言来说，就是一个沿光轴方向传播的平面波在 $z = 0$ 平面上振幅为常数，它的傅里叶变换是一个二维的点源函数（数学上称为 δ 函数）。

2. 狭缝

单色平行光照射在宽度为 a 的狭缝上时，将产生光的衍射，衍射条纹的光强分布为

$$I = I_0 \left(\frac{\sin u}{u} \right)^2, \quad u = \frac{\pi a}{\lambda} \sin\theta \tag{5.9.8}$$

这个结果也可以通过傅里叶变换来理解：X 方向宽度为 a，Y 方向无限长的一个矩形函数，它的傅里叶变换在 f_y 方向没有延伸，但在 f_x 方向上强度被 $\sin u/u$ 函数的平方所调制。当狭缝变成 X 方向无限窄、Y 方向无限长时，它的傅里叶变换是相对于狭缝旋转 90° 的一条线。

如果狭缝在 Y 方向被限制，则它的傅里叶谱在 f_y 方向出现调制。

3. 双孔干涉和余弦光栅

对位于 X 轴上、相对于原点对称、间距为 $2x_0$ 的两个点光源，其傅里叶变换的结果是在 f_x 方向上以 $1/x_0$ 的空间周期对振幅谱进行余弦调制，在 f_y 方向上振幅为常数。这实际上就是大家所熟知的杨氏双缝干涉。

在光学实验中经常使用一种用全息干涉法制作的余弦光栅，它的透过率不是像黑白光栅那样的明暗交替，而是以余弦函数形式做周期性变化。余弦光栅的夫琅禾费衍射可以看作是前者的傅里叶逆变换，它会产生 0 极和 ±1 级的衍射波。用傅里叶变换的语言来说，就是它包括直流和 ±1 级的频率分量。

两个点光源的傅里叶变换功率谱得到了一个余弦光栅，可为什么余弦光栅的功率谱却是 3 个光点呢？原因是在强度形成的过程中破坏了相位信息。因为通过光栅不可能形成负的透射率，因此余弦光栅的透射率一定有一个非衍射的直接透射成分（即一个非零的平均值），它就是沿光轴方向传播的平面波，即在傅里叶空间频谱面上位于原点处的光点。

5.10　微波实验和布拉格衍射

微波是一种特定波段的电磁波，其波长范围为 0.1 mm ~ 1 m（对应的频率范围为 3 000 GHz ~ 300 MHz）。微波波段经历了从分米波、厘米波、毫米波到亚毫米波的发展阶段。与普通的电磁波一样，微波也存在反射、折射、干涉、衍射和偏振等现象。但因为其波长、频率和能量具有特殊的量值，微波表现出一系列既不同于普通无线电波，又不同于光波的特点。

微波实验和
布拉格衍射

微波的波长比普通的电磁波要短得多，因此其发生辐射、传播与接收的器件都有自己的特殊性。它的波长又比 X 射线和光波长得多，因此如果用微波来仿真"晶格"衍射，发生明显衍射效应的"晶格"可以放大到宏观的尺度（例如厘米量级）。

本实验用一束波长约为 3 cm 的微波代替 X 射线，观察微波照射到人工制作的晶体模型时的衍射现象，用来模拟发生在真实晶体上的布拉格衍射，并验证著名的布拉格公式。由于"晶格"变成了看得见、摸得着的结构，因此实验中可以对晶格衍射有直观的物理图像，了解三维衍射的特点和研究方法。与此同时，通过本实验还可以学习有关微波技术和元件的初步知识，加深对"场"的概念和波动的认识。

5.10.1　实验要求

1. 实验重点

① 了解微波的特点，学习微波器件的使用。

② 了解布拉格衍射原理，利用微波照射人工晶体模型模拟 X 光在真实晶体上的衍射，验证布拉格公式并测定微波的波长。

③ 通过微波的单缝衍射和迈克尔逊干涉实验，加深对波动理论的理解。

2. 预习要点

① 微波处于电磁波的什么频段？与可见光波和普通的无线电波相比，它有什么特点？

② 研究间距为 $10^{-4} \sim 10^{-5}$ cm 的光栅衍射，要用什么波长的光？研究间距为 10^{-8} cm 的晶格衍射，要用什么波长的光？研究间距为 1 cm 的晶格衍射，要用什么波长的光？

③ 什么叫作点间干涉，什么叫作面间干涉？布拉格衍射的衍射极大位置与它们有什么关系？

④ 晶体的晶面是怎样定义的？由此对立方晶体的 (110) 和 (111) 晶面做出解释，导出在 (110) 晶面和 (111) 晶面的布拉格条件中的 d。

⑤ 布拉格衍射为什么要让衍射角等于入射角，在实验中是怎样来保证的？为什么说当入射波的方向及波长固定、晶体的取向也固定时，不同取向的晶面不能同时满足布拉格条件，甚至没有一族晶面能够满足布拉格条件？

⑥ 如何用本实验装置来进行单缝衍射实验？缝的宽度大体应当落在什么范围？

⑦ 如何用本实验装置来进行迈克尔逊干涉实验？

5.10.2　实验原理

通常，电磁波按照波长的长短分成各个波段：超长波、长波、中波、短波、超短波、微波、红外线、可见光、紫外线、X 射线、γ 射线等。微波波段介于超短波和红外线之间，波长范围为 0.1 mm ~ 1 m（即频率为 3 000 GHz ~ 300 MHz），它还可以进一步细分为"分米波"（波长 1 ~ 10 dm）、"厘米波"（波长 1 ~ 10 cm）和"毫米波"（波长 1 ~ 10 mm）。波长在 1 mm 以下至红外线之间的电磁波称为"亚毫米波"或"超微波"。

从本质上来说，微波与普通的电磁波没有什么不同，但其波长、频率和能量具有特殊的量值，这使得微波具有一系列既不同于普通无线电波，又不同于光波的特点：

① 一般的低频电路，其电路尺寸比波长小得多，可以认为稳定状态的电压和电流效应在整个电路系统各处是同时建立起来的，故可用电压、电流来对系统进行描述；而微波的波长与电路尺寸可相比拟，甚至更小，此时微波表现出更多"场"的特点，电压、电流已失去原有物理含义，可以直接测量的量是波长、功率和驻波系数等。

② 微波的频率很高，其电磁振荡周期短到能与电子管中电子在电极间渡越所经历的时间相比拟，因此普通电子管已经不能用作微波振荡器、放大器和检波器，必须用微波电子管代替。同样，其他低频电路的元器件、传输线及测量设备等也都不适用于微波段，而需改用微波器件。

③ 许多原子、分子能级间跃迁辐射或吸收的电磁波的波长正好处在微波波段，利用这一点可以去研究原子、原子核和分子的结构。

微波的波长比普通电磁波短得多，因此微波具有似光性——直线传播、反射和折射等，利用这一特点可制成方向性极强的天线、雷达等；微波能畅通无阻地穿过高空电离层，为宇宙通信、导航、定位以及射电天文学的研究与发展提供了广泛的前景。总之，微波技术在电视、通信、雷达，乃至医学、能源等领域都有广泛的应用。

X 射线是波长处于紫外线与 γ 射线之间的电磁波，其波长范围为 $10^{-15} \sim 10^{-7}$ m。而晶体的晶格常数约为 10^{-10} m，它正好落在 X 射线的波长范围内，因此常用晶体对 X 光的衍射来研究晶体的结构。1913 年，英国物理学家布拉格父子在研究 X 射线在晶面上的反射时，得到了著名的布拉格公式，从而奠定了 X 射线结构分析的基础。但是 X 光衍射仪价格昂贵，晶格结构的尺度如此微小，眼睛看不见，考虑到微波的波长比 X 光长得多，本实验用一束波长约 3 cm 的微波代替 X 射线，观察它照射到人工制作的晶体模型时的衍射现象，用来模拟 X 光在真实晶体上的布拉格衍射，并验证布拉格公式。

1. 晶体结构

晶体中的原子按一定规律形成高度规则的空间排列，称为晶格。最简单的晶格是所谓的简单立方晶格，它由沿 3 个垂直方向 x、y、z 等距排列的格点所组成。间距 a 称为晶格常数（见图 5.10.1）。晶格在几何上的这种对称性也可以用晶面来描述。把格点看成是排列在一层层平行的平面上，这些平面称为晶面，用晶面（密勒）指数来标志。确定晶面指数的具体办法如下：先找出晶面在 3 个晶格坐标轴上的截距，并除以晶格常数，再找出它们的倒数的最小整数比，就构成了该晶面的晶面指数。一个格点可以沿不同方向组成晶面，图 5.10.2 给出了 3 种最常用的晶面：（100）面、（110）面和（111）面。晶面取法不同，则晶面间距不同。相邻两个（100）面的间距等于晶格常数 a，相邻两个（110）面的间距为 $a/\sqrt{2}$，相邻两个（111）面的间距为 $a/\sqrt{3}$。对立方晶系而言，晶面指数为（$n_1 n_2 n_3$）的晶面族，其相邻两个晶面的间距为 $d = a/\sqrt{n_1^2 + n_2^2 + n_3^2}$。

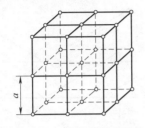

图 5. 10. 1　晶体的晶格结构

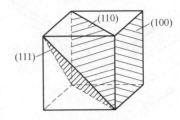

图 5. 10. 2　晶面

2. 布拉格衍射

在电磁波的照射下，晶体中每个格点上的原子或离子，其内部的电子在外来电场的作用下做受迫振动，成为一个新的波源，向各个方向发射电磁波，这些由新波源发射的电磁波是彼此相干的，将在空间发生干涉。这同多缝光栅的衍射很相似，晶格的格点与狭缝相当，都是衍射单元，而与光栅常数 d 相当的则是晶体的晶格常数 a。它们都反映了衍射层的空间周期，两者的区别主要在于多缝光栅是一维的，而晶体点阵是三维的，所以晶体对电磁波的衍射是三维的衍射。处理三维衍射的办法是将其分解成两个步骤：第一步是处理一个晶面中多个格点之间的干涉（称为点间干涉）；第二步是处理不同晶面之间的干涉（称为面间干涉）。

研究衍射问题最关心的是衍射强度分布的极值位置。对一维光栅的衍射，极大位置由光栅方程给出：$d\sin\theta = k\lambda$。在三维的晶格衍射中，这个任务是这样分解的：先找到晶面上点间干涉的 0 级主极大位置，再讨论各不同晶面的 0 级衍射线发生干涉极大的条件。

（1）点间干涉

电磁波入射如图 5.10.3 所示晶面上，考虑由多个格点 A_1，A_2，$\cdots$，B_1，B_2，$\cdots$，C_1，C_2，$\cdots$ 发出的子波间的相干叠加。这个二维点阵衍射的 0 级主极强方向，应该符合沿此方向所有的衍射线之间无程差。不难想见，无程差的条件应该是：入射线与衍射线所在的平面与晶面 $A_1 A_2$，$\cdots$，$B_1 B_2$，$\cdots$，$C_1 C_2$，$\cdots$垂直，且衍射角等于入射角；换言之，二维点阵的 0 级主极强方向是以晶面为镜面的反射线方向。

（2）面间干涉

如图 5.10.4 所示，从间距为 d 的相邻两个晶面反射的两束波的程差为 $2d\sin\theta$，θ 为入射波与晶面的掠射角。显然，只有满足下列条件的 θ，即

$$2d\sin\theta = k\lambda \quad (k = 1,2,3,\cdots) \tag{5.10.1}$$

才能形成干涉极大。式（5.10.1）称为晶体衍射的布拉格条件。如果按习惯使用的入射角 β 表示，布拉格条件可写为

$$2d\cos\beta = k\lambda \quad (k = 1,2,3,\cdots) \tag{5.10.2}$$

布拉格定律的完整表述是：波长为 λ 的平面波入射到间距为 d 的晶面族上，掠射角为 θ，当满足条件 $2d\sin\theta = k\lambda$ 时形成衍射极大，衍射线在所考虑的晶面的反射线方向。对一定的晶面而言，如果布拉格条件得到满足，就会在该晶面族的特定方向产生一个衍射极大。只

要从实验上测得衍射极大的方向角 θ（或 β），并且知道波长 λ，就可以从布拉格条件求出晶面间距 d，进而确定晶格常数 a；反之，若已知晶格常数 a，则可求出波长 λ。

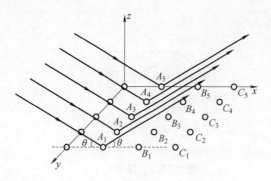

图 5.10.3　晶格的点间干涉

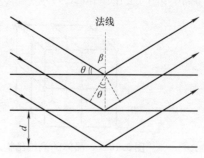

图 5.10.4　面间干涉

需要指出的是，在晶体中可以画出许多可能的晶面，例如前面提到的（100）、（110）、（111）等。不同的晶面族有不同的取向和间隔，因此对确定方向的入射波而言，应有一系列的布拉格条件。可以证明，用这种方法（同时满足晶面上二维点阵的 0 级衍射主极大和面间干涉的主极大条件）可以找到所有的三维布拉格衍射的主极大位置。还应当指出，当入射波方向、晶体取向以及波长三者都固定时，不同取向的晶面一般不能都满足布拉格条件，甚至所有的晶面族都不能够满足布拉格条件，从而没有主极大。

为了观测到尽可能多的衍射极大以获得尽可能多的关于晶体结构的信息，在实际研究工作中，可以采用不同的办法：转动晶体，采用多晶或粉末样品、以大量取向不同的微小晶体代替单晶，或者采用波长连续变化的 X 光代替单一波长的 X 光。在本实验中使用入射方向固定、波长单一的微波和"单晶"模型，采用转动晶体模型和接收喇叭的方法来研究布拉格衍射。

3. 单缝衍射

和声波、光波一样，微波的夫琅禾费单缝衍射的强度分布（见图 5.10.5），可由下式计算，即

$$I_\theta = (I_0 \sin^2 u) / u^2 \qquad (5.10.3)$$

式中，$u = (\pi a \sin\theta) / \lambda$，$a$ 是狭缝的宽度，λ 是微波的波长。如果求出例如 ± 1 级的强度为零处所对应的角度 θ，则 λ 可按下式求出，即

$$\lambda = a \sin\theta \qquad (5.10.4)$$

4. 微波迈克尔逊干涉实验

微波迈克尔逊干涉实验原理如图 5.10.6 所示，在微波前进方向上放置一个与传播方向成 45°角的半透射、半反射的分束板和 A、B 两块反射板，分束板

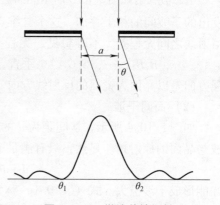

图 5.10.5　微波单缝衍射

将入射波分成两列，分别沿 A、B 方向传播。由于 A、B 板的反射作用，两列波又经分束板会合并发生干涉。接收喇叭可给出干涉信号的强度指示。如果 A 板固定，B 板可前后移动，当 B 移动过程中喇叭接收信号从一次极小变到另一次极小时，B 移动过的距离为 $\lambda/2$，因此

测量 B 移动过的距离也可求出微波的波长。

5.10.3　实验仪器

本实验的实验装置由微波分光仪、模拟晶体、单缝、反射板（两块）、分束板等组成。

1. 微波分光仪

本实验是在微波分光仪上进行的。它是一台类似于光学分光仪的装置，由发射臂、接收臂和刻有角度（刻度值 0°~180°~0°）的载物台组成（见图 5.10.7）。其中载物台和接收臂可分别绕分光仪中心轴线转动，发射臂和接收臂分别带有指针，指示它们的取向。

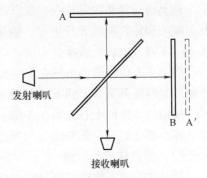

图 5.10.6　微波迈克尔逊干涉
实验原理图

微波的发生、辐射、传播与接收器件具有自己的特殊性。和光学实验使用的分光仪相比，微波分光仪的特殊性不仅反映在几何尺寸上，更体现在发射臂和接收臂的构成上。发射臂由一个 3 cm 固态振荡器、可变衰减器和发射喇叭组成。其中振荡器放置在微波腔内，波长的标称值为 32.02 mm，实际数值应由仪器标出的振荡频率 f 求出：$\lambda = c/f$（c 为光速，值为 2.9979×10^8 m/s）。振荡器可工作在等幅状态，也可以工作在方波调制状态，本实验采用等幅工作状态；可变衰减器用来改变输出的微波信号的幅度大小，衰减器上刻度盘的指示越大，对微波的衰减越多，输出的信号越小；当发射喇叭的宽边与水平面平行时，发射信号电矢量的偏振方向在竖直方向。

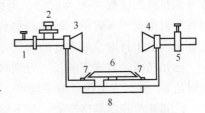

图 5.10.7　微波分光仪装置图
1—固态微波振荡器　2—可变衰减器
3—发射喇叭天线　4—接受喇叭天线
5—检波器　6—载物台　7—指针　8—底座

接收臂由接收喇叭和检波器组成，接收喇叭和短波导管连在一起，旋转短波导管的轴承可使接收喇叭在 90°范围内转动，并可读出转角。检波二极管放置在微波腔中并通过短波导管与接收喇叭连接。检波二极管输出的直流信号由电表直接指示。做布拉格衍射实验时，模拟晶体安放在载物台上，并可利用载物台的 4 个弹簧压片固定。

2. 3 cm 固态振荡器

3 cm 固态振荡器发出的信号具有单一的波长，这种微波信号就相当于光学实验中要求的单色光束。固态微波振荡器连接在微波分光仪上，打开电源后振荡器即开始振荡，微波能量从波导口输出。

5.10.4　实验内容

1. 验证布拉格衍射公式

（1）估算理论值

由已知的晶格常数 a 和微波波长 λ，根据式（5.10.2）估算出（100）面和（110）面衍射极大的入射角 β。

（2）调整仪器

调整活动臂和固定臂在一条直线上，慢慢转动接收喇叭的方向使微安表的示数最大，则发射喇叭和接收喇叭天线正对。固定此位置，然后调节衰减器（见图 5.10.7）使电流输出接近但不超过电表的满度。

简单立方体的模型由穿在尼龙绳上的铝球做成，晶格常数 $a = 4.0$ cm。实验前，应该用间距均匀的梳形叉从上到下逐层检查晶格位置上的模拟铝球，使球进入叉槽中，形成方形点阵。模拟晶体架的中心孔插在支架上，支架插入与度盘中心一致的销子上，同时使模拟晶体架下面小圆盘的某一条刻线（与所选晶面的法线一致）与度盘上的 0° 刻线重合。

（3）测量峰值入射角

把晶体模型安放在载物台的中央，晶体模型中心的 5 个铝球的连线应尽量靠近载物台的中心转轴，转动模型使（100）面或（110）面的法线（模型下方的圆盘上刻有"晶面"的法向标记）与载物台刻度盘的 0° 重合，然后用弹簧压片把模型固定在载物台上。此时发射臂方向指针的读数即为入射角，当把接收臂转至方向指针指向 0° 线另一侧的相同刻度时，即有反射角等于入射角。转动载物台改变入射角，在理论峰值附近仔细测量，找出满足反射角等于入射角且电流最大处的入射角 β。

已知晶格常数测定波长：分别将每个（110）面的法线对准 0° 线，测出各级衍射极大的入射角 β，并对入射角 β 取平均值，计算出微波波长（晶格常数认为已知，$a = 4.00$ cm）。

已知波长测定晶格常数：与上同理测出每个（100）面各级衍射极大的入射角 β，计算模拟立方晶体的晶格常数 a（微波的波长认为已知，$\lambda = 3.202$ cm）。

2. 单缝衍射实验

仪器连接时，按需要先调整单缝衍射板的缝宽（本实验中选用 70 mm），转动载物台，使其上的 180° 刻线与发射臂的指针一致，然后把单缝衍射板放到载物台上，并使狭缝所在平面与入射方向垂直（想一想，如何实现？），利用弹簧压片把单缝的底座固定在载物台上。为了防止在微波接收器与单缝装置的金属表面之间因衍射波的多次反射而造成衍射强度的波形畸变，单缝衍射装置的一侧贴有微波吸收材料。

转动接收臂使其指针指向载物台的 0° 刻线，打开振荡器的电源并调节衰减器使接收电表的指示接近满度而略小于满度，记下衰减器和电表的读数。然后转动接收臂，每隔 2° 记下一次接收信号的大小。为了准确测量波长，要仔细寻找衍射极小的位置。当接收臂已转到衍射极小附近时，可把衰减器转到零的位置，以增大发射信号，提高测量的灵敏度。

3. 迈克尔逊干涉实验

迈克尔逊干涉实验需对微波分光仪做一点改动，其中反射板 A 和 B（见图 5.10.6）安装在分光仪的底座上。A 通过一个 M15 的螺孔与底板固定；B 板通过带读数机构的移动架固定在两个 M5 的螺孔内，其前后位置可通过转动丝杠进行调节并由丝杠上的刻度尺及游标尺读出。半反射、半透射板固定在载物台上，它属于易碎物品，使用时应细心。

利用已调节好的迈克尔逊干涉装置，转动 B 板下方的丝杠，使 B 板的位置从一端移动到另一端，同时观察电表接收信号的变化，并依次记下出现干涉极大和极小时 B 板的位置 x_k。

5.10.5 数据处理

① 用（100）和（110）晶面的各级衍射角与理论计算值进行比较，从而验证布拉格衍射公式。

② 已知晶格常数 $a = 4.00 \text{ cm}$，利用（110）晶面测定波长；已知波长，利用（100）晶面测定晶格常数。要求计算不确定度，并给出最终结果表述。

③ 对微波单缝实验，要求用坐标纸画出衍射分布曲线，利用左、右两侧的第一个衍射极小位置 θ_1 和 θ_2 的平均值以及式（5.10.4），求出微波的波长，并与标称值进行比较。

④ 对微波迈克尔逊干涉实验，要求列表表示各级干涉极大和极小的位置 x_k，并用一元线性回归方法求出微波波长，估算不确定度，给出最终结果表述。

5.10.6 思考题

① 电磁波是横波，你能确定喇叭天线辐射的电场的极化（偏振）方向吗?

② 结合学过的物理知识，利用本实验提供的设备，自行设计一个微波的干涉或衍射实验并对元件尺寸的选择进行讨论。

5.10.7 拓展研究

① 利用本实验仪器，设计实验方案研究微波双缝干涉特性。
② 利用本实验仪器，设计实验方案研究微波偏振特性。

5.10.8 参考文献

［1］赵凯华，钟锡华. 光学：下册［M］. 北京：北京大学出版社，1984.
［2］吕斯骅，段家忯. 基础物理实验［M］. 北京：北京大学出版社，2002.
［3］朱生传. 微波实验//吴思诚，王祖铨. 近代物理实验［M］. 北京：北京大学出版社，1986.

5.11 阿贝成像原理和空间滤波

研究一个随时间变化的信号，既可以在时间域进行，也可以在频率域进行。实现这种信号从时域到频域或从频域到时域变换的方法称为傅里叶分析（变换）。类似地，光学系统的成像过程既可以从信号空间分布的特点来理解，也可以从所谓的"空间频率"的角度来分析和处理，这就是所谓的光学傅里叶变换。由此产生了一个新的光学研究领域——以傅里叶变换光学为基础的信息光学。由于会聚透镜对相干光信号具有傅里叶变换的特性，光信号的频域表示就从抽象的数学概念变成了物理现实。

阿贝成像原理
和空间滤波

与其他的信息技术相比，光学信息处理实时性强，具有大容量、高度平行的特点。它在特征识别、信息存储、光计算和光通信等领域有重要的应用前景。目前光学信息处理技术已经在许多领域进入实用阶段，有的已形成规模化的光电产业。

通过本实验不仅能了解到诸如阿贝成像、空间频谱、空间滤波等傅里叶光学中的许多基本概念，还能观察到一些有趣的光学现象，体会到傅里叶变换理论在分析和处理光学系统方面的优越性。

5.11.1 实验要求

1. 实验重点

① 通过实验来认识夫琅禾费衍射的傅里叶变换特性。

② 结合阿贝成像原理和 θ 调制实验，了解傅里叶光学中有关空间频率、空间频谱和空间滤波等概念和特点。

③ 巩固光学实验中有关光路调整和仪器使用的基本技能。

2. 预习要点

（1）阿贝成像原理

为什么本实验被称为阿贝成像？按照这个原理应当如何理解相干光的成像过程？它与光学的傅里叶变换有什么关系？

（2）傅里叶光学的基本概念

① 夫琅禾费衍射的各级衍射角分布与傅里叶分解的谐波理论有什么关系？

② 正确理解下述物理名词的含义：空间频率、角谱、频谱面。

③ 空间频率是频率吗？为什么说物的细节部分空间频率高，衍射光与光轴之间的夹角大？

（3）仪器调整

① 本实验中的等高共轴和成像调整如何进行？如何做好激光束的调整、平行光的扩束、频谱面和像面位置的确定？

② 激光扩束用焦距为 4.5 mm 和 150 mm 的透镜来完成，它们应当如何放置？扩束后光束的直径与原来相比，扩大了多少倍？

（4）空间滤波

① 光学中的空间滤波如何进行？本实验中的频谱面和像面各在什么地方？

② 以一维的黑白光栅为例，如果分别只保留 0 级、0 级和 ±1 级、0 级和 ±2 级的频率分量，像面上将观察到什么图像？实验如何进行？

（5）θ 调制

什么叫作 θ 调制？实验为什么要用白光照明？频谱面和像面各在什么地方？"彩色"图像是如何得到的？

5.11.2　实验原理

1. 光学傅里叶变换

在通信和声学等领域，人们常常习惯用频率特性来描述电信号或声信号，并把频率（横坐标）-电压或电流（纵坐标）图形称为频域曲线。联系时（间）域和频（率）域关系的数学工具就是所谓的傅里叶分析，其实质就是把一个复杂的周期过程分解为各种频率成分的叠加。类似的情形在光学中也存在。下面用大家熟知的方波展开予以说明。

占空比为 a/b、周期为 $T_0 = a + b$ 的方波，时域图如图 5.11.1 所示。按照傅里叶分析，它可以看成许多分立的正弦波的叠加；高次谐波的频率 $f = nf_0 = n/T_0$ 是基频 $f_0 = 1/T_0$ 的整数倍，其振幅为 $F_n = \dfrac{\sin(n\pi a/T_0)}{n\pi a/T_0}$，相应的频域曲线如图 5.11.2 所示（进一步的数学推演请参见本节附录中的 1）。

在光学中与此完全类似的例子是光栅常数 $d = a + b$ 的一维光栅（见图 5.11.3），当单色平行光垂直入射时，其出射光是许多衍射光的叠加；衍射角由光栅方程决定，衍射光（主极大）的振幅 $\propto \dfrac{\sin(\pi a\sin\theta/\lambda)}{\pi a\sin\theta/\lambda} = \dfrac{\sin(\pi ak/d)}{\pi ak/d}$。

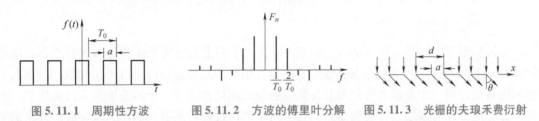

图 5.11.1　周期性方波　　图 5.11.2　方波的傅里叶分解　　图 5.11.3　光栅的夫琅禾费衍射

严格的实验和理论研究都表明，两者在定性和定量上存在着一一对应的关系：电信号分析中的时间变量 $t \Leftrightarrow$ 波动光学中的空间变量 x；时域信号中的周期 $T_0 \Leftrightarrow$ 夫琅禾费衍射中光栅的周期即光栅常数 d；频域分析中的基频 $f_0 = 1/T_0 \Leftrightarrow$ 夫琅禾费衍射中 $v = 1/d$，倍频 $nf_0 \Leftrightarrow kv = k/d$，因此把 $1/d$ 称作空间频率。这样一来，复杂振动或其他周期信号按正弦函数分解的方法，即傅里叶分析或频谱分析的方法就可以对应地搬到波动光学中来。传统的通信和信号处理的许多概念和技术，例如滤波、相关、调制、卷积和反馈等也可以移植到光学的衍射和成像中来，从而形成了一门新的学科——傅里叶光学或信息光学。

光学的傅里叶分析也有它的特点。首先它的"频率"分量是与夫琅禾费衍射的角分布相关联的。由光栅方程 $d\sin\theta = k\lambda$，可知 $\dfrac{k}{d} = \dfrac{\sin\theta}{\lambda}$，$k$ 越大，衍射级数越高，频率也越高，

θ 越大。这说明空间频谱是按角谱分布的："0 频"或"直流分量"不发生衍射，$\theta = 0$；靠近光轴的（θ 较小）是它的低频分量，远离光轴的（θ 较大）是它的高频分量。同时，d 越小，同一级的衍射角也越大，它说明：光栅越密，频率越高，夹角 θ 越大。

图 5.11.3 涉及的衍射屏是一维光栅，但实际的衍射屏是二维的，任意一幅复杂的图形可以看成是不同方位、不同空间频率的组合光栅，因此光学的傅里叶变换是二维的。数学中的傅里叶变换通过光计算来实现时，可以将二维(X-Y)变换同时进行。

夫琅禾费衍射把衍射屏上各种不同的空间频率分量，分解成了不同方位、不同偏角的衍射波，从这个意义上来讲，夫琅禾费衍射类似于一台频谱分析仪。但实际上要在衍射屏后面的自由空间观察夫琅禾费衍射，其条件是相当苛刻的。要想在近距离观察夫琅禾费衍射，一般要借助会聚透镜来实现。如果在衍射场后面加一块焦距为 F 的透镜，则同一级的衍射光会在透镜的焦平面上聚焦成一个像点。不同级次的像点在焦平面上的位置各不相同，焦平面上形成的图像就是它们的频谱。像点亮度反映了各级频谱的强度，其位置代表了频率的高低和方位。这样一来，夫琅禾费衍射的角谱，就在透镜的后焦面上变成了空间谱，或者说透镜的后焦面变成了衍射屏图像各种频率成分的频谱面。一般来说，用透镜聚焦比直接观察夫琅禾费衍射的角分布更为方便，把起这样作用的透镜称为傅里叶透镜。

最后再对进行光学傅里叶变换的光源做一点说明。实现夫琅禾费衍射应当使用"单色平面波"，因此在傅里叶光学实验中通常总是采用激光照明，这也表明信息光学属于相干光学的范畴。

自从透镜的傅里叶变换作用被发现以后，光学图像的频谱就从抽象的数学概念变成了物理现实，因为在透镜后焦面上生成的就是二维图像的傅里叶频谱。把传统的光学放到信息光学角度来考察，用频谱语言来描述光的信息，通过频谱的改造来改造信息，给光学的研究和应用开辟了新的途径。光学傅里叶变换具有高度并行、容量大、速度快和设备简单等一系列优点。

2. 阿贝成像原理

德国物理学家阿贝（E. Abbe）在 1873 年提出了相干光照明下显微镜的成像原理。他按照波动光学的观点，把相干成像过程分成两步：第一步是通过物的衍射光在物镜的后焦面上形成衍射斑；第二步是这个衍射图上各光点向前发出球面次波，干涉叠加形成目镜焦平面附近的像，这个像可以通过目镜观察到。这个两步成像过程后来被人们称为阿贝成像理论的实质，就是用傅里叶变换揭示了显微镜成像的机理，首次引入了频谱的概念。阿贝的两步成像理论为空间滤波和光学信息处理奠定了理论基础。

以一维光栅成像问题为例。如图 5.11.4 所示，单色平行光垂直照射在光栅上，经衍射分解成为不同方向的很多束平行光（每一束平行光对应一定的空间频率），这些代表不同空间频率的平行光经物镜聚焦在其后焦面上，成为各级主极大形成的点阵即频谱图，然后这些光束又重新在像面上复合成像，这就是所谓的阿贝两步成像原理。

阿贝成像的这两个步骤本质上就是两次傅里叶变换，如图 5.11.5 所示。第一步把物面光场的空间分布 $g(x, y)$ 变为频谱面上的空间频率分布 $G(\xi, \eta)$。第二步则是再做一次变换又将 $G(\xi, \eta)$ 还原成空间分布 $g'(x', y')$。如果这两次傅里叶变换完全是理想的，即信息没有任何损失，则像和物应完全相似（可能有放大或缩小）。但实际上，由于透镜的孔径是有限

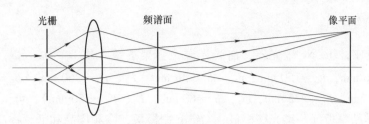

图 5.11.4　一维光栅的两步成像

的，总有一部分衍射角度较大的高频成分不能通过透镜而丢失，这样像的信息总是比物的信息要少一些，所以像和物不可能完全一样。因为高频信息主要反映物的细节，所以当高频信息因受透镜孔径的限制而不能到达像平面时，则无论显微镜有多大的放大倍数，也不可能在像平面上反映物的细节，这就是显微镜分辨率受到限制的根本原因。特别当物的结构非常精细（如很密的光栅）或物镜孔径非常小时，有可能只有 0 级衍射（空间频率为 0）能通过，则在像平面上就完全不能成像。

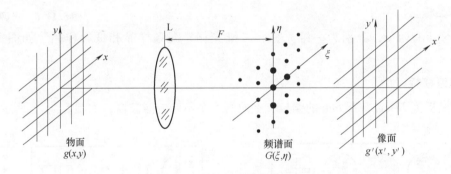

图 5.11.5　阿贝成像原理图

理论上可以证明（详见本节附录 2），在透镜成像频谱面 $G(\xi, \eta)$ 上，空间频率 f_x、f_y 与其分布坐标 ξ、η 有如下关系：

$$f_x = \xi / (\lambda F), \ f_y = \eta / (\lambda F) \tag{5.11.1}$$

式中，F 为透镜的焦距。

3. 空间滤波

根据上面的讨论，成像过程本质上就是两次傅里叶变换，即从空间函数 $g(x, y)$ 变为频谱函数 $G(\xi, \eta)$，再变回到空间函数 $g(x, y)$（忽略放大率）。显然如果在频谱面（即透镜的后焦面）上放一些模板（吸收板或相移板），以减弱某些空间频率成分或改变某些频率成分的相位，则必然使像面上的图像发生相应的变化，这样的图像处理称为空间滤波，频谱面上这种模板称为滤波器。最简单的滤波器就是一些特殊形状的光阑，它使频谱面上一个或一部分频率分量通过，而挡住了其他频率分量，从而改变了像面上图像的频率成分。例如圆孔光阑可以作为一个低通滤波器，去掉频谱面上离轴较远的高频成分，保留离轴较近的低频成分，因而图像的细节消失。圆屏光阑则可以作为一个高通滤波器，滤去频谱面上离轴较近的低频成分，而让高频成分通过，所以图像的轮廓明显。如果把圆屏部分变小，滤去零频成分，则可以除去图像中的背景而提高像质。

5.11.3　仪器介绍

导轨及光具座，He-Ne 激光器，白光光源，会聚透镜 8 块 $L_1 \sim L_8$（$\phi_1 \approx 6$ mm，$F_1 \approx 4.5$ mm；$\phi_2 \approx 36$ mm，$F_2 \approx 150$ mm；ϕ_3、$\phi_4 \approx 36$ mm，F_3、$F_4 \approx 260$ mm；$\phi_5 \approx 12$ mm，$F_5 \approx 25$ mm；$\phi_6 \approx 36$ mm，$F_6 \approx 225$ mm；ϕ_7、$\phi_8 \approx 60$ mm，F_7、$F_8 \approx 150$ mm），可调狭缝（兼作模板架）一套，样品模板（一维光栅模板、二维光栅模板、高频样品和低频样品各一个），滤波模板，θ 调制板以及白屏等各一个。具体介绍如下。

1. 可调狭缝

① 狭缝调节范围 0 ~ 12 mm。

② 插杆直径 10 mm。

③ 松开支架上的两个螺钉，狭缝可绕光轴转动 360°。

④ 狭缝反面有沟槽，可以插放模板，所以它也兼作滤波模板的

支架，如图 5.11.6 所示。

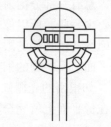

图 5.11.6　可调狭缝

2. 样品模板

样品模板有四个，分别为一维光栅、二维光栅、高频样品和低频样品，如图 5.11.7 所示。

3. 滤波模板

滤波模板为 24 mm × 78 mm 的铜板，上面有 5 个不同的滤波器，如图 5.11.8 所示。

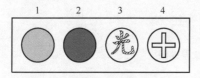

图 5.11.7　样品模板

1——维光栅，条纹间距为 0.083 mm
2—二维光栅，条纹间距为 0.166 mm
3—高频样品，带有网格的透明"光"字
4—低频样品，透明的"十"字

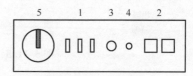

图 5.11.8　滤波模板

1—通过 0 级及 ±2 级　　2—通过 ±1 级及 ±2 级
3—低通滤波器 $\phi = 1$ mm
4—低通滤波器 $\phi = 0.4$ mm
5—高通滤波器 $\phi = 6$ mm

5.11.4　实验内容

1. 光路调节

本实验在光具座上进行，其基本实验光路如图 5.11.9 所示，其中透镜 L_1、L_2 组成倒装望远镜系统，将激光扩展成具有较大截面的平行光束。L_3 和 L_4 组成 4F 成像系统，4F 成像系统是指透镜 L_3 和 L_4 焦面组合，L_3 的前焦面为物平面，L_4 的后焦面为像平面，共焦面是傅氏面，从物平面到像平面经历 4 倍焦距（4f）的关系。加上 L_5 可以得到放大的像。具体调节步骤如下：

① 在导轨上目测粗调各元件与激光管等高共轴，然后拿下各元件。

② 打开激光器，调节激光管的左右及俯仰，使激光束平行于导轨出射。具体调节时可

以利用白屏作为观察工具。沿导轨前后移动白屏，保证光点在白屏上的位置不变并记下激光束在白屏上的具体位置。

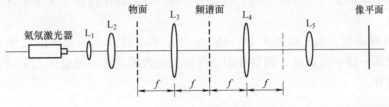

图 5.11.9 阿贝成像原理实验光路图

③ 在导轨上放上凸透镜 L_1，调节 L_1 与激光管等高共轴。调节的要点是激光束通过透镜 L_1 的中心，并且沿导轨移动透镜 L_1，激光束在 L_1 和白屏上光斑的中心位置均不变。此后不再调节 L_1。

④ 放上凸透镜 L_2，要求 L_2 与 L_1 相距为 $F_1 + F_2$，以获得扩展的平行光，此时前后移动白屏，光斑的大小应不变化。调节 L_2 与 L_1 及激光管等高共轴，要点仍然是激光束通过透镜 L_2 后到白屏上的位置不变。

⑤ 放上成像透镜 L_3 和 L_4，组成 4F 成像系统，调节 L_3 和 L_4 的方位，使聚焦点回到白屏上原始记录位置，则已完成对 L_3 和 L_4 等高共轴的调节。

⑥ 放上成放大像透镜 L_5，调节 L_5 的方位，使聚焦点回到白屏上原始记录位置，则已完成对 L_5 等高共轴的调节。

⑦ 如图 5.11.9 所示在物面位置放上带有样品模板的支架并调节支架，以便让平行光均匀地照在样品上。

⑧ 沿导轨前后移动 L_3，使得 L_3 距离样品模板的距离为其焦距，固定物及透镜 L_3 的位置。

⑨ 如图 5.11.9 所示在频谱面位置放上带有滤波模板的滤波器，前后移动滤波器的位置，使得滤波器距离 L_3 的距离为其焦距，将会在滤波器上清晰地出现一排水平排列的光点，这一平面就是频谱面。

⑩ 沿导轨前后移动 L_4，使得 L_4 距离样品模板的距离为其焦距，固定透镜 L_4 的位置。然后沿导轨前后移动 L_5，直到在导轨边缘的白屏上得到清晰的图像，固定透镜 L_5 的位置。

2. 阿贝成像原理实验

① 在物平面放上一维光栅，像平面上看到沿铅垂方向的光栅条纹。频谱面上出现 0，± 1，± 2，± 3，… 一排清晰的衍射光点，如图 5.11.10a 所示。用卡尺分别测量 1、2、3 级衍射光点与 0 级衍射光点（光轴）间的距离 ξ'，由式（5.11.1）求出相应空间频率 f_x，并求出光栅的基频。

② 在频谱面上放上可调狭缝及各种滤波器，依次记录像面上成像的特点及条纹间距，特别注意观察图 5.11.10d、e 两条件下图像

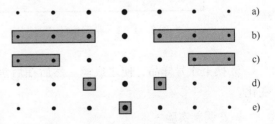

图 5.11.10 衍射光点

的差异，并对图像变化做出适当的解释。

③ 将物面上的一维光栅换成二维正交光栅，在频谱面上可看到如图 5.11.11a 所示的二维分立的点阵，像面上可以看到放大了的正交光栅的像。测出像面上 x'、y' 方向的光栅条纹间距。

④ 依次在频谱面上放上如图 5.11.11b ~ e 所示的小孔及不同取向的狭缝光阑，使频谱面上一个光点或一排光点通过，观察并记录像面上图像的变化，测量像面上的条纹间距，并做出相应的解释。

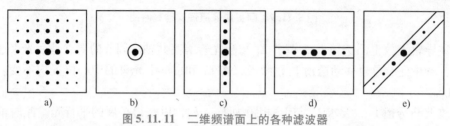

图 5.11.11   二维频谱面上的各种滤波器

a）无光阑   b）小孔光阑   c）竖直光阑   d）水平光阑   e）斜光阑

3. 高低通滤波

① 将物面换上 3 号样品，则在像面上出现带网格的"光"字，如图 5.11.12 所示。

② 用白屏观察 L₃ 后焦面上物的空间频谱。光栅为一周期性函数，其频谱是有规律排列的分立点阵。而字迹不是周期性函数，它的频谱是连续的，一般不容易看清楚。由于"光"字笔划较粗，空间低频成分较多，因此频谱面的光轴附近只有"光"字信息而没有网格信息。

③ 将 3 号滤波器（$\phi = 1$ mm 的圆孔光阑）放在 L₃ 后焦面的光轴上，则像面上图像发生变化，记录变化的特征。换上 4 号滤波器（$\phi = 0.4$ mm 的圆孔光阑），再次观察图像的变化并记录变化的特征。

④ 将频谱面上光阑做一平移，使不在光轴上的一个衍射点通过光阑（见图 5.11.13），此时在像面上有何现象？

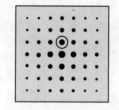

图 5.11.12   带网格的"光"字   图 5.11.13   衍射点通过光阑

⑤ 换上 4 号样品，使之成像。然后在后焦面上放上 5 号滤波器，观察并记录像面上的变化。

4. θ 调制实验

θ 调制是一个利用白光照明而获得彩色图像的有趣实验。所谓"θ 调制空间假彩色编码"，是指输出面上呈现的色彩并不是物体本身的真实色彩，而是通过 θ 调制处理手段将白光中所包含的色彩"提取"出来,再"赋予"图像的不同位置而形成的。

其原理是对输入图像的不同区域分别用取向(θ角)不同的光栅进行调制(见图 5.11.14a),当用白光照明时,频谱面上得到色散方向不同的彩色带状谱,其中每一条带状谱对应被某一个方向光栅调制的图形的信息。频谱面上彩色带状谱的色序是按衍射规律分布的。如在该平面上加一适当的滤波器,则可在输出面上得到所需要的彩色图像。由于这种编码方法是利用不同方位的光栅对图像不同空间部位进行调制来实现的,所以称为"θ调制空间假彩色编码"。

本实验所用物是一个正弦光栅,并把它裁剪拼接成天安门图案,其中天安门、天空和草地分别刻有方向不同的光栅,如图 5.11.14a 所示。天安门用右倾45°的光栅制作,天空用左倾45°的光栅制作,草地用竖直的光栅制作。当用白光照射到天安门图片时,频谱将具有以下的特征:由于光栅的方位不同,天安门、天空和草地的频谱将沿不同方向铺展;由于是白光照明,各自的频谱将是沿波长展开的彩色斑(见图 5.11.14b),蓝色靠近中心,红色在外侧。如果在频谱面插上带有小孔光阑的滤波模板制成的滤波器,只让所需颜色的±1级衍射斑通过,就可以构成一幅我们所希望看到的彩色图像,像面上各相应部位呈现出不同的颜色(见图 5.11.14c)。具体可以在天空、草地和天安门各自对应的±1级衍射频谱带上分别在蓝色、绿色和红色位置放上小孔光阑,使这三种颜色的频谱通过,就可以得到绿草地、红色天安门和蓝天效果的彩色图像。

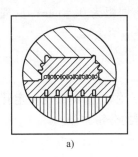
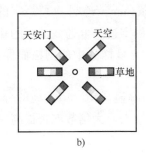
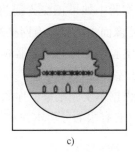

a)   b)   c)

图 5.11.14 θ 调制实验

a)调制板的结构示意图　b)频谱图　c)滤波后图案

① 本实验光路如图 5.11.15 所示。白炽灯光源经透镜 L_6 后出射平行光,将透明物(调制板)放在靠近 L_6 的物面上,经透镜 L_7 成像后在 L_7 的后焦面(即频谱面)上产生衍射光斑,将滤波器置于频谱面上,然后放置透镜 L_8 即可在像平面上成清晰放大的像(注意:本实验中的透镜 L_8 起到调节成像大小的作用,实验中不用透镜 L_8 也可以在像平面上成清晰的像)。

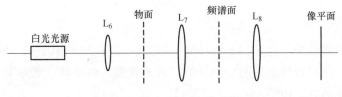

图 5.11.15 θ 调制实验光路图

② 作为物的透明图片由薄膜光栅制成。样品上的天安门、天空和草地具有不同取向的光栅，如图 5.11.14a 所示。

③ 将透明图片放在物面上，在频谱面上可看到光栅的频谱图，三种不同取向的衍射光斑对应于不同取向的光栅。这些衍射极大值除 0 级以外均有色散。

④ 在频谱面上插入滤波模板，使用带有小孔光阑的磁性挡光片进行滤波，让频谱面上相应颜色光的 ±1 级分别通过，使透明图片的像平面上呈现一幅蓝天、红色天安门和绿草地的彩色图像（见图 5.11.14c）。

⑤ 认真观察并记录实验现象（例如频谱的方向、间距）及相关光学元件的位置，画出衍射屏上天安门、天空和草地的光栅走向，并说明理由。

利用你在实验中所观察的数据（灯丝、衍射屏、透镜 L_7 和 L_8 的位置等），结合其他的实验参数（透镜 L_7 和 L_8 的焦距均为 150 mm）计算出频谱面的位置并与实测结果进行对比。思考：你能测算出光栅的空间周期吗？

5.11.5　数据处理

分别讨论阿贝成像、空间滤波及 θ 调制的实验结果。具体要求参见 5.11.4。

5.11.6　思考题

① 实验中如果正交光栅为 6 条/mm，透明"光"字的笔划粗为 0.5 mm，从理论上计算，要使像面上得到没有网格的模糊字迹，低通滤波器的孔径应多大？

② 实验中用低通滤波器滤去了 3 号样品中的网格而保留了"光"字，试设计一个滤波器能滤去字迹而保留网格。

③ 根据本实验结果，你如何理解显微镜、望远镜的分辨本领？为什么说一定孔径的物镜只能具有有限的分辨本领？如果增大放大倍数能否提高仪器的分辨本领？

5.11.7　拓展研究

① 通过实验及计算机理论研究，分析一维正弦光栅进行不同级次的空间滤波实验时，光栅常数对滤波结果图像的影响。

② 自行设计样品模板及空间滤波器，深入研究空间滤波概念及其特点。

③ 研究利用正交光栅观察卷积现象。用激光细束分别照在 20 条/mm 和 200 条/mm 的两个正交光栅上，观察各自的空间频率谱（即夫朗禾费衍射图）。将两光栅重叠起来，观察并记录其频谱特点。先后转动两光栅之一，频谱面上有何变化？（根据傅里叶变换的卷积定理可解释观察到的现象。）

5.11.8　参考文献

［1］赵凯华，钟锡华. 光学：下册［M］. 北京：北京大学出版社，1984.

［2］陈怀琳. 阿贝成像原理与空间滤波. 普通物理实验指导（光学）［M］. 北京：北京大学出版社，1990.

［3］严燕来，叶庆好. 大学物理拓展与应用［M］. 北京：高等教育出版社，2002.

5.11.9　附录

1. 关于方波的傅里叶展开和黑白光栅的夫琅禾费衍射的进一步讨论

在光学中，我们讨论过平行单色光垂直入射到缝宽为 a、间距（光栅常数）为 d 的黑白光栅上的夫琅禾费衍射，衍射极大位置由光栅方程决定，即

$$d\sin\theta = k\lambda \quad (k = 0, \pm 1, \pm 2, \cdots) \tag{5.11.2}$$

极大位置的光强

$$I \propto \left[\frac{\sin(\pi a\sin\theta/\lambda)}{\pi a\sin\theta/\lambda}\right]^2 \tag{5.11.3}$$

这个问题也可以从衍射系统的屏函数来理解。当单色平面波沿 z 垂直入射到光栅常数为 d、透光长度 a 的衍射屏上时，光矢量由下式求出，即

$$A\mathrm{e}^{\mathrm{j}(kz-\omega t)} \Rightarrow Ah(x)\mathrm{e}^{\mathrm{j}(kz-\omega t)}$$

式中，$h(x)$ 就代表了衍射屏的屏函数，满足

$$h(x) = \begin{cases} 1 & |x| < \dfrac{a}{2} \\ 0 & \dfrac{a}{2} < |x| < \dfrac{d}{2} \end{cases} \tag{5.11.4}$$

其余按周期函数外推。

为了对光矢量表达式做进一步的展开处理，先来讨论与此类似的时域周期信号的级数展开问题。$f(t)$ 是一个周期为 T_0 的方波信号，一个周期中高电平幅度为 1，时间为 a；低电平幅度为 0，即

$$f(t) = \begin{cases} 1 & |t| < \dfrac{a}{2} \\ 0 & \dfrac{a}{2} < |t| < \dfrac{T_0}{2} \end{cases} \tag{5.11.5}$$

其余按周期函数外推。

按照傅里叶级数展开的理论，它可以看成基频 $f_0 = \dfrac{1}{T_0}$ 及其高次谐波 nf_0 的叠加：$f(t) = \displaystyle\sum_{n=-\infty}^{\infty} F_n \mathrm{e}^{\mathrm{j}2\pi n\frac{t}{T_0}}$，而 F_n 代表了不同频率分量的振幅（见图 5.11.2）：

$$F_n = \frac{1}{T_0}\int_{-T_0/2}^{T_0/2} f(t)\mathrm{e}^{-\mathrm{j}2\pi n\frac{t}{T_0}}\mathrm{d}t = \frac{1}{T_0}\int_{-a/2}^{a/2}\mathrm{e}^{-\mathrm{j}2\pi n\frac{t}{T_0}}\mathrm{d}t = \frac{a}{T_0}\frac{\sin(n\pi a/T_0)}{n\pi a/T_0} \tag{5.11.6}$$

它表明：周期性的方波可以看成许多分立的正弦波的叠加；高次谐波的频率 $f = nf_0 = n/T_0$ 是基频 $f_0 = 1/T_0$ 的整数倍，其振幅为 F_n。

若用黑度来表示图中的振幅，则频域曲线是 f 轴上等间隔的点。点间隔即是 $f_0 = 1/T_0$。

我们再回到夫琅禾费衍射上来。对式（5.11.4）的 x 坐标做类似时域的傅里叶展开，结果与式（5.11.6）相同，只要做下面的代换即可。

时间 $t \to x$，周期 $T_0 \to d$，频率 $f = n/T_0 \to \nu = n/d$，基本函数 $\mathrm{e}^{\mathrm{j}2\pi nt/T_0} \to \mathrm{e}^{\mathrm{j}2\pi nx/d}$，

$$h(x) = \sum_{n=-\infty}^{\infty} H_n \mathrm{e}^{\mathrm{j}2\pi n\frac{x}{d}} = \sum_{n=-\infty}^{\infty} \frac{a}{d}\frac{\sin(n\pi a/d)}{n\pi a/d}\mathrm{e}^{\mathrm{j}2\pi n\frac{x}{d}}$$

$$Ah(x)\mathrm{e}^{\mathrm{j}(kz-\omega t)} = A\sum_{n=-\infty}^{\infty}\frac{a}{d}\frac{\sin(n\pi a/d)}{n\pi a/d}\mathrm{e}^{\mathrm{j}2\pi n\frac{x}{d}}\mathrm{e}^{\mathrm{j}(kz-\omega t)} \qquad (5.11.7)$$

为了对式（5.11.7）有更全面的理解，我们来讨论光波的相因子 $\mathrm{e}^{\mathrm{j}(kz+2\pi n\frac{x}{d}-\omega t)}$。为书写方便，略去时间因子 $\mathrm{j}\omega t$。指数因子 $\mathrm{j}kz$ 代表了沿 z 方向的平面波，显然对沿 $\boldsymbol{k}$ 方向传播的平面波，指数因子 $\mathrm{j}kz\rightarrow\mathrm{j}\boldsymbol{k}\cdot\boldsymbol{r}$。

当传播方向在 xz 平面内，与 z 轴的夹角为 θ 时（见图5.11.16），$\boldsymbol{k}\cdot\boldsymbol{r}=k_x x+k_y y+k_z z=kx\sin\theta+0+kz\cos\theta$，考虑到 θ 很小，$\cos\theta\approx1$，$\sin\theta\approx\theta$，有 $\boldsymbol{k}\cdot\boldsymbol{r}\approx kz+kx\sin\theta$。

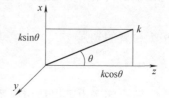

图5.11.16　相因子与衍射角

将 $kz+2\pi n\dfrac{x}{d}$ 与 $kz+kx\sin\theta$ 进行对比，并注意到 $k=\dfrac{2\pi}{\lambda}$，

$2\pi n\dfrac{x}{d}=\dfrac{2\pi}{\lambda}x\sin\theta\rightarrow\sin\theta=n\lambda/d$。这样一来就在夫琅禾费衍射和

傅里叶频谱之间建立了联系。为此可以引入一个空间频率的物理量 $\nu=n\nu_0=\dfrac{n}{d}$，则 $\mathrm{e}^{\mathrm{j}2\pi nx/d}$ 从

傅里叶分析来看，它代表 n 次谐波高频分量 $\nu=n\dfrac{1}{d}=n\nu_0$；从光波的夫琅禾费衍射来看，它

代表倾角 $\theta=n\lambda/d$ 的衍射波。光的传播和成像问题，也可以从频谱的角度来描述。式（5.11.7）对黑白光栅的理解是：衍射场是一系列不同倾角的平面波的叠加，倾角由 $\sin\theta=n\lambda/d$（$n=0,\pm1,\pm2,\cdots$）决定，其振幅为 $A\dfrac{a}{d}\dfrac{\sin(n\pi a/d)}{n\pi a/d}\propto\dfrac{\sin(n\pi a/d)}{n\pi a/d}$。这正是式

（5.11.1）和式（5.11.2）的主要结论[⊖]。从傅里叶分析来看，它代表了频谱；不同倾角的衍射波代表着不同的空间频率分量，倾角越大，频率越高。这正是现代光学对夫琅禾费衍射的新认识。

2. 关于光学傅里叶变换的一般表述

设在 x-y 平面上有一光场的振幅分布为 $g(x,y)$，像时域信号的傅里叶变换一样，可以将这个空间分布展开成为一系列二维基元函数 $\exp[\mathrm{j}2\pi(f_x x+f_y y)]$ 的线性叠加，即

$$g(x,y)=\iint_{-\infty}^{\infty}G(f_x,f_y)\exp[\mathrm{j}2\pi(f_x x+f_y y)]\mathrm{d}f_x\mathrm{d}f_y \qquad (5.11.8)$$

式中，f_x、f_y 分别称为 x、y 方向上的空间频率，即单位长度内振幅起伏的次数，其量纲为 L^{-1}；$G(f_x,f_y)$ 是相应于空间频率为 f_x、f_y 的基元函数的权重，也称为光场 $g(x,y)$ 的空间频谱。$G(f_x,f_y)$ 可由 $g(x,y)$ 的傅里叶变换求得，其关系式为

$$G(f_x,f_y)=\iint_{-\infty}^{\infty}g(x,y)\exp[-\mathrm{j}2\pi(f_x x+f_y y)]\mathrm{d}x\mathrm{d}y \qquad (5.11.9)$$

由式（5.11.8）、式（5.11.9）可看出，$g(x,y)$ 和 $G(f_x,f_y)$ 实质上是对同一光场的两种等效描述，$G(f_x,f_y)$ 是 $g(x,y)$ 的傅里叶变换，而 $g(x,y)$ 又是 $G(f_x,f_y)$ 的傅里叶逆变换，即有

$$G(f_x,f_y)=F[g(x,y)]\Leftrightarrow g(x,y)=F^{-1}[G(f_x,f_y)]$$

⊖ 由于实际的光栅并不是无限延伸的严格周期函数，故获得的也不是像式（5.11.7）给出的严格的分立谱。这时傅里叶级数将过渡到傅里叶积分，分立谱也将过渡到连续谱。但可以证明：对有限尺寸的矩形（黑白）光栅（准周期函数）产生的是准分立谱。

当 $g(x,y)$ 是一个空间周期性函数时，其空间频率是不连续的分立函数，就像一个时间周期函数可以展开成基频及其高次倍频信号叠加一样。例如空间周期为 x_0 的一维函数 $g(x)$，即 $g(x) = g(x + x_0)$，实际上它描述的就是光栅常数为 x_0 的一维光栅。光栅面上光振幅分布可展开成傅里叶级数

$$g(x) = \sum G_n \exp(\mathrm{j}2\pi n f_0 x) \tag{5.11.10}$$

式中，$f_0 = 1/x_0$；$n = 0, \pm 1, 2, \cdots$。n 不同的各项分别对应于空间频率为零（零频）、f_0（基频）、$2f_0$（二倍频）等分量；G_n 是 $g(x)$ 的空间频谱，可由 $g(x)$ 的傅里叶变换求得，即

$$G_n = \frac{1}{x_0} \int_{-x_0/2}^{x_0/2} g(x) \exp(-\mathrm{j}2\pi n f_0 x) \,\mathrm{d}x \tag{5.11.11}$$

下面讨论透镜二维傅里叶变换性质。理论上可以证明，如果在焦距为 F 的会聚透镜的前焦面上放一振幅透过率为 $g(x,y)$ 的图像作为物，并以波长为 λ 的单色平面波垂直照明图像，则在透镜后焦面 ξ-η 面上的复振幅分布就是 $g(x,y)$ 的傅里叶变换 $G(f_x, f_y)$，即频谱

$$G(\xi, \eta) = \iint_{-\infty}^{\infty} g(x,y) \exp[-\mathrm{j}2\pi(x\xi + y\eta)/\lambda F] \,\mathrm{d}x\mathrm{d}y \tag{5.11.12}$$

与式（5.11.9）相比，空间频率 f_x、f_y 与透镜像方焦面坐标 ξ、η 有如下关系：

$$f_x = \xi/(\lambda F), \quad f_y = \eta/(\lambda F)$$

所以，ξ-η 面称为频谱面（或傅氏面），如图 5.11.4 所示。由此可见，复杂的二维傅里叶变换可以用一透镜来实现，这就是透镜的二维傅里叶变换，亦称为光学傅里叶变换。显然，$G(\xi, \eta)$ 就是空间频率为 $\xi/(\lambda F)$、$\eta/(\lambda F)$ 的频谱项的复振幅，频谱面上的光强分布是 $|G(f_x, f_y)|^2$，称为功率谱，也就是物的夫琅禾费衍射图。由于空间频率 f_x 和 f_y 分别正比于 ξ 和 η，所以频谱面上 ξ 和 η 值较大的点对应于物频谱中的高频部分；中心点 $\xi = \eta = 0$，则对应着零频。

5.12 全息照相和全息干涉法的应用

全息照相的基本原理是英籍匈牙利裔科学家丹尼斯·伽柏（D. Gabor）在 1948 年提出的，在 20 世纪 50 年代该领域的研究工作进展缓慢，直到 1960 年激光问世以后，由于其具有良好的相干性和高强度，为全息照相提供了十分理想的光源，使全息技术有了飞速的发展，在全息干涉计量、全息显微技术、全息无损检测、全息存储、全息器件以及红外、微波及超声全息照相技术等方面得到了广泛的应用。伽柏因发明全息术而获得 1971 年度诺贝尔物理学奖。

全息照相是一种利用相干光干涉得到物体全部信息的二次成像技术，可再现物体的立体形象。全息照相术分成两个步骤，第一步是利用干涉原理，将物体发射的特定光波以干涉条纹的形式记录下来，这些干涉条纹包含了物光的振幅和相位关系，称作全息图；第二步是用参考光对物体的全息图进行再现，用到衍射原理。无论从原理上和实验技术上，全息照相都和普通照相有着本质区别。全息干涉是全息照相方法的一个重要应用，和普通干涉相比，其干涉理论和测量精度基本相同，只是获得干涉的方法不同。以本实验采用的二次曝光法为例，采用同一束光，在不同的时间对同一张全息干板进行重复曝光，如果两次曝光之间物体稍有移动，那么再现时两物体的波前将发生干涉，这些干涉条纹携带有物体表面移动的信息，根据条纹的分布便可以计算出物体表面各点位移的大小和方向。

全息干涉计量技术能够对具有任意形状和表面状况的三维表面进行测量；由于全息图具有三维性质，故可通过全息干涉计量方法从许多视图去考察一个复杂的物体；它还可以对一个物体在不同时刻用全息干涉方法进行观察，从而探测物体在一段时间内发生的各种改变。此外，它还具有光路简单、对光学元件的精度要求较低等特点，在干涉计量领域内得到广泛应用。目前，体全息、动态全息以及数字全息等技术都已得到广泛应用。

本实验的内容为反射式全息照相和透射式全息照相，并在反射式全息照相基础上用二次曝光法测定铝板的弹性模量。通过实验不仅可以学到全息照相和全息干涉技术的基本知识和技能，还可以获得在光学平台上进行光路调整的训练以及有关照相的基本知识。

5.12.1 实验要求

1. 实验重点

① 了解全息照相的基本原理，熟悉反射式全息照相和透射式全息照相的基本技术和方法。

② 掌握在光学平台上进行光路调整的基本方法和技能。

③ 学习用二次曝光法进行全息干涉计量，并测定铝板的弹性模量。

④ 通过全息照片的拍摄和冲洗，了解有关照相的一些基础知识。

2. 预习要点

（1）全息照相的特点

① 全息照相的记录和再现分别运用了什么原理？

② 什么叫作相干光，什么叫作非相干光？用两个激光光源分别作物光和参考光，能否

制作一张全息图并再现原物的像?

(2) 全息照相的实践

① 反射式全息和透射式全息有什么区别? 表现在光路上有什么不同?

② 布置反射式全息光路时, 应满足哪些基本条件? 布置透射式全息光路时, 应满足哪些基本条件? 如何量取物光程和参考光程?

(3) 全息干涉法

① 什么叫二次曝光法?

② 两次曝光拍摄的全息照片再现时, 在物平面上观察到的亮暗条纹是怎样形成的? 条纹的 0 级在什么位置, 条纹间距为什么不是均匀的?

5.12.2　实验原理

1. 全息照相

全息照相所记录和再现的是包括物光波前的振幅和相位在内的全部信息, 这是全息照相名称的由来。但是, 感光乳胶和一切光敏元件都是只对光强敏感, 不能直接记录相位, 必须借助一束相干参考光, 通过拍摄物光和参考光的干涉条纹, 间接记录下物光的振幅和相位信息。同样, 对全息图的观察, 也必须使照明光按一定方向照在全息图上, 通过全息图的衍射, 才能再现物光波前, 看到物的立体像。因此, 全息照相和普通摄影完全不同, 它包括波前的全息记录和再现两部分内容。根据记录光路的不同, 全息照相又分为透射式全息和反射式全息, 若物光和参考光位于记录介质 (干板) 的同侧, 则称透射式全息; 若物光和参考光在记录介质的异侧, 则称反射式全息。因为两束相干光所形成的干涉条纹平行于两束光夹角的分角线, 可见透射式全息的干涉面 (条纹) 几乎垂直于乳胶面, 而反射全息中, 从干板正反两面进入的两束光在介质中形成驻波, 在干板乳胶面中形成平行于乳胶面的一层一层的干涉面。

下面分别讨论透射式全息照相和反射式全息照相的工作原理。

(1) 透射式全息照相

所谓透射式全息照相是指再现时所观察和研究的是全息图透射光的成像。下面讨论物光和参考光夹角较小时平面全息图的记录与再现。

1) 透射式全息的记录

Ⅰ. 两束平行光的干涉 (见图 5.12.1)

将感光板垂直于纸面放置, 两束相干平行光 o、r 按图示方向入射到感光板上, 它们与感光板法向夹角分别为 φ_o 和 φ_r, 并且 o 光中两条光线 1、2 与 r 光中两条光线 1′、2′ 在 A、O 两点相遇并相干, 于是在垂直纸面方向产生平行的亮暗相间的干涉条纹, 亦即在感光板上形成一个光栅。

设 A、O 两点为相邻的亮条纹, 则条纹间距 $d = OA$, 其光程差为波长 λ。如果再设 O 点处光线 2 和 2′, 则由 O 点向光线 1′ 作垂线, 得光线 1′ 与 2′ 之间光程差为 $d\sin\varphi_r$; 由 A 点向光线 2 作垂线, 得光线 1 与 2 之间光程差为 $d\sin\varphi_o$, 又由于光

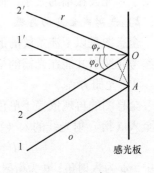

图 5.12.1　两束平行光的干涉

线 2 和 2′为等光程，所以光线 1 和 1′之间光程差为 $d(\sin|\varphi_r| + \sin|\varphi_o|)$。若以感光板法线为基准，逆时针转至入射光线（不大于 90°）的入射角为正，反之为负，则由图 5.12.1 可知 φ_o 为正，φ_r 为负，所以条纹间距为

$$d = \frac{\lambda}{\sin\varphi_o - \sin\varphi_r} \tag{5.12.1}$$

Ⅱ. 单色发散球面波的干涉（见图 5.12.2）

在通常的全息照相中，物光与参考光都是发散球面波。将感光板置于直角坐标系的 *XOY* 平面上，设物光球面波的源点 *o* 和参考球面波的源点 *r* 均处于 *XOZ* 平面内，物光光线 1、2 相应和参考光线 1′、2′在 A、O 两点处相遇并相干。在 A、O 两点附近的微小区域，可将这些光线视为一束细小的平行光，把 O 点附近的微小区域加以放大，如图 5.12.3 所示，光线 2′相当于平行光束，它与感光板法线夹角为 φ_{r0}，两束平行光在感光板上相遇而干涉，形成与 *Y* 轴方向平行的间距为 d_0 的亮暗条纹。由前面的讨论及式（5.12.1）可得

$$d_0 = \frac{\lambda}{\sin\varphi_{o0} - \sin\varphi_{r0}}$$

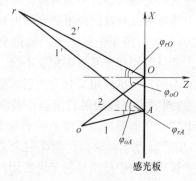

图 5.12.2 单色球面波的干涉记录

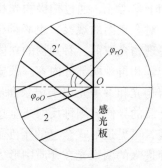

图 5.12.3 O 点区域的放大图

同理，在 A 点附近的微小区域内，条纹间距为

$$d_A = \frac{\lambda}{\sin\varphi_{oA} - \sin\varphi_{rA}}$$

物体由空间无数物点组成，它的漫反射光可以视为无数不同光源发出的发散球面波，它们与参考光在感光板平面相遇干涉，在干板上留下了复杂的干涉图样，其亮暗对比和反衬度反映了物光波振幅的大小，而条纹的形状、间距则反映了物光波的相位分布。

2）透射式全息的再现

全息图是以干涉条纹的形式记录的物光波，相当于一块有复杂光栅结构的衍射屏。必须用参考光照射才能在光栅的衍射光波中得到原来的物光，从而使物体得到再现。

Ⅰ. 光栅方程

全息图的再现依赖于单色光经光栅后的衍射，若同样规定以光栅的法线为基准，逆时针转至入（衍）射光线的入（衍）射角为正，则光栅方程为

$$d(\sin\theta - \sin\varphi) = k\lambda \quad (k = 0, \pm1, \pm2, \cdots) \tag{5.12.2}$$

式中，φ 为入射角；θ 为衍射角。

光栅方程中 k 可取至高级次，但由于本实验中物光与参考光干涉形成的条纹，故其黑白

灰度呈正弦分布（见图 5.12.4）。理论上可以证明，灰度呈正弦分布的光栅结构，其衍射级只能取至 $k = \pm 1$。参见图 5.12.5，用再现光 c 照明全息图时，可以看见原物点 o 的像 o'。

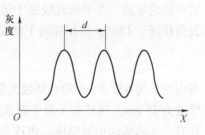

图 5.12.4　正弦光栅图

Ⅱ．作图法确定再现像的位置

取走原物，让与参考光 r 完全相同的再现光 c 照射到全息图上，就会在原物处看到与其等大、足以乱真的三维立体像。如果 c 与 r 有所偏离，其成像位置如何确定呢？我们可以通过类似几何光学的作图方法来讨论。设再现光 c 光波与参考光 r 光波波长相同。作图步骤（见图 5.12.5）如下：

① 连接 ro 并延长交全息图于 n 点，连接 rc 并延长交全息图于 m 点，由 c 点向全息图作垂线交于 P 点。

② 作入射线 cn 的衍射线。在 n 点的光栅常数 d_n 由式（5.12.1）决定，即

$$d_n = \frac{\lambda}{\sin\varphi_{on} - \sin\varphi_{rn}} \rightarrow \infty$$

这说明此处无光栅结构，再现光 c 将在 n 点透射。

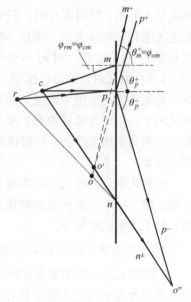

③ 作入射线 cm 的 +1 级衍射线并确定原始像 o' 位置。由式（5.12.1）和式（5.12.2）可得 cm 线衍射角。因为

$$d_m(\sin\theta_m^+ - \sin\varphi_{cm}) = \frac{\lambda}{\sin\varphi_{om} - \sin\varphi_{rm}}(\sin\theta_m^+ - \sin\varphi_{cm}) = k\lambda$$

又知 $\varphi_{rm} = \varphi_{cm}$，所以当 $k = +1$ 时，$\theta_m^+ = \varphi_{om}$，即 cm 线的 +1 级衍射线 mm^+ 沿 om 方向，mm^+ 线与 cn 线的交点即为原始像 o' 的位置。当再现光 c 光源处于原参考光 r 光源处时，o' 恰为物点 o。

④ 作入射线 cp 的 −1 级衍射线并确定共轭像 o'' 位置。

图 5.12.5　作图法确定再现像

cp 线的衍射角满足

$$\frac{\lambda}{\sin\varphi_{op} - \sin\varphi_{rp}}(\sin\theta_p^\pm - \sin\varphi_{cp}) = \pm\lambda$$

对垂直入射的再现光，$\varphi_{cp} = 0$，所以

$$\sin\theta_p^\pm = \pm(\sin\varphi_{op} - \sin\varphi_{rp}) = \pm 定值$$

显然 $\theta_p^- = -\theta_p^+$，即 cp 线的 ±1 级衍射线对称于全息图法线。由于 o' 位置已定，故有 $\theta_p^+ = \varphi_{o'p}$，$\theta_p^- = -\varphi_{o'p}$。$cp$ 线的 −1 级衍射线 pp^- 与 cn 线交点即为共轭像 o'' 的位置。

（2）反射式全息照相

反射式全息照相用相干光记录全息图，可用"白光"照明得到再现像。由于再现时眼睛接收的是白光在底片上的反射光，故称为反射式全息照相。这种方法的关键在于利用了布拉格条件来选择波长。此外，由于光路非常简单，容易制作，又能用白光再现，所以应用很广泛。

反射式全息照相在记录全息图时，物光和参考光从底片的正反两面分别引入而在底片介

质中形成驻波，在平板乳胶面中形成平行于乳胶面的多层干涉面，由于物光和参考光之间的夹角接近于 180°，故相邻两干涉面之间的距离近似为

$$d \approx \frac{\lambda}{2\sin(180°/2)} = \frac{\lambda}{2} \qquad (5.12.3)$$

当用波长为 632.8 nm 的氦氖激光器作光源时，这一距离约为 0.32 μm，而光致聚合物底板厚度为 25 μm，这样在干板中就能形成 60 ~ 80 层干涉面（布拉格面），因而体全息图是一个具有三维结构的衍射物体。再现光在该三维物体上的衍射极大值必须满足下列条件[⊖]：

① 光从衍射面上衍射时，衍射角等于反射角。

② 相邻两干涉层的反射光之间的光程差必须是 λ，参考图 5.12.6 即有布拉格条件

$$\Delta = 2nd\cos\theta = \lambda \qquad (5.12.4)$$

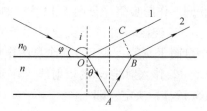

图 5.12.6　反射光干涉光路图

式中，n 是感光板的折射率。当不同波长的混合光以一确定的入射角 i 照明底片时，只有波长满足 $\lambda = 2nd\cos\theta$ 的光才能有衍射极大值，所以人眼能看到的全息图反射光是单色的，显然，对同一张干板，i 越大，满足式（5.12.4）的反射光的波长越短。

如果参考光使用平面波，点物发出球面波，则干涉形成的布拉格面为弧状曲面，平行白光按原参考光方向照明，相当于照在凸面，反射成发散光，形成正立虚像，照明白光沿相反方向入射，则形成倒立实像。

反射式全息图在记录时用波长为 632.8 nm 的激光，可以预期，用白光再现，像也应是红的，但实际上，看到的再现像往往是绿色的，其原因是底板在冲洗过程中，乳胶发生收缩，使干涉层间距变小。

2. 二次曝光法测定金属板的弹性模量

二次曝光法干涉图要求在同一记录介质上制作两个全息图，它将物体在两次曝光之间的形状改变作为永久记录保存下来。

如图 5.12.7 所示的悬臂梁，在自由端受到一个力 F_y，梁的中心线（x 轴）上各点，沿 x 方向和 z 方向的变形略去不计，而沿 y 方向的位移量按材料力学的挠度变形分布理论[⊖]为

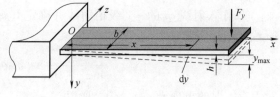

图 5.12.7　悬臂梁受力图

$$dy = \frac{F_y x^2}{6EJ}(3L - x) \qquad (5.12.5)$$

式中，L 为梁的长度；E 为材料的弹性模量；$J = bh^3/12$ 为梁的横截面的惯性矩；x 为待测点的坐标位置。

实验光路如图 5.12.8 所示。L 为扩束镜，M_1、M_2 为平面镜，H 为干板，P 为铝板，G 为加力装置。注意：铝板应紧贴着干板放置；干板的胶面朝向铝板。

⊖　关于布拉格衍射的讨论，可参见赵凯华等编的《光学》（下册）31 ~ 37 页，北京大学出版社。

⊖　有关结论可在一般的材料力学教材中找到。

激光束经过扩束镜 L 后，照射在干板上，即为参考光；激光透过干板以后，照射在铝板上，并由铝板反射，再次照射向干板，即为物光。

首先在悬臂梁尚未受力时做第一次曝光，则记录了悬臂梁处于原始状态时的全息图。然后通过加力装置对梁的自由端加力进行第二次曝光，这样又记录了悬臂梁受力变形后的全息图。

再现时，同时复现悬臂梁两个状态下的物光波前，这两个波前发生干涉，形成一簇等光程差的干涉条纹，如图 5.12.9 所示。

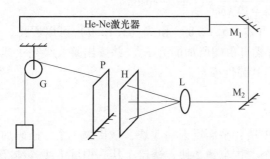

图 5.12.8　二次曝光法测弹性模量实验光路　　　　图 5.12.9　干涉条纹

可以根据干涉条纹计算出梁在不同位置处的位移量。假设在梁上有任意一点 A，当梁受力后，A 发生位移，位移方向垂直于梁表面，并由 A 点移到 A' 点，位移量为 $\mathrm{d}y$（见图 5.12.10）。假设照相时，入射光的方向与位移方向的夹角为 α，反射光方向与位移方向的夹角为 β，那么从图 5.12.10 可算出变形前后，A 点与 A' 点发出的光波之间的光程差为

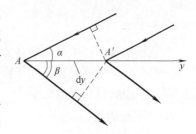

图 5.12.10　光程差计算

$$\delta = \mathrm{d}y\left(\cos\alpha + \cos\beta\right)$$

根据干涉原理，亮纹与暗纹的条件为

$$\mathrm{d}y\left(\cos\alpha + \cos\beta\right) = \begin{cases} k\lambda & (k = 0, \pm 1, \pm 2, \cdots) \quad 亮纹 \\ \dfrac{(2k+1)\lambda}{2} & (k = 0, \pm 1, \pm 2, \cdots) \quad 暗纹 \end{cases}$$

所以亮纹处的位移量为

$$\mathrm{d}y = \frac{k\lambda}{\cos\alpha + \cos\beta} \tag{5.12.6}$$

暗纹处位移量为

$$\mathrm{d}y = \frac{(2k+1)\lambda}{2\left(\cos\alpha + \cos\beta\right)} \tag{5.12.7}$$

使式（5.12.5）与式（5.12.6）相等，则

$$\frac{F_y x^2}{6EJ}(3L - x) = \frac{k\lambda}{\cos\alpha + \cos\beta}$$

由此可得出弹性模量

$$E = \frac{F_y x^2 (3L - x)}{6Jk\lambda}(\cos\alpha + \cos\beta)$$

式中，$J = \frac{1}{12}bh^3$；其中 b 为梁的宽度，h 为梁的厚度。所以

$$E = \frac{2F_y x^2 (3L - x)}{k\lambda bh^3}(\cos\alpha + \cos\beta) \quad\quad (5.12.8)$$

同样可以用暗纹条件，使式（5.12.5）与式（5.12.7）相等，则

$$E = \frac{4F_y x^2 (3L - x)}{(2k + 1)\lambda bh^3}(\cos\alpha + \cos\beta) \quad\quad (5.12.9)$$

本实验中，α 和 β 都近似为零，由式（5.12.8）和式（5.12.9）可以看出，只要测出铝板的长度 L、宽度 b、厚度 h 和悬臂梁自由端所加的力 F_y，并读出某一级亮纹或暗纹所在处的沿梁 x 轴方向的位置 x，即可得出其弹性模量。

5.12.3 实验仪器

氦氖激光器及电源 1 套，分束镜 1 块，平面反射镜 3 块，被摄物 1 个，砝码加载器及待测铝板 1 套，载物台 1 个，底板架 1 个，扩束镜 2 块，透镜 1 块，白屏 1 块，纯净水，质量分数分别为 40%、60%、80%、100% 的异丙醇溶液适量，竹夹 1 个，红敏光致聚合物全息干板。

1. 全息台

全息照相除了要求光路中各光学元件有良好的机械稳定性以外，还必须尽可能隔绝外界震动，曝光时全息感光板上的干涉条纹必须稳定；在曝光时间内，条纹漂移量须小于 1/2 条纹间隔，才能获得良好的效果。

2. 平面反射镜

平面反射镜的作用是使激光束改变方向，可做高度、左右、俯仰三维调节。

3. 分束镜

分束镜的作用可使激光束分成两束，一束透射，另一束反射，同平面反射镜一样可做三维调节。

4. 扩束镜

扩束镜的作用是将激光器出射的细小光束扩大，以照明整个被摄物体和感光板，可作垂直、左右调节。

5. RSP-Ⅰ 型红敏光致聚合物全息干板

全息记录介质可分为两大类，一类为银盐干板，一类为非银盐干板。银盐干板的特点是灵敏度高，适宜作短时曝光的全息图，但衍射效率低，实际应用受到一定限制。红敏光致聚合物全息干板是一种相位型记录介质，它不同于银盐干板，属于自由基聚合的非银盐感光材料。它只对红光敏感，对蓝、绿光不太敏感。日光灯发出的荧光光谱中红光成分很小，所以 RSP-Ⅰ 型红敏光致聚合物干板可在日光灯下进行明室操作。

6. 实验注意事项

① 全息干板必须夹持牢固，最好不要有自由端。特别是全息干板面积比较大时，需要

固定自由端以避免振动；当板面较小时，可以只夹住一端。

② 全息干板固定好后，应等几分钟（看板面大小决定时间。面积大，等待时间长）再拍摄。在这段时间内可以让玻璃板慢慢释放夹持应力，否则易出现粗大干涉条纹，影响再现像亮度与质量。

③ 拍摄光路上所用的各个元器件必须用磁性底座固定，不必要的元器件不要放在全息台上。

④ 避免在室外有振动或较大噪音的情况下曝光。

⑤ 曝光时间内，不要在室内走动或敲击全息台面，以免因振动使干涉条纹模糊化；振动严重时甚至不能记录干涉条纹。

5.12.4 实验内容

1. 全息照片的拍摄

(1) 反射式全息照相

反射式全息照相的记录光路简单，如图 5.12.11 所示。激光束 S 经扩束镜 L 后照在全息底片 H 上，形成参考光 R；透过 H 的激光照明物体 O，再由物体反射到 H 形成物光 O；O、R 在 H 的两侧，构成反射式全息。由于乳胶感光材料的透过率为 30% ~ 50%，因而要求物体的反射率要高，否则很难满足参考光与物光的光强比要求。O、H 之间的距离通常在 1 cm 以内，而且尽量使物体面平行于 H。

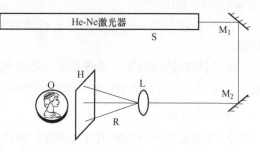

图 5.12.11　反射式全息照相光路

光路调整好后，遮挡激光安放感光板，H 的乳胶面应正对物体。随后，开放激光曝光 20 s 左右。

(2) 二次曝光法测定铝板的弹性模量

在反射全息光路基础上，按图 5.12.8 稍做修改。

物体静止时进行第一次曝光，时间大约为 25 s。随后用砝码加载器给悬臂梁自由端施加适当大小的力 F_y，稳定 1 min 后，进行第二次曝光，时间约 35 s。

也可以与上述做法相反，先加力，稳定 1 min 后第一次曝光；然后释放力，再稳定 1 min，进行第二次曝光，其结果与上述做法相同。

实验注意事项：

① 施力方向一定要与铝板垂直，否则得到的干涉条纹将出现倾斜或变形。

② 铝板与干板间的距离要尽可能小。实际操作时可在铝板与干板之间夹一小铁块，三者一起夹在底板架上。注意：干板的乳胶面要朝向铝板。

③ 加载砝码时动作要轻，均匀加力，不要有撞击。进行第二次曝光时，一定要等砝码静止后再进行，以免物体或光具座有移动或振动，造成条纹模糊或无条纹。

(3) 透射式全息照相

按图 5.12.12 布置光路。G 为分束镜，M_1、M_2 和 M_3 为平面反射镜，L_1 和 L_2 为扩束

镜，H 为感光板。

① 首先粗调激光器水平，判断方法是当白屏沿平台移动时，激光光点大致处于同一高度（这一步通常已由实验室事先调好）；其次改变平面镜俯仰，使激光光点回到激光器出口，此时平面镜与激光束垂直；然后转动平面镜将激光反射到其他各元件上，分别调整各元件高度，使光点落入其中心，完成等高调节。

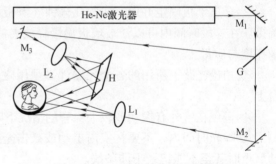

图 5.12.12　透射式全息照相光路

② 布置物光光路。移动扩束镜 L_1，使被摄物全部被均匀照明。感光板距静物不超过 10 cm。

③ 量取物光光程，以此确定参考光反射镜位置，使物光光程和参考光光程基本相等，同时使物光与参考光夹角在 40°左右。

④ 前后调整扩束镜 L_2 位置，使参考光均匀照在整张感光板上，并使物光与参考光光强比为 1∶4 ~ 1∶10。

⑤ 检查各光学元件是否用螺钉拧紧并将磁性底座锁定，避免曝光时元件间发生相对位移。

⑥ 用黑纸遮挡激光，将感光板乳胶面朝光安装在底板架上。排除一切振动因素，如走动、大声讲话、对台面的碰撞（哪怕是轻微的）等，打开挡板曝光 300 s 左右。

2. 冲洗底版

① 将曝光后的感光板用竹夹夹住，放在纯净水中浸泡 10 s 取出，滤尽水。

② 将感光板依次放入质量分数为 40%、60%、80% 的异丙醇溶液中各脱水 10 ~ 15 s 后取出，注意：每次进入相邻溶液时，都需将干板上的溶液滤尽。

③ 将感光板放入质量分数为 100% 的异丙醇中脱水，直至感光板呈现红色或黄绿色为止。

④ 滤尽干板上的溶液，将干板迅速用吹风机吹干。

3. 再现像的观察

（1）反射式全息图的观察

经冲洗吹干的全息图在白光下即可观察到原物虚像。

（2）弹性模量的测量

测量弹性模量的光路也是反射式全息光路，因此获得的全息图可在白光下直接看到干涉条纹。取不同级数的亮纹或暗纹，测量条纹所在处的 x 坐标。然后测定铝板的长度、宽度和厚度，按式（5.12.8）或式（5.12.9）计算弹性模量。

（3）透射式全息图的再现

将已经制成的全息图放回原底板架上，不要改变全息图与原底板之间的方位（即不能上下颠倒或前后翻转），挡去物光，移去原物，便可在原物位置上显现出与原物同等大小、三维立体的原始像。

如再现光光强不足，可移去分束镜 G，移动平面反射镜 M_2 至 G 的位置进行再现。

5.12.5　思考题

1. 全息照相

① 简述全息照相的特点，它与普通照相有什么不同？为什么说全息图记录了光波的全部信息？

② 全息照相用的感光板与普通照相底片有什么不同？本实验中用的感光板有什么特点？

③ 再现原始像应当注意些什么？观察到的全息图与普通照片有什么区别？

2. 全息干涉法

① 简述全息干涉法测量金属板弹性模量的原理和方法。

② 如果加载过大或过小，对干涉条纹的疏密有何影响？如何控制加载量？

③ 计算弹性模量的相关数据如何读取？如何估计测量结果的准确度？

5.12.6　拓展研究

① 研究透射式全息照相实验中如何拍摄出动态的立体全息照片。

② 数字全息技术已经得到广泛应用，思考本实验如何用数字全息技术代替全息干板照相，二者有哪些异同？

5.12.7　参考文献

［1］杨国光. 近代光学测试技术 ［M］. 杭州：浙江大学出版社，1997.

［2］王绿苹. 光全息和信息处理实验 ［M］. 重庆：重庆大学出版社，1991.

［3］陈守之. 全息成像原理浅解 ［J］. 工科物理，1994（1）：17-20.

5.13　氢原子光谱和里德伯常数的测量

衍射光栅在现代光谱分析中具有重要应用。无论是发射光谱仪器（摄谱仪、单色仪等），还是吸收光谱仪器（原子吸收分光光度计等）中的色散元件，大多使用性能优良的（闪耀）光栅。光栅的刻槽密度可达 4 800 条/mm，可测光谱宽度在纳米级范围，属于光、机、电结合的高科技领域。衍射光栅作为各种光谱仪器的核心元件，广泛应用于石油化工、医药卫生、食品、生物、环保等国民经济和科学研究的诸多领域。光谱分析就是利用物质发射或吸收的光谱对其元素组成做出分析和判断，它在诸如地质找矿、冶金的成分分析、材料的超纯检验或微量元素识别等国民经济和教学科研各领域被广泛采用。在高科技领域，如各种激光器特别是强激光核聚变、航空航天遥感成像光谱仪、同步辐射光束线等，都需要各种特殊光栅。现代高技术的发展，使光栅有了更广泛的应用，许多新技术项目应用的特种光栅还有待进一步开发。

1885 年，瑞士数学与物理学家巴耳末（J. J. Balmer 1825—1898）提出了用于表示氢原子光谱的经验公式（巴耳末公式）。氢原子光谱的测量是量子理论得以建立的最重要的实验基础。现在，对原子光谱的研究仍然是探索原子结构的重要方法之一。发射光谱有 3 种类型：线状光谱、带状光谱和连续光谱。氢原子光谱是一种典型的线状光谱，它是量子理论得以建立的最重要的实验基础之一。把作为分光元件的光栅和精密测角仪器的分光仪结合起来进行氢光谱的观察与测量，不仅可以巩固和强化光学实验的基本训练，还可以了解现代光谱仪器的基本知识，增加有关量子物理的一些感性知识和基本概念。本实验利用光栅、分光仪测量氢原子光谱的谱线波长，并通过巴耳末公式推算里德伯常数。

5.13.1　实验要求

1. 实验重点

① 巩固、提高从事光学实验和使用光学仪器的能力（分光仪调整和使用）。

② 掌握光栅的基本知识和使用方法。

③ 了解氢原子光谱的特点并用光栅衍射测量巴耳末系的波长和里德伯常数。

④ 巩固与扩展实验数据处理的方法，即测量结果的加权平均、不确定度和误差的计算以及实验结果的讨论等。

2. 预习要点

① 如何从式（5.13.1）出发证明：在两个相邻的主极大之间有 $N-1$ 个极小、$N-2$ 个次极大；N 越大，主极大的角宽度越小。

② 氢原子里德伯常数的理论值等于什么？氢原子光谱的巴耳末系中对应 $n=3$，4，5 的 3 条谱线，应当是什么颜色？

③ 总结分光仪调整的关键步骤，在调整望远镜接收平行光、望远镜光轴垂直仪器主轴、平行光管出射平行光、平行光管光轴垂直仪器主轴的过程中应分别调节什么？调整完成的标志又是什么？

④ 光栅位置的调整和固定要达到什么目的？通过什么螺钉来进行？

⑤ 导出本节附录中加权平均及其不确定度的计算公式（5.13.18）。

⑥ 巴耳末系中不同波长的不确定度 $u(\lambda)$ 如何计算？如何由不同 λ 算得的里得伯常数通过加权平均获得 R_H 的最佳值？

5.13.2 实验原理

1. 光栅及其衍射

波绕过障碍物而传播的现象称为衍射。衍射是波动的一个基本特征，在声学、光学和微观世界都有重要的基础研究和应用价值。具有周期性的空间结构（或性能）的衍射屏称为"栅"。当波源与接收器距离衍射屏都是无限远时所产生的衍射称为夫琅禾费衍射。

光栅是使用最广泛的一种衍射屏。在玻璃上刻画一组等宽度、等间隔的平行狭缝就形成了一个透射光栅（见图 5.13.1a）；在铝膜上刻画出一组端面为锯齿形的刻槽可以形成一个反射光栅（见图 5.13.1b）；而晶格原子的周期排列则形成了天然的三维光栅（见图 5.13.1c）。

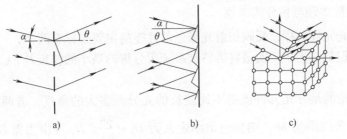

图 5.13.1　透射光栅、反射光栅和三维光栅（晶格的衍射）

本实验采用通过明胶复制的方法做成的透射光栅。它可以看成是平面衍射屏上开有宽度为 a 的平行狭缝，缝间的不透光部分的宽度为 b，$d = a + b$ 称为光栅常数（见图 5.13.2a）。有关光栅夫琅禾费衍射理论的主要结论为[一]：

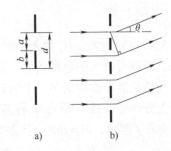

图 5.13.2　透射光栅和正入射光路图

① 光栅衍射可以看作是单缝衍射和多缝干涉的综合。当平面单色光正入射到光栅上时，其衍射光振幅的角分布 $\propto$ 单缝衍射因子 $\dfrac{\sin u}{u}$ 和缝间干涉因子 $\dfrac{\sin N\beta}{\sin\beta}$ 的乘积，即沿 θ 方向的衍射光强为

$$I(\theta) = I_0 \left(\frac{\sin u}{u}\right)^2 \left(\frac{\sin N\beta}{\sin\beta}\right)^2 \tag{5.13.1}$$

式中，$u = \dfrac{\pi a \sin\theta}{\lambda}$；$\beta = \dfrac{\pi d \sin\theta}{\lambda}$；$N$ 是光栅的总缝数。

当 $\sin\beta = 0$ 时，$\sin N\beta$ 也等于 0，$\dfrac{\sin N\beta}{\sin\beta} = N$，$I(\theta)$ 形成干涉极大；当 $\sin N\beta = 0$，但 $\sin\beta \neq 0$ 时，$I(\theta) = 0$，为干涉极小。它说明：在两个相邻的主极大之间有 $N - 1$ 个极小、$N - 2$ 个

㊀ 参见吴百诗主编的《大学物理》（彩色版修订版 B）下册第 227 页，西安交通大学出版社。

次极大；N 数越多，主极大的角宽度越小。

② 正入射（见图 5.13.2b）时，衍射的主极大位置由光栅方程

$$d\sin\theta = k\lambda \quad (k = 0, \pm1, \pm2, \cdots) \tag{5.13.2}$$

决定，单缝衍射因子 $\dfrac{\sin u}{u}$ 不改变主极大位置，只影响主极大的强度分配。

③ 当平行单色光斜入射（见图 5.13.1b）时，对入射角 α 和衍射角 θ 做以下规定：以光栅面法线为准，由法线到光线逆时针为正，顺时针为负（图中 α 为 $-$，θ 为 $+$）。这时光栅相邻狭缝对应点所产生的光程差为 $\Delta = d(\sin\theta - \sin\alpha)$，光栅方程应写成

$$d(\sin\theta - \sin\alpha) = k\lambda \quad (k = 0, \pm1, \pm2, \cdots) \tag{5.13.3}$$

类似的结果也适用于平面反射光栅（参见 6.6 节）。

不同波长的光入射到光栅上时，由光栅方程可知，其主极强位置是不同的。对同一级的衍射光来讲，波长越长，主极大的衍射角越大。如果通过透镜接收，将在其焦面上形成有序的光谱排列。如果光栅常数已知，就可以通过衍射角算出波长。

2. 光栅的色散本领与色分辨本领

和所有的分光元件一样，反映衍射光栅色散性能的主要指标有两个，一是色散率，二是色分辨本领。它们都是为了说明最终能够被系统所分辨的最小的波长差 $\delta\lambda$。

（1）色散率

角色散率讨论的是分光元件能把不同波长的光分开多大的角度。若两种光的波长差为 $\delta\lambda$，它们衍射的角间距为 $\delta\theta$，则角色散率定义为 $D_\theta \equiv \dfrac{\delta\theta}{\delta\lambda}$。$D_\theta$ 可由光栅方程 $d\sin\theta = k\lambda$ 导出：当波长由 $\lambda \to \lambda + \delta\lambda$，衍射角由 $\theta \to \theta + \delta\theta$，于是 $d\cos\theta\,\delta\theta = k\delta\lambda$，则

$$D_\theta \equiv \frac{\delta\theta}{\delta\lambda} = \frac{k}{d\cos\theta} \tag{5.13.4}$$

式（5.13.4）表明，D_θ 越大，相同 $\delta\lambda$ 的两条光线分开的角度 $\delta\theta$ 也越大，实用光栅的 d 值很小，所以有较大的色散能力。这一特性使光栅成为一种优良的光谱分光元件。

与角色散率类似的另一个指标是线色散率。它指的是对波长差为 $\delta\lambda$ 的两条谱线，在观察屏上分开的（线）距离 δl 有多大。这个问题并不难处理，只要考虑到光栅后面望远镜的物镜焦距 f 即可，$\delta l = f\delta\theta$，于是线色散率

$$D_l \equiv \frac{\delta l}{\delta\lambda} = fD_\theta = \frac{kf}{d\cos\theta} \tag{5.13.5}$$

（2）色分辨本领

色散率只反映了谱线（主极强）中心分离的程度，它不能说明两条谱线是否重叠。色分辨本领是指分辨波长很接近的两条谱线的能力。由于光学系统尺寸的限制，狭缝的像因衍射而展宽。光谱线表现为光强从极大到极小逐渐变化的条纹。图 5.13.3 所示波长差为 $\delta\lambda$ 的两条谱线，因光栅的色散而分开 $\delta\theta$，即三种情况下它们的色散本领是相同的，但如果谱线宽度比较大，就可能因互相重叠而无法分辨（见图 5.13.3a）。

根据瑞利判别准则，当一条谱线强度的极大值刚好与另一条谱线的极小值重合时，两者刚可分辨。我们来计算这个能够分辨的最小波长差 $\delta\lambda$。由 $d\cos\theta\,\delta\theta = k\delta\lambda$ 可知，波长差为 $\delta\lambda$ 的两条谱线，其主极大中心的角距离 $\delta\theta = \dfrac{k\delta\lambda}{d\cos\theta}$，而谱线的半角宽度（参见本节附录）$\Delta\theta =$

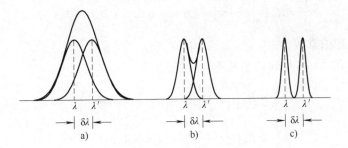

图 5. 13. 3 同一色散率不同谱线宽度的分辨率

a) 不可分辨 b) 刚可分辨 c) 可以分辨

$\dfrac{\lambda}{Nd\cos\theta}$；当两者相等时，$\delta\lambda$ 刚可被分辨，即 $\dfrac{k\delta\lambda}{d\cos\theta} = \dfrac{\lambda}{Nd\cos\theta}$，由此得

$$\delta\lambda = \frac{\lambda}{kN} \tag{5.13.6}$$

光栅的色分辨率定义为

$$R \equiv \frac{\lambda}{\delta\lambda} = kN \tag{5.13.7}$$

式（5.13.7）表明，光栅的色分辨本领与参与衍射的单元总数 N 和光谱的级数成正比，而与光栅常数 d 无关。注意式（5.13.7）中的 N 是光栅衍射时的有效狭缝总数。由于平行光管尺寸的限制，本实验中的有效狭缝总数 $N = D/d$，其中 $D = 2.20$ cm，是平行光管的通光口径。

角色散率、线色散率以及色分辨本领都是光谱仪器的重要性能指标，三者不能替代，应当选配得当。

3. 氢原子光谱

原子的线状光谱是微观世界量子定态的反映。氢原子光谱是一种最简单的原子光谱，它的波长经验公式首先由巴耳末从实验结果中总结出来的。之后，玻尔提出了原子结构的量子理论，包括 3 个假设：①定态假设——原子系统中存在一系列不连续的能量状态，每个能量状态具有确定的能量定态，在该定态中，电子绕核运动，不辐射也不吸收能量；②跃迁假设——原子某一轨道上的电子，由于某种原因发生跃迁时，原子就从一个定态 E_n 过渡到另一个定态 E_m，同时吸收或发射一个光子，其频率 ν 满足 $h\nu = E_n - E_m$，其中 h 为普朗克常量；③量子化条件——氢原子中容许的定态是电子绕核圆周运动的角动量满足 $L = \sqrt{l(l+1)}\,\hbar$，其中 l 称为角量子数。从上述假设出发，玻尔导出了原子的能级公式

$$E_m = -\frac{1}{m^2}\left(\frac{m_e e^4}{8\varepsilon_0^2 h^2}\right) \tag{5.13.8}$$

于是，得到原子由 E_n 跃迁到 E_m 时所发出的光谱线波长满足关系

$$\frac{1}{\lambda} = \frac{\nu}{c} = \frac{E_n - E_m}{hc} = \frac{m_e e^4}{8\varepsilon_0^2 h^3 c}\left(\frac{1}{m^2} - \frac{1}{n^2}\right) \tag{5.13.9}$$

令 $R_{\mathrm{H}} = \dfrac{m_e e^4}{8\varepsilon_0^2 h^3 c}$，则有

$$\frac{1}{\lambda} = R_{\mathrm{H}}\left(\frac{1}{m^2} - \frac{1}{n^2}\right) \quad (n = m+1, m+2, m+3, \cdots) \tag{5.13.10}$$

式中，R_{H} 称为里德伯常数。

当 m 取不同值时，可得到一系列不同线系：

赖曼系
$$\frac{1}{\lambda} = R_{\mathrm{H}}\left(\frac{1}{1^2} - \frac{1}{n^2}\right) \quad (n = 2, 3, 4, 5, \cdots) \tag{5.13.11}$$

巴耳末系
$$\frac{1}{\lambda} = R_{\mathrm{H}}\left(\frac{1}{2^2} - \frac{1}{n^2}\right) \quad (n = 3, 4, 5, 6, \cdots) \tag{5.13.12}$$

帕邢系
$$\frac{1}{\lambda} = R_{\mathrm{H}}\left(\frac{1}{3^2} - \frac{1}{n^2}\right) \quad (n = 4, 5, 6, 7, \cdots) \tag{5.13.13}$$

布喇开系
$$\frac{1}{\lambda} = R_{\mathrm{H}}\left(\frac{1}{4^2} - \frac{1}{n^2}\right) \quad (n = 5, 6, 7, 8, \cdots) \tag{5.13.14}$$

芬德系
$$\frac{1}{\lambda} = R_{\mathrm{H}}\left(\frac{1}{5^2} - \frac{1}{n^2}\right) \quad (n = 6, 7, 8, 9, \cdots) \tag{5.13.15}$$

本实验利用巴耳末系来测量里德伯常数。巴耳末系是 $n = 3$，4，5，6，…的原子能级跃迁到主量子数为 2 的定态时所发射的光谱，其波长大部分落在可见光范围。由式（5.13.12）可见，若已知 n，利用光栅衍射测得 λ，就可以算出 R_{H} 的实验值。

光栅夫琅禾费衍射的角分布可通过分光仪测出。分光仪是一种精密的测角仪器，其工作原理详见 4.10 节的相关内容。夫琅禾费衍射的实验条件应通过分光仪的严格调整来实现：平行光管用来产生来自"无穷远"的入射光；望远镜用来接收"无穷远"的衍射光；垂直入射则可通过对光栅的仔细调节来完成。

5.13.3　实验仪器

实验仪器：分光仪、透射光栅、钠灯（2 组一台）、氢灯（每组一台）、会聚透镜。

1. 分光仪

本实验中用来准确测量衍射角，其仪器结构、调整和测量的原理与关键详见 4.10 节的相关内容。

2. 透射光栅

本实验中使用的是空间频率约为 300/mm 的黑白复制光栅。

3. 钠灯及电源

钠灯型号为 ND20，用 GP20Na-Ⅱ型交流电源（功率 20 W，工作电压 20 V，工作电流 1.3 A）点燃，预热约 3 min 后会发出平均波长为 589.3 nm 的强黄光。本实验中用作标准谱线来校准光栅常数。

4. 氢灯及电源

氢灯用单独的直流高压电源（GY-7 型激光电源）点燃。使用时电压极性不能接反，也不要用手去触碰电极（kV 量级）。直视时呈淡红色，主要包括巴耳末系中 $n = 3$，4，5，6 的可见光。

5.13.4 实验内容

本实验要求通过对巴耳末系的 $2 \sim 3$ 条谱线的测定，获得里德伯常数 R_H 的最佳实验值，计算不确定度和相对误差，并对实验结果进行讨论。具体内容如下。

（1）调节分光仪

按上册第 4 章 4.10 节进行。调节的基本要求是使望远镜聚焦于无穷远，其光轴垂直仪器主轴；平行光管出射平行光，其光轴垂直仪器主轴。

（2）调节光栅

调节光栅的要求是使光栅平面（光栅刻线所在平面）与仪器主轴平行，且光栅平面垂直平行光管；光栅刻线与仪器主轴平行。

操作提示： 光栅应如图 5.13.4 放置，尽可能让光栅平面垂直平分调平螺钉 b、c（想一想，这样做有什么好处?）；考虑一下当光栅平面垂直于望远镜光轴时，将看到什么现象？垂直于望远镜光轴是否意味着光栅平面平行于仪器主轴？怎样调整才能使光栅平面垂直于平行光管？

转动望远镜观察位于 0 级两侧的 ±1 级或 ±2 级谱线，当光栅刻线与仪器主轴不平行时，会出现什么现象？应当调整哪一个调平螺钉？

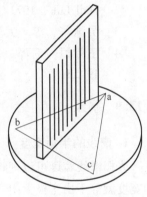

图 5.13.4　光栅位置

（3）测光栅常数

用钠黄光 $\lambda = 589.3$ nm 作为标准谱线校准光栅常数 d。

（4）测氢原子里德伯常数

测定氢光谱中 $2 \sim 3$ 条可见光的波长，并由此测定氢原子的里德伯常数 R_H。

应当注意读数的规范操作。先用眼睛观察到谱线后再进行测量。应同时记录 ±1 级的谱线位置，并检查光栅正入射条件是否得到满足，±1 级的每条谱线均应正确记录左右窗读数，凡涉及度盘过 0 时，还应加标注（但不改动原始数据）。测量衍射角转动望远镜时，应锁紧望远镜与度盘连接螺钉；读数时应锁紧望远镜固紧螺钉并用望远镜微调螺钉进行微调对准。

5.13.5 数据处理

① 用钠黄光 $\lambda = 589.3$ nm 作为标准谱线校准光栅常数 d，并计算不确定度 $u(d)$。注意消除正、负级不严格对称的系统误差。

② 应用不等精度加权平均法，计算氢原子的里德伯常数 R_H 的最佳值 $\overline{R_H} + u(\overline{R_H})$，并与标准值比较，得出相对偏差。

③ 分别计算钠黄光 $k = 1$ 或 $k = 2$ 时的角色散率和分辨本领，并由此说明钠黄光的双线能否被分开？

5.13.6 思考题

① 本实验能否将钠黄光的双线分开，为什么？怎样才能把它们分开？使用 2 级衍射光呢？

② 用 600/mm 的光栅观察 $\lambda = 589.3$ nm 的钠黄光，能看到几级衍射？如果用 2 500/mm 的光栅呢？如何才能看到衍射条纹？

5.13.7 拓展研究

① 自行设计光路，测量钠光双线光谱波长差。
② 利用光栅不同衍射级次的信息测量感兴趣的物理量。

5.13.8 参考文献

［1］赵凯华，钟锡华. 光学：下册［M］. 北京：北京大学出版社，1984.
［2］WHIILE R W，等. Experimental physics for students［M］. New York：Chapman & Hall Ltd.，1973.
［3］吴泳华，等. 大学物理实验：第一册［M］. 北京：高等教育出版社，2001.
［4］王献恒，王菁. 基于分光计的太阳光谱观测实验［J］. 物理实验，2019（02），49-53.

5.13.9 附录

1. 谱线的半角宽度

光栅谱线宽度可以理解为由相应主极大邻近两侧的强度最低点所决定的角宽度。因此半角宽度就等于由主极大中心位置到邻近暗线之间的角距离 $\Delta\theta$。k 级主极大位置满足 $\sin\beta = 0$，即

$$\beta = \frac{\pi d}{\lambda}\sin\theta = k\pi \tag{5.13.16}$$

相邻暗纹位置在 $\beta = k\pi$ 附近且 $\sin N\beta = 0$，故 $N\beta = N\left(k\pi + \frac{\pi}{N}\right)$，即 $\frac{\pi d}{\lambda}\sin(\theta + \Delta\theta) = k\pi + \frac{\pi}{N}$，利用 $\sin(\theta + \Delta\theta) \approx \sin\theta + \Delta\theta\cos\theta$ 以及式（5.13.16），有

$$\frac{\pi d}{\lambda}\sin(\theta + \Delta\theta) = \frac{\pi d}{\lambda}\sin\theta + \frac{\pi d}{\lambda}\cos\theta\Delta\theta = k\pi + \frac{\pi}{N} \quad \Rightarrow \quad \frac{\pi d}{\lambda}\cos\theta\Delta\theta = \frac{\pi}{N}$$

$$\Delta\theta = \frac{\lambda}{Nd\cos\theta} \tag{5.13.17}$$

2. 测量结果的加权平均

在等精度测量中，如果观测量 x 的 n 次测量结果为 x_1，x_2，$\cdots$，x_n，单次测量结果的不确定度 $u(x_1) = u(x_2) = \cdots = u(x_n) = u(x)$，则应取平均值 $\bar{x} = \frac{\sum x_i}{n}$ 作为测量结果，并按平均值的标准差 $u(\bar{x}) = \frac{u(x)}{\sqrt{n}}$ 作为 $\bar{x}$ 的不确定度。

现在的问题是：如果进行的是不等精度测量，观测量 x 的 n 次测量结果为 $x_1 \pm u(x_1)$，$x_2 \pm u(x_2)$，$\cdots$，$x_n \pm u(x_n)$，x 的最佳测量值和不确定度如何计算？

这个问题可由最小二乘法进行讨论。但这时满足最小二乘条件的不再是 $\sum(x - x_i)^2 =$

min，而是 $\Sigma\left(\dfrac{x-x_i}{u(x_i)}\right)^2 = \min$。最佳测量值 $\bar{x}$ 由 $\dfrac{\partial}{\partial x}\Sigma\left(\dfrac{x-x_i}{u(x_i)}\right)^2 = 0$ 导出。由此可得

$$\begin{cases} \bar{x} = \dfrac{\Sigma\dfrac{x_i}{u^2(x_i)}}{\Sigma\dfrac{1}{u^2(x_i)}} \\[4ex] u^2(\bar{x}) = \dfrac{1}{\Sigma\dfrac{1}{u^2(x_i)}} \end{cases} \qquad (5.13.18)$$

5.14　劳埃镜白光干涉

在光的干涉实验中，大都是使用单色光源来获得光的干涉图样，基于所获得的干涉图样来分析光源或物体的一些物理特性。常见的单色光源是激光，主要原因在于激光有较长的相干长度，易于获得干涉条纹。然而，使用激光光源也存在着一些问题，在易于获得干涉条纹的同时，其余的杂散光也易被一并反射，最终造成错误的干涉条纹信息并导致不准确的测量结果。而白光光源与单色光源相比，其干涉条纹具有零光程差特性，不存在条纹级次不确定

劳埃镜白光干涉

的问题，很好地解决了单色光源干涉测量时带来的杂散光干扰问题。因此，白光干涉在干涉测量领域有着重要的意义。

当使用白光这种短相干长度的光源时，要获得对比度较好的干涉图样，对光路的调节要求要比单色光源高得多。在实验条件相同的情况下，由于白光中不同波长的光所产生的干涉条纹的条纹间距不同，这些不同波长的干涉条纹相互错位叠加，一般只能看到零级的白光亮纹和周围少数几条彩色条纹，该现象不利于实验的观察和测量。本实验巧妙地利用光栅衍射和劳埃镜干涉相结合，搭建合理的光路，可以在光线的干涉交叠区内获得近百条清晰的黑白相间的干涉条纹。可使用该装置在已知一单色光波长的前提下，对未知波长的复色光源进行准确测量。

本实验把几何光学与波动光学中的干涉和衍射结合起来，几何光学中涉及了平行光的获得与检验、透镜的聚焦与二次成像，以及平面镜的反射和成像等内容；对光路的调整要求也比单色光源更加严格，操作者必须严格按照实验规范，把物理原理、实验现象与具体操作紧密结合，认真思考，动脑动手才能成功，这对进行严格的光学实验基本功训练是十分有益的。

5.14.1　实验要求

1. 实验重点

① 了解光栅衍射和劳埃镜干涉相结合获得白光干涉条纹的原理。

② 学习运用实验原理来分析实验现象及调整光路的科学实验方法。

③ 调出白光干涉条纹并使用其测量未知复色光源的波长。

2. 预习要点

① 本实验为什么要调整狭缝和平行光透镜使其严格出射平行光？

② 在劳埃镜的白光干涉实验中，应该使用哪一级衍射条纹作为产生白光干涉的光源？若使用零级会怎样？

③ 在调节劳埃镜白光干涉条纹的过程中，如果水平移动测微目镜，会发现视野内有亮度不同的区域，试根据直射光、劳埃镜反射光和两束光的重叠区的分布规律，判断哪部分可能是干涉区？

④ 狭缝的宽度和垂直度对干涉条纹的调整有怎样的影响？为什么？

⑤ 什么是透镜的色差？本实验为什么不用普通透镜而使用消色差透镜？

5.14.2　实验原理

劳埃镜干涉原理如图 5.14.1 所示，单色光源 S 发出波长为 λ 的光，以掠入射的方式在劳埃镜 MN 上发生反射，反射光可以看作是由光源 S 在劳埃镜中的虚像 S′ 所发出的。光源 S 和 S′ 发出的光波在其交叠区域发生干涉，可产生明暗相间的干涉条纹。根据光的波动理论，可得相邻干涉条纹之间的条纹间距为

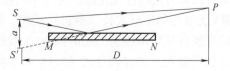

图 5.14.1　劳埃镜干涉原理图

$$\Delta x = \frac{D}{a}\lambda \tag{5.14.1}$$

式中，a 为双光源 S 和 S′ 之间的间距；D 是观察屏 P 到光源 S 的垂直距离。由式（5.14.1）可知，只要测量出 a 和 D 的值，以及相邻干涉条纹间的间距 Δx，便可通过这个简单的装置得出所用单色光源的波长 λ。然而，在用这个简单的装置测量复色光的波长时，却遇到了困难。因为在 a 和 D 不变的情况下，相邻干涉条纹的条纹间距 Δx 仅随波长 λ 的改变而改变。若光源 S 为复色光源，如白光，则白光中不同波长的光所产生的相邻干涉条纹间的间距为

$$\Delta x_i = \frac{D}{a}\lambda_i \tag{5.14.2}$$

由式（5.14.2）可知，由白光光源 S 产生的不同波长的干涉条纹间距不同，它们将会相互错位叠加，该叠加的结果一般是只能看到零级白光亮纹和周围少数几条彩色条纹，如图 5.14.2 所示，该现象不利于实验的观察和测量。

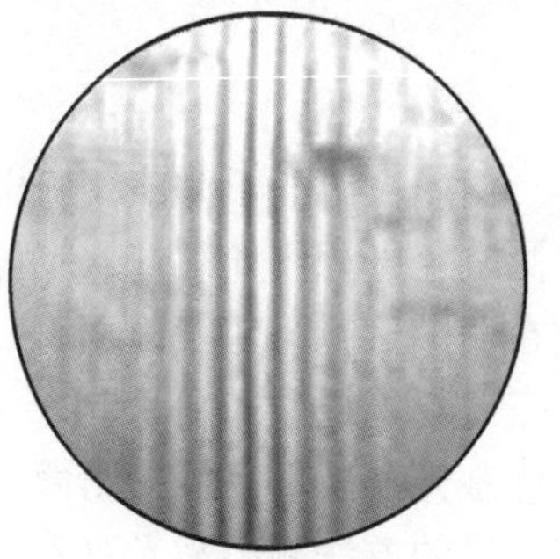

要解决劳埃镜白光干涉中不同波长光的干涉条纹叠加后出现的错位交叠现象，使其能够产生均匀、清晰、黑白相间的干涉条纹，还得从相邻两条干涉条纹之间的条纹间距 Δx_i 入手。可采用恰当的实验方法使白光中所有波长的相邻干涉条纹间的间距 Δx_i 都相等。即

$$\Delta x_1 = \Delta x_2 = \cdots = \Delta x_i \tag{5.14.3}$$

亦即

图 5.14.2　白光产生的不同波长干涉条纹的叠加图案

$$\frac{\lambda_1}{a_1} = \frac{\lambda_2}{a_2} = \cdots = \frac{\lambda_i}{a_i} \tag{5.14.4}$$

实验上可采用一合适的一维光栅使白光中不同波长的实、虚两光源之间的间距 a_i 不同且能够满足式（5.14.4）。把一维光栅衍射和劳埃镜的干涉结合在一起，通过选择合适的光栅常数及调节合适的每对双光源间的间距，就能使式（5.14.4）的条件得到满足，从而实现不同波长的光的干涉条纹的重合。

具体实验装置如图 5.14.3 所示，由白光 I 照亮的狭缝 Q 发出的光波，经平行光透镜 L_1 后形成平行光束，平行光再经一维光栅 G 发生衍射，则对于光栅所产生的同一级衍射，不同波长的光其衍射角 θ_i 不同，且有

$$\sin\theta_i = \frac{k\lambda_i}{d} \tag{5.14.5}$$

式中，k 为光栅衍射级数；d 为光栅常数；λ_i 为入射光波长。衍射后的平行光束经会聚透镜 L_2 后，将在会聚透镜的焦平面上各自会聚成新的缝光源。对可见光而言，只要选择合适的光栅常数，不同波长的光的衍射角的变化不大，所形成的相应缝光源的空间位置随波长的分布可以认为是线性变化的。这些不同波长（颜色）的光入射到劳埃镜上，将形成以劳埃镜 MN 为对称的不同波长（颜色）的虚、实双光源，每一对虚、实光源彼此相干，但不同波长的光源对又互相独立，且 a_i 随 λ_i 呈线性变化。这时只要适当调整劳埃镜的位置，使某两种波长（颜色）的光满足式（5.14.4），则该式对所有波长（颜色）的光都成立。它们各自形成的相邻干涉条纹间的间距 Δx_i 均相同，故干涉条纹的叠加将不再发生错位，此时即可观察到由各色干涉条纹叠加所形成的均匀、清晰、黑白相间的如图 5.14.4 所示的干涉条纹。

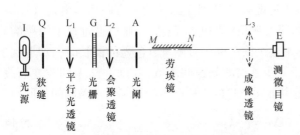

图 5.14.3 白光劳埃镜干涉实验装置

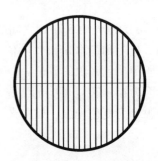

图 5.14.4 均匀、清晰、黑白相间的白光干涉条纹

白光光源的干涉条纹调出后，该装置的光路调节已基本完成。此时，可将白光光源换成待测复色光源，如汞灯，应可直接看到汞灯的干涉条纹，如图 5.14.5 所示。将成像透镜 L_3 放在测微目镜与劳埃镜之间，调整成像透镜 L_3 和测微目镜，视野中将可看到清晰的黄、绿、紫三对双光源，如图 5.14.6 所示。用测微目镜分别测量三对光源各自的间距 a_i，然后用半导体激光器换下汞灯，测微目镜视野中将出现如图 5.14.7 所示的半导体激光双光源的像，用同样的方法测出激光双光源间的间距 a_0，利用式（5.14.4）便可计算出汞灯中三条谱线的波长，已知半导体激光器波长 $\lambda_0 = 650$ nm。

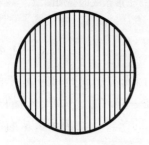

图 5.14.5 汞灯干涉条纹

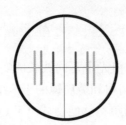

图 5.14.6 汞灯三对双光源的像

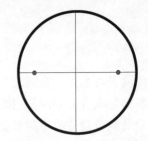

图 5.14.7 半导体激光双光源的像

5.14.3 实验仪器

劳埃镜、可调狭缝、测微目镜、光栅、光阑、消色差透镜（三块）、白屏、自准直望远镜、白炽灯、高压汞灯、半导体激光器等。

5.14.4　实验内容

1. 光学元件的等高共轴调节

① 把所有元件都放到导轨上，目测调整各元件高度，使其等高共轴。然后，利用白屏调节激光束平行于导轨。

注意：要让所有元件在此高度都仍有调节余地，并以此高度确定激光器的高度。

② 以激光束为标准，依次放入并调整各元件的中心与激光束重合，以实现全部元件的等高共轴；调整完成后从导轨上取下各元件待用。

注意：精心做好该步骤对后面的光路调整非常重要。

2. 平行光部分的调整

① 依次将白炽灯、狭缝和平行光透镜放在光具座上，狭缝与激光器之间留出约 30 cm 的距离，用于更换光源。

② 打开白炽灯，将单缝开至 0.5 ~ 1 mm；调节平行光透镜与狭缝之间的距离，使平行光透镜后出射的是关于狭缝的平行光。

注意：由于白炽灯光强刺眼，做此步时可以用纸在出光口暂时遮挡一下。

3. 干涉光源的调整

① 依次将一维衍射光栅、会聚透镜和光阑放在平行光透镜后面，为减少光强的衰减，各元件之间的距离要尽量短，调整光阑使之位于会聚透镜的焦面上，此时光栅的各级衍射条纹清晰地排列在光阑面上。

② 调整阑缝位置，使能够产生白光干涉的衍射级穿过阑缝，若劳埃镜反射面朝向操作者，应选择衍射零级旁靠近操作者的那一级，反之则相反。因为色散后衍射级经劳埃镜反射形成镜像，它与实际衍射级构成一对干涉源。本实验的基本条件是波长最短的光在双光源的最内侧。

③ 缩窄狭缝宽度至 0.2 mm 左右。

4. 白光干涉条纹的调整

① 将劳埃镜放到导轨上，用眼睛直接观察，对劳埃镜镜面进行粗调，应使劳埃镜镜面尽量与导轨平行；此项调节若做不好，会造成干涉区与导轨偏离过远，影响测量。

② 用眼睛从目镜方向直接观察并调整虚、实双光源，首先左右微移白炽灯使实光源达到最亮；其次左右平移劳埃镜，使虚、实双光源亮度、颜色完全对称且相同；然后调虚、实双光源间距使之尽可能小，为下一步扫描式的单向调节做初始化准备（单向调节可减少调节中的盲目性）。

③ 放上测微目镜，一边观察镜内视野，一边慢慢左右移动测微目镜；在一片彩色条纹中寻找两束光的重叠区。在此过程中，可以依次看到镜内有界限较分明的黑暗区、弱光区和明亮区，或反之；黑暗区是劳埃镜背后的无光区，弱光区是被直射光照亮的区域，而明亮区就是直射光和反射光叠加照亮的干涉区。然后逐渐改变虚、实双光源的间距，调出均匀、清晰、黑白相间的干涉条纹；当干涉条件渐渐满足时，条纹将首先出现在明亮区和弱光区的分界线处。若有条纹但数量少或不清晰，可微调单缝的宽窄和垂直度；若干涉条纹根本没有出

现，则需检查前面的调节是否到位。

5. 汞灯光谱线的测量

① 白光干涉条纹调出后，将白光光源换成汞灯；用眼睛从目镜方向直接观察，左右微移汞灯使双光源达到最亮且亮度相同；之后再将测微目镜放到眼睛与双光源之间，应可直接看到汞灯的干涉条纹；若换成汞灯后干涉条纹变得模糊，则可以微调单缝的垂直度。

切记：劳埃镜的位置已经调好，不可以再动，若再动劳埃镜可能出现假性干涉条纹，现象特点是，条纹不均匀，而且劳埃镜移动距离很大，条纹仍在。

注意：汞灯的光强弱于白炽灯，且开启后需预热 5 min 后才能达到最大光强。

② 将成像透镜 L_3 放在测微目镜与干涉源之间，测微目镜距干涉源的距离稍大于成像透镜焦距的 4 倍，调整透镜 L_3 和测微目镜，视野中将可看到清晰的黄、绿、紫等三对双光源依次排列。

③ 用测微目镜分别测量三对光源各自的间距 a_i。

④ 取下汞灯，开启半导体激光器，同理测量激光双光源间距 a_0。

⑤ 利用式（5.14.4）计算汞灯光中三条谱线的波长。

已知半导体激光波长 $\lambda_0 = 650$ nm。

5.14.5　数据处理

① 计算汞灯光中黄、绿、紫三条谱线的波长及其不确定度。

② 与汞灯光的波长标称值对比计算其相对误差（汞谱线波长标称值：$\lambda_黄 = 578.01$ nm；$\lambda_绿 = 546.07$ nm；$\lambda_紫 = 435.83$ nm）。

5.14.6　思考题

① 本实验中使用一维光栅衍射把白光中的各色谱线分开，并将其作为劳埃镜的干涉光源，而三棱镜折射也可将白光中的各色谱线分开，试分析能否利用三棱镜的折射光作为劳埃镜白光干涉的干涉光源？为什么？试解释之。

② 测量汞灯的光谱线时，要在劳埃镜与测微目镜之间放入成像透镜 L_3，使从测微目镜中观察到清晰的黄、绿、紫三对双光源的像。若成像透镜的焦距为 15 cm，请问测微目镜到劳埃镜干涉源的距离至少应为多远？为什么？

5.14.7　拓展研究

① 探究光栅不同衍射级次分别作为劳埃镜干涉源时，所观察到的实验现象、光路的调节和对测量结果的影响。

② 劳埃镜干涉实验中，若光路调节不严格，易出现劳埃镜干涉条纹和直边衍射条纹的叠加现象，试探究直边衍射现象对实验测量结果的影响，并提出如何有效消除直边衍射对干涉现象的影响。

5.14.8　参考文献

［1］赵凯华，钟锡华. 光学（重排本）［M］. 北京：北京大学出版社. 2017.

［2］ 王秋薇，杨铭珍. 利用劳埃镜的白光条纹测量光波波长 ［J］. 辽宁师范大学学报，1989，（4）：22-25.

［3］ 黄江. 一个新颖的白光干涉实验的开发与研究 ［J］. 大学物理，2009 （8）：39-41.

［4］ 单声宇，严琪琪，解晓雯，等. 利用劳埃镜干涉测量压电陶瓷的压电系数 ［J］. 物理实验，2018，38 （7）：51-54.

5.15　多光束干涉和法布里-珀罗干涉仪

多光束法布里-
珀罗干涉

法布里-珀罗干涉仪（Fabry-Perot interferometer）简称 F-P 干涉仪，是利用多光束干涉原理设计的一种干涉仪，其特点是能够获得十分细锐的干涉条纹，是长度计量和研究光谱的精细结构和超精细结构的有效工具；多光束干涉原理还在激光器和光学薄膜理论中有着重要的应用，是制作光学仪器中干涉滤光片和激光谐振腔的基本构型。激光器就是利用 F-P 腔通过压缩从而获得极窄的光谱，用于激光器的选频，从而使得激光具有极好的相干性。

本实验使用的 F-P 干涉仪由迈克尔逊干涉仪改装而成。通过实验，不仅可以学习、了解多光束干涉的基础知识和物理内容，熟悉诸如扩展光源的等倾干涉、自由光谱范围、分辨本领等基本概念，而且还可以巩固、深化精密光学仪器调整和使用的许多基本技能。

5.15.1　实验要求

1. 实验重点

① 了解 F-P 干涉仪的特点、调节和使用。

② 用 F-P 干涉仪观察多光束等倾干涉，并测定钠双线的波长差和空气膜厚。

③ 巩固一元线性回归方法在数据处理中的应用。

2. 预习要点

① 有人认为，相邻透射光线的光程差是 $\Delta L = \dfrac{2nd}{\cos\theta}$ 而不是 $2nd\cos\theta$，这种说法对吗？错在哪里？请你给出计算 ΔL 的正确推演过程。

② F-P 干涉仪观察的是什么性质的条纹？定域在何处？什么形状？为什么使用扩展光源？如何观察？

③ 在本实验中，不同的实验内容为什么要采用不同的观察手段？使用读数显微镜进行测量时为什么还要另加透镜？操作上要注意什么？

④ 测量钠双线波长差时使用什么读数系统？如何识别两套条纹完全错位嵌套？如何读数才能防止因对 0 或消空程不彻底带来的误差？

⑤ 如何用一元线性回归计算钠双线的 $\Delta\lambda$？如何验证 $D_i^2 - D_{i-1}^2 = $ 常数？如何计算 d？

5.15.2　实验原理

1. 多光束干涉原理

F-P 干涉仪主要由两块平行放置的平面玻璃板或石英板组成，在其相对的内表面上镀有平整度很好的高反射率膜层。为消除两平板相背平面上的反射光的干扰，平行板的外表面有一个很小的楔角（见图 5.15.1）。

多光束干涉的原理如图 5.15.2 所示。自扩展光源上任一点发出的一束光入射到高反射率平面上后，光就在两者之间多次反射和折射，最后形成多束平行的透射光 1，2，3，…和多束平行的反射光 1′，2′，3′，…。

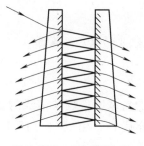
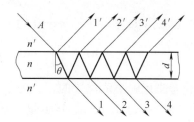

图 5.15.1　F-P 干涉仪　　　　图 5.15.2　表面平行的介质层中光的反射和折射

在这两组光中，相邻光的相位差 δ 都相同，振幅则不断衰减。相位差为

$$\delta = \frac{2\pi\Delta L}{\lambda} = \frac{2\pi}{\lambda}2nd\cos\theta = \frac{4\pi nd\cos\theta}{\lambda} \tag{5.15.1}$$

式中，$\Delta L = 2nd\cos\theta$ 是相邻光线的光程差；n 和 d 分别为介质层的折射率和厚度；θ 为光在反射面上的入射角；λ 为光波波长。

由光的干涉可知

$$2nd\cos\theta = \begin{cases} k\lambda & 亮纹 \\ \left(k+\dfrac{1}{2}\right)\lambda & 暗纹 \end{cases}$$

即透射光将在无穷远或透镜的焦平面上产生形状为同心圆的等倾干涉条纹。

2. 多光束干涉条纹的光强分布

下面来讨论反射光和透射光的振幅。如图 5.15.2 所示，设入射光振幅为 A，则反射光 $1'$ 的振幅为 Ar'，反射光 $2'$ 的振幅为 $At'rt$，…；透射光 1 的振幅为 $At't$，透射光 2 的振幅为 $At'r^2t$，…。其中，r' 为光在 n'-n 界面上的振幅反射系数，r 为光在 n-n' 界面上的振幅反射系数，t' 为光从 n' 进入 n 界面的振幅透射系数，t 为光从 n 进入 n' 界面的振幅透射系数。

透射光在透镜焦平面上所产生的光强分布应为无穷系列光束 A_1，A_2，A_3，…的相干叠加。可以证明（见本节附录中的 1）透射光强最后可写成

$$I_t = \frac{I_0}{1 + \dfrac{4R}{(1-R)^2}\sin^2\dfrac{\delta}{2}} \tag{5.15.2}$$

式中，I_0 为入射光强；$R = r^2$ 为光强的反射率。图 5.15.3 表示对不同的 R 值 I_t/I_0 与相位差 δ 的关系。由图可见，I_t 的极值位置仅由 δ 决定，与 R 无关；但透射光强度的极大值的锐度却与 R 的关系密切，反射面的反射率 R 越高，由透射光所得的干涉亮条纹就越细锐。

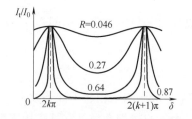

图 5.15.3　多光束干涉强度分布曲线

条纹的细锐程度可以通过所谓的半值宽度来描述。由式（5.15.2）知，亮纹中心的极大值满足 $\sin^2\delta/2 = 0$，即 $\delta_0 = 2k\pi$，$k = 1, 2, …$。令 $\delta = \delta_0 + \mathrm{d}\delta = 2k\pi + \mathrm{d}\delta$ 时，强度降为一半，这时 δ 应满足

$$4R \sin^2 \frac{\delta}{2} = (1 - R)^2$$

代入 $\delta_0 = 2k\pi$ 并考虑到 $d\delta$ 是一个约等于 0 的小量，$\sin^2 \delta/2 \approx (d\delta/2)^2$，故有

$$4R \left(\frac{d\delta}{2}\right)^2 = (1 - R)^2, d\delta = \frac{1 - R}{\sqrt{R}}$$

$d\delta$ 是一个用相位差来反映半值位置的量，为了用更直观的角宽度来反映谱线的宽窄，引入半角宽度 $\Delta\theta = 2d\theta^\ominus$。由于 $d\delta$ 是个小量，故可用微分代替，由式（5.15.1）知 $d\delta = \frac{-4\pi n d \sin\theta d\theta}{\lambda}$, $d\theta = \frac{-\lambda d\delta}{4\pi n d \sin\theta}$。略去负号不写（只考虑大小），并用 $\Delta\theta$ 代替 $2d\theta$，则有

$$\Delta\theta = \frac{\lambda d\delta}{2\pi n d \sin\theta} = \frac{\lambda}{2\pi n d \sin\theta} \frac{1 - R}{\sqrt{R}} \tag{5.15.3}$$

这表明：反射率 R 越高，条纹越细锐；间距 d 越大，条纹也越细锐。

3. F-P 干涉仪的主要参数

表征多光束干涉装置的主要参数有两个，即代表仪器可以测量的最大波长差和最小波长差，它们分别被称为自由光谱范围和分辨本领。

（1）自由光谱范围

对一个间隔 d 确定的 F-P 干涉仪，可以测量的最大波长差是受到一定限制的。对两组条纹的同一级亮纹而言，如果它们的相对位移大于或等于其中一组的条纹间隔，就会发生不同条纹间的相互交叉（重叠或错序），从而造成判断困难。把刚能保证不发生相互交叉现象所对应的波长范围 $\Delta\lambda$ 称为自由光谱范围。它表示用给定标准具研究波长在 λ 附近的光谱结构时所能研究的最大光谱范围。下面将证明 $\Delta\lambda \approx \lambda^2 / (2nd)$。

考虑入射光中包含两个十分接近的波长 λ_1 和 λ_2（$\lambda_2 = \lambda_1 + \Delta\lambda$，$\Delta\lambda > 0$），会产生两套同心圆环条纹，如 $\Delta\lambda$ 正好大到使 λ_1 的 k 级亮纹和 λ_2 的 $k-1$ 级亮纹重叠，则有 $\Delta\lambda = \lambda_2 - \lambda_1 = \lambda_2/k$，由于 k 是一个很大的数$^\ominus$，故可以用中心的条纹级数来代替，即 $2nd = k\lambda$，于是

$$\Delta\lambda = \frac{\lambda^2}{2nd} \tag{5.15.4}$$

（2）分辨本领

表征标准具特性的另一个重要参量是它所能分辨的最小波长差 $\delta\lambda$，就是说，当波长差小于这个值时，两组条纹不再能分辨开。常称 $\delta\lambda$ 为分辨极限，而把 $\lambda/\delta\lambda$ 称作分辨本领。可以证明（见本节附录中的2）：$\delta\lambda = \frac{\lambda}{\pi k} \frac{1 - R}{\sqrt{R}}$，而分辨本领可由下式表示，即

$$\frac{\lambda}{\delta\lambda} = \pi k \frac{\sqrt{R}}{1 - R} \tag{5.15.5}$$

$\lambda/\delta\lambda$ 表示在两个相邻干涉条纹之间能够被分辨的条纹的最大数目。因此分辨本领有时也称为标准具的精细常数。它只依赖于反射膜的反射率，R 越大，能够分辨的条纹数越多，分辨

$\ominus$ $\Delta\theta$ 是半角宽度，$d\theta$ 是偏离亮纹中心的半值位置。由于图 5.15.3 中强度峰两侧没有零点，故这里的半角宽度是指峰值两侧强度降到 1/2 的角距离。

$\ominus$ 例如取 $d = 5$ mm，$\lambda = 550$ nm（可见光的平均波长），则 $k = 2nd/\lambda \approx 1.8 \times 10^4$。

率越高。

5.15.3 仪器介绍

实验仪器：F-P 干涉仪（带望远镜）、钠灯（带电源）、He-Ne 激光器（带电源）、毛玻璃（画有十字线）、扩束镜、消色差透镜、读数显微镜、高低调节支架以及供选做实验用的滤色片（绿色）、低压汞灯等。

F-P 干涉仪有两种类型。一种是把干涉仪中的一块平面板固定不动而使另一块可以平移。它的优点是间距 d 可调，但机械上保证可移平面板自身的严格平移是比较困难的。因此研究中使用的大多是另一种，即把两高反射率的平面板间隔用热膨胀系数很小的石英或殷钢环固定下来。这种间隔固定的 F-P 干涉仪通常称作 F-P 标准具。

本实验中使用的干涉仪是由迈克尔逊干涉仪改装的（见图 5.15.4）。P_2 板位置固定，P_1 板可通过转动粗动手轮或微动手轮使之在精密导轨上移动，以改变两平面板的间距 d。P_1 和 P_2 背面的方位螺钉可用来调节其水平和俯仰方

图 5.15.4　F-P 干涉仪
1—P_2 板　2—P_1 板　3—微调拉簧
4—方位螺钉　5—粗动轮　6—望远镜

位。P_2 上还有两个微调拉簧，用来微调 P_2 的水平与俯仰方位。P_1、P_2 板的反射膜的反射率 R 为 0.95。

5.15.4 实验内容

1. 操作内容

① 以钠光灯扩展光源照明，严格调节 F-P 两反射面 P_1、P_2 的平行度，获得并研究多光束干涉的钠光等倾干涉条纹；测定钠双线的波长差。

提示：利用多光束干涉可以清楚地把钠双线加以区分，因此可以通过两套条纹的相对关系来测定双线的波长差 $\Delta\lambda$。我们用条纹嵌套来作为测量的判据。设双线的波长为 λ_1 和 λ_2，且 $\lambda_1 > \lambda_2$。当空气层厚度为 d 时，λ_1 的第 k_1 级亮纹落在 λ_2 的 k_2 和 k_2+1 级亮纹之间，即 λ_1 的第 k_1 级亮纹与 λ_2 的 k_2 级暗纹重合，则有（取空气的相对折射率 $n=1$）

$$2d\cos\theta = k_1\lambda_1 = (k_2 + 0.5)\lambda_2 \tag{5.15.6}$$

当 $d \to d + \Delta d$ 时，又出现两套条纹嵌套的情况。如这时 $k_1 \to k_1 + \Delta k$，由于 $\lambda_1 > \lambda_2$，故 $k_2 + 0.5 \to k_2 + 0.5 + \Delta k + 1$，于是又有

$$2(d + \Delta d)\cos\theta = (k_1 + \Delta k)\lambda_1 = (k_2 + 0.5 + \Delta k + 1)\lambda_2 \tag{5.15.7}$$

式（5.15.7）减去式（5.15.6）得

$$2\Delta d\cos\theta = \Delta k\lambda_1 = (\Delta k + 1)\lambda_2$$

由此可得

$$\frac{1}{\Delta k} = \frac{\lambda_1}{2\Delta d\cos\theta}, \lambda_1 - \lambda_2 = \frac{\lambda_2}{\Delta k}$$

故

$$\Delta\lambda = \lambda_1 - \lambda_2 = \frac{\lambda_1\lambda_2}{2\Delta d\cos\theta} \approx \frac{\bar{\lambda}^2}{2\Delta d} \qquad (5.15.8)$$

如果以两套条纹重合作为判据，则不难证明式（5.15.8）也是成立的。

② 用读数显微镜测量氦氖激光干涉圆环的直径 D_i，验证 $D_{i+1}^2 - D_i^2 = $ 常数，并测定 P_1、P_2 的间距。

提示：D_k 是干涉圆环的亮纹直径，$D_k^2 - D_{k+1}^2 = \dfrac{4\lambda f^2}{nd}$。证明如下：

第 k 级亮纹条件为 $2nd\cos\theta_k = k\lambda$，所以 $\cos\theta_k = k\lambda/(2nd)$。由于在空气中 $n=1$，入射光与 P_1 板的夹角与光线在空气膜中的折射角相等，与出射光的角度也都相等，为 θ_k，如用焦距为 f 的透镜来测量干涉圆环的直径 D_k，则有

$$\frac{D_k/2}{f} = \tan\theta_k \quad \text{即} \quad \cos\theta_k = \frac{f}{\sqrt{f^2 + (D_k/2)^2}}$$

考虑到 $D_k/2f \ll 1$，所以

$$\frac{f}{\sqrt{f^2 + (D_k/2)^2}} = \frac{1}{\sqrt{1 + \left(\dfrac{D_k/2}{f}\right)^2}} \approx 1 - \frac{1}{2}\left(\frac{D_k/2}{f}\right)^2 = 1 - \frac{1}{8}\frac{D_k^2}{f^2}$$

由此可得 $1 - \dfrac{1}{8}\dfrac{D_k^2}{f^2} = \dfrac{k\lambda}{2nd}$，即

$$D_k^2 = -\frac{4k\lambda f^2}{nd} + 8f^2$$

故

$$D_k^2 - D_{k+1}^2 = \frac{4\lambda f^2}{nd}$$

它说明相邻圆条纹直径的平方差是与 k 无关的常数。

由于条纹的确切序数 k 一般无法知道，可令 $k = i + k_0$，i 是按测量方便规定的条纹序号，于是

$$D_i^2 = -\frac{4i\lambda f^2}{nd} + \Delta$$

这样就可以通过 i 与 D_i^2 之间的线性关系，求得 $4\lambda f^2/d$；如果知道 λ、f 和 d 三者中的两个，就可以求出另一个。

2. 操作提示

① 反射面 P_1、P_2 平行度的调整是观察等倾干涉条纹的关键。具体的调节可分成 4 步：

ⅰ粗调：按图 5.15.5 放置钠光源、毛玻璃（带十字线）；转动粗（微）动手轮使 $P_1P_2 \approx$ 2 mm；使 P_1、P_2 背面的方位螺钉（6 个）和微调拉簧（2 个）处于半紧半松的状态（与调整迈克尔逊干涉仪类似），保证它们有合适的松紧调节余量。

ⅱ细调：仔细调节 P_1、P_2 背面的方位螺钉，用眼睛观察透射光，使十字像重合，这时可看到局部的干涉条纹。

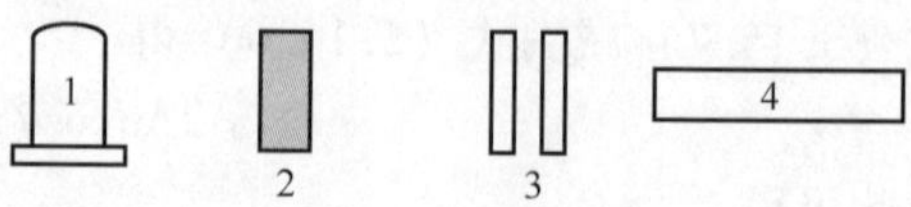

图 5.15.5　钠双线测量

1—钠灯　2—毛玻璃　3—F-P 干涉仪　4—望远镜

ⅲ 微调：调节动镜后的方位螺钉，使干涉圆环中心出现在视野中央。

ⅳ 精调：缓缓调节 P_2 的 2 个拉簧螺钉进行精调，直到眼睛上下左右移动时，干涉圆环的中心没有条纹的吞吐现象发生，这时可看到清晰的等倾干涉条纹。

② 测钠双线波长差光路如图 5.15.5 所示，实验中注意观察钠谱线圆环条纹有几套；随 d 的变化，其相对移动有什么特点，为什么？与迈克尔逊干涉仪的条纹有什么不同？

③ 用什么办法来判定两套条纹的相对关系（嵌套、重合）从而测定钠光波长差最为有利？并自拟实验步骤记录数据。

④ 测氦氖激光器的亮纹直径光路如图 5.15.6 所示。测干涉圆环直径前注意做好系统的共轴调节。用读数显微镜依次测出不少于 10 个亮纹直径。

图 5.15.6　亮纹直径的测量

1—氦氖激光器　2—扩束镜　3—毛玻璃

4—F-P 干涉仪　5—消色差透镜　6—读数显微镜

⑤ 如何用一元线性回归方法验证 $D_{i+1}^2 - D_i^2 = $ 常数？能否用这种方法来测量未知谱线的波长？

3. 操作注意事项

① F-P 干涉仪是精密的光学仪器，必须按光学实验要求进行规范操作。绝不允许用手触摸元件的光学面，也不能对着仪器哈气、说话；不用的元件要安放好，防止碰伤、跌落；调节时动作要平稳缓慢，注意防震。

② 使用读数显微镜进行测量时，注意消空程和消视差。

③ 实验完成，数据经教师检查通过后，注意归整好仪器，特别是镜片背后的方位螺钉以及微调拉簧均应置于松弛状态。

5.15.5　数据处理

① 测定钠黄光波长差的数据一般不应少于 10 组，并用一元线性回归法进行计算。

② 读数显微镜测氦氖激光器的干涉亮纹直径不应少于 10 组。

③ 用一元线性回归法验证 $D_{i+1}^2 - D_i^2 = $ 常数，并测定 P_1、P_2 间距 d。

5.15.6　思考题

① 光栅也可以看成是一种多光束的干涉。对光栅而言，条纹的细锐程度可由主极大到相邻极小的角距离来描述，它与光栅的缝数有什么关系？能否由此说明 F-P 干涉仪为什么会有很好的条纹细锐度的原因？

② 从物理上如何理解 F-P 干涉仪的细锐度与 R 有关？

5.15.7　拓展研究

① 研究利用 F-P 干涉仪分别测量汞灯的各谱线的波长。

② 比较分析分别利用 F-P 干涉仪和迈克尔逊干涉仪测量钠灯双线波长差的实验方法及结果的差异，并进行误差对比分析。

③ 研究利用法布里-珀罗扫描干涉仪分析氦氖激光器的激光模式、偏振态和单色性等特性。

5.15.8 参考文献

［1］ 赵凯华，钟锡华. 光学（重排本）［M］. 北京：北京大学出版社，2017.

［2］ 陈怀琳，邵义全. 普通物理实验指导：光学［M］. 北京：北京大学出版社，1990.

［3］ WHIILE R M, et al. Experimental physics for students［M］. London：Chapman & Hall Ltd.，1973.

5.15.9 附录

1. 多光束干涉的透射光强

透射光是光束 1，2，…的相干叠加（见图 5.15.2），它们的振幅分别为 $A_1 = At't$，$A_2 = At'r^2t$，…，$A_n = At'r^nt$，…；相邻光束的相位差 $\delta = 4\pi nd\cos\theta/\lambda$。因此，透射光的复振幅

$$A_t = A_1 + A_2 e^{j\delta} + \cdots + A_n e^{jn\delta} + \cdots = At't(1 + r^2 e^{j\delta} + r^4 e^{j2\delta} + \cdots + r^n e^{jn\delta} + \cdots)$$

利用无穷项等比级数的求和公式，得

$$A_t = \frac{At't}{1 - r^2 e^{j\delta}}$$

故透射光强

$$I_t = A_t A_t^* = \frac{At't}{1 - r^2 e^{j\delta}}\frac{At't}{1 - r^2 e^{-j\delta}} = \frac{A^2(t't)^2}{1 - 2r^2\cos\delta + r^4}$$

光在介质表面发生反射和折射时，振幅的反射率和折射率之间存在关系⊖

$$r^2 + t't = 1, \quad r' = -r$$

并考虑到 $A^2 = I_0$，$R = r^2$（R 是光强反射率），则有

$$I_t = \frac{A^2(t't)^2}{1 - 2r^2\cos\delta + r^4} = \frac{I_0(1 - R)^2}{1 - 2R\cos\delta + R^2} = \frac{I_0(1 - R)^2}{(1 - R)^2 + 4R\sin^2\delta/2}$$

此即为式（5.15.2）。

推导中利用了 $1 - 2R\cos\delta + R^2 = (1 - R)^2 + 2R(1 - \cos\delta) = (1 - R)^2 + 4R\sin^2\delta/2$。

2. F-P 干涉仪的分辨本领

波长为 λ 的 k 级亮纹中心由 $2nd\cos\theta_k = k\lambda$ 决定，同样地，对 $\lambda + \delta\lambda$ 而言，k 级亮纹中心位于 $2nd\cos\theta'_k = k(\lambda + \delta\lambda)$。两者的角距离

$$\delta\theta = \theta_k - \theta'_k = \frac{d\theta}{d\lambda}\delta\lambda = \frac{k\delta\lambda}{2nd\sin\theta_k}$$

按瑞利法则，作为可分辨的极限，要求 $\delta\theta$ 等于 k 级亮纹本身的角宽度（想一想，为什么?）。

由式（5.15.3）可知，角宽度 $\Delta\theta = \frac{\lambda}{2\pi nd\sin\theta}\frac{1 - R}{\sqrt{R}}$，故

$$\frac{\lambda}{2\pi nd\sin\theta_k}\frac{1 - R}{\sqrt{R}} = \frac{k\delta\lambda}{2nd\sin\theta_k}$$

由此得

$$\delta\lambda = \frac{\lambda}{\pi k}\frac{1 - R}{\sqrt{R}}, \quad \frac{\lambda}{\delta\lambda} = \frac{\pi k}{1 - R}\sqrt{R}$$

⊖ 见赵凯华，钟锡华《光学（重排本）》第 243 页。

5.16　太阳能电池特性测量及应用

　　能源短缺和地球生态环境污染已经成为人类面临的最大问题，推广使用太阳辐射能、水能、风能和生物质能等可再生能源是今后的必然趋势。

太阳能电池实验

　　广义地说，太阳光的辐射能、水能、风能、生物质能、潮汐能都属于太阳能，是取之不尽、用之不竭的可再生能源。太阳与地球的平均距离约1 亿 5 千万千米。在日地平均距离（$D = 1.496 \times 10^8$ km）上，大气顶界垂直于太阳光线的单位面积每秒钟接受的太阳辐射，称为太阳常数。到达地球表面时，部分太阳光被大气层吸收，光辐射的强度降低。在地球海平面上，正午垂直入射时，太阳辐射的功率密度约为 1 kW/m^2，通常被作为测试太阳电池性能的标准光辐射强度。照射在地球上的太阳能非常巨大，每年到达地球的辐射能相当于 49 000 亿吨标准煤的燃烧能，大约 40 min 照射在地球上的太阳能，便足以供全球人类一年的能量消费。太阳能发电干净，不产生公害，所以被誉为最理想的能源。

　　太阳能发电有两种方式。一种是光-热-电转换方式，它通过利用太阳辐射产生的热能发电，一般是由太阳能集热器将所吸收的热能转换成蒸汽，再驱动汽轮机发电，太阳能热发电的缺点是效率很低而成本很高。另一种是光-电直接转换方式，它利用光生伏特效应而将太阳光能直接转化为电能，光-电转换的基本装置就是太阳能电池，它同以往其他电源发电原理不同，具有无枯竭危险，无污染，不受资源分布地域的限制等特点。

　　根据所用材料的不同，太阳能电池可分为硅太阳能电池、化合物太阳能电池、聚合物太阳能电池、有机太阳能电池等。其中硅太阳能电池目前发展最成熟，在应用中居主导地位。硅太阳能电池是根据光生伏特效应而制成的光电转换元件，具有性能稳定、光谱响应范围宽、转换效率高、线性响应好、使用寿命长、耐高温和抗辐射等优点，在许多领域有着广泛的应用。

　　太阳能发电有离网运行与并网运行两种发电方式。离网运行是太阳能系统与用户组成独立的供电网络。由于光照的时间性，为解决无光照时的供电，必需配有储能装置，或能与其他电源切换、互补。中小型太阳能电站大多采用离网运行方式。并网运行是将太阳能发电输送到大电网中，由电网统一调配，输送给用户。此时太阳能电站输出的电能必须与电网电能同频率、同相位，并满足电网安全运行的诸多要求。

　　大型太阳能电站大都采用并网运行方式。本实验研究单晶硅、多晶硅和非晶硅 3 种太阳能电池的特性以及离网型应用系统。

5.16.1　实验要求

1. 实验重点

① 了解并掌握太阳能电池的输出特性。
② 了解并掌握太阳能发电系统的组成及其工程应用。

2. 预习要点

① 太阳能电池的开路电压、短路电流和光强之间的关系？

② 太阳能电池输出的影响因素有哪些？

③ 太阳能电池对储能装置两种方式充电实验的不同有哪些？

④ DC-DC 装置在太阳能应用系统中的作用是什么？

5.16.2　实验原理

1. 太阳能电池的工作原理

太阳能电池利用半导体 PN 结受光照射时的光伏效应发电，太阳能电池的基本结构就是一个大面积平面 PN 结，图 5.16.1 为 PN 结示意图。

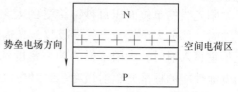

图 5.16.1　半导体 PN 结示意图

P 型半导体中有相当数量的空穴，几乎没有自由电子。N 型半导体中有相当数量的自由电子，几乎没有空穴。当两种半导体结合在一起形成 PN 结时，N 区的电子（带负电）向 P 区扩散，P 区的空穴（带正电）向 N 区扩散，在 PN 结附近形成空间电荷区与势垒电场。势垒电场会使载流子向扩散的反方向做漂移运动，最终扩散与漂移达到平衡，使流过 PN 结的净电流为零。在空间电荷区内，P 区的空穴被来自 N 区的电子复合，N 区的电子被来自 P 区的空穴复合，使该区内几乎没有能导电的载流子，又称为结区或耗尽区。

当光电池受光照射时，部分电子被激发而产生电子-空穴对，在结区激发的电子和空穴分别被势垒电场推向 N 区和 P 区，使 N 区有过量的电子而带负电，P 区有过量的空穴而带正电，PN 结两端形成电压，这就是光伏效应，若将 PN 结两端接入外电路，就可向负载输出电能。

在一定的光照条件下，改变太阳能电池负载电阻的大小，测量其输出电压与输出电流，得到输出伏安特性，如图 5.16.2 实线所示。

负载电阻为零时测得的最大电流 I_{sc} 称为短路电流。

负载断开时测得的最大电压 U_{oc} 称为开路电压。

太阳能电池的输出功率为输出电压与输出电流的乘积。同样的电池及光照条件，负载电阻大小不一样时，输出的功率是不一样的。若以输出电压为横坐标、输出功率为纵坐标，绘出的 P-U 曲线如图 5.16.2 点划线所示。

输出电压与输出电流的最大乘积值称为最大输出功率 P_{max}。

太阳能电池的填充因子 $F \cdot F$ 定义为

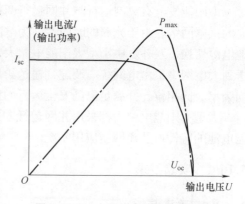

图 5.16.2　太阳能电池的输出特性

$$F \cdot F = \frac{P_{max}}{U_{oc} I_{sc}}$$

(5.16.1)

填充因子是表征太阳电池性能优劣的重要参数，其值越大，电池的光电转换效率越高，一般的硅光电池 $F \cdot F$ 值在 $0.75 \sim 0.8$ 之间。

太阳能电池的转换效率 η_s 定义为

$$\eta_s(\%) = \frac{P_{max}}{P_{in}} \times 100\% \qquad (5.16.2)$$

式中，P_{in} 为入射到太阳能电池表面的光功率。

理论分析及实验表明，在不同的光照条件下，短路电流随入射光功率线性增长，而开路电压在入射光功率增加时只略微增加，如图 5.16.3 所示。

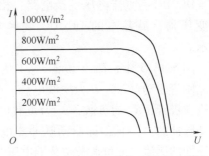

图 5.16.3 不同光照条件下的 I-U 曲线

硅太阳能电池分为单晶硅、多晶硅和非晶硅太阳能电池三种。

单晶硅太阳能电池转换效率最高，技术也最为成熟。在实验室里最高的转换效率为 24.7%，规模生产时的效率可达到 15%。在大规模应用和工业生产中仍占据主导地位。但由于单晶硅价格高，大幅度降低其成本很困难，为了节省硅材料，发展了多晶硅和非晶硅作为单晶硅太阳能电池的替代产品。

多晶硅太阳能电池与单晶硅比较，成本低廉，而效率高于非晶硅电池，其实验室最高转换效率为 18%，工业规模生产的转换效率可达到 10%。因此，多晶硅电池可能在未来的太阳能电池市场上占据主导地位。

非晶硅太阳能电池成本低、重量轻，便于大规模生产，有极大的潜力，但如何进一步解决其稳定性及提高转换率，是非晶硅太阳能电池的主要发展方向之一。

2. 太阳能电池应用系统的工作原理

离网型太阳能光伏电源系统如图 5.16.4 所示。

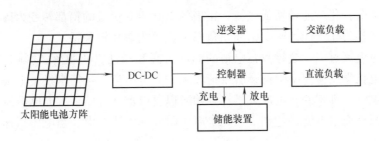

图 5.16.4 离网型太阳能光伏电源系统

控制器又称充放电控制器，起着管理光伏系统能量、保护蓄电池及整个光伏系统正常工作的作用。当太阳能电池方阵输出功率大于负载额定功率或负载不工作时，太阳能电池通过控制器向储能装置充电。当太阳能电池方阵输出功率小于负载额定功率或太阳能电池不工作时，储能装置通过控制器向负载供电。蓄电池过度充电和过度放电都将大大缩短其使用寿命，需控制器对充放电进行控制。

为训练学生能力，该系统由学生自己完成各种测量线路连接，进行充放电实验及带负载实验，没配备控制器。

DC-DC 为直流电压变换电路，相当于交流电路中的变压器，最基本的 DC-DC 变换电路如图 5.16.5 所示。

图 5.16.5 中，U_i 为电源，VT 为晶体闸流管，u_C 为晶闸管驱动脉冲，L 为滤波电感，C 为电容，VD 为续流二极管，R_L 为负载，u_o 为负载电压。调节晶闸管驱动脉冲的占空比，即驱动脉冲高电平持续时间与脉冲周期的比值，即可调节负载端电压。

DC-DC 的作用为：当电源电压与负载电压不匹配时，通过 DC-DC 调节负载端电压，使负载能正常工作。

通过改变负载端电压，改变了折算到电源端的等效负载电阻，当等效负载电阻与电源内阻相等时，电源能最大限度输出能量。

若取反馈信号控制驱动脉冲，进而控制 DC-DC 输出电压，使电源始终最大限度输出能量，这样的功能模块称为最大功率跟踪器。

光伏系统常用的储能装置为蓄电池与超级电容器。

蓄电池是提供和存储电能的电化学装置。光伏系统使用的蓄电池多为铅酸蓄电池，充放电时的化学反应式为

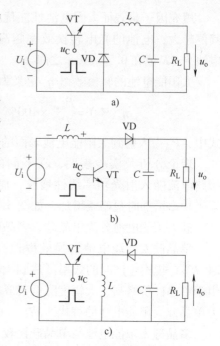

图 5.16.5　基本 DC-DC 变换电路
　　a）Buck（降压）电路
　　b）Boost（升压）电路
　　c）Buck-Boost（升降压）电路

$$\overset{正极}{PbO_2} + \overset{}{2H_2SO_4} + \overset{负极}{Pb} \underset{充电}{\overset{放电}{\rightleftharpoons}} \overset{正极}{PbSO_4} + 2H_2O + \overset{负极}{PbSO_4}$$

蓄电池放电时，化学能转换成电能，正极的氧化铅和负极的铅都转变为硫酸铅；蓄电池充电时，电能转换为化学能，硫酸铅在正负极又恢复为氧化铅和铅。

蓄电池充电电流过大，会导致蓄电池的温度过高和活性物质脱落，影响蓄电池的寿命。在充电后期，电化学反应速率降低，若维持较大的充电电流，会使水发生电解，正极析出氧气，负极析出氢气。理想的充电模式是，开始时以蓄电池允许的最大充电电流充电，随电池电压升高逐渐减小充电电流，达到最大充电电压时立即停止充电。当电压急速下降时，应立即停止放电。

蓄电池的放电时间一般规定为 20 h。放电电流过大和过度放电（电池电压过低）会严重影响电池寿命。

蓄电池具有储能密度（单位体积存储的能量）高的优点，但有充放电时间长（一般为数小时）、充放电寿命短（约 1 000 次）、功率密度低的缺点。

超级电容器通过极化电解质来储能，它由悬浮在电解质中的两个多孔电极板构成。在极板上加电，正极板吸引电解质中的负离子，负极板吸引正离子，实际上形成两个容性存储层，它所形成的双电层和传统电容器中的电介质在电场作用下产生的极化电荷相似，从而产生电容效应。由于紧密的电荷层间距比普通电容器电荷层间的距离小得多，因而具有比普通电容器更大的容量。

当超级电容所加电压低于电解液的氧化还原电极电位时,电解液界面上电荷不会脱离电解液,超级电容器为正常工作状态。如电容器两端电压超过电解液的氧化还原电极电位时,电解液将分解,为非正常状态。超级电容充电时不应超过其额定电压。

超级电容器的充放电过程始终是物理过程,没有化学反应,因此性能是稳定的。与利用化学反应的蓄电池不同,超级电容器可以反复充放电数十万次。

超级电容具有功率密度高(可大电流充放电)、充放电时间短(一般为数分钟)、充放电寿命长的优点,但比蓄电池储能密度低。

若将蓄电池与超级电容并联作蓄能装置,则可以在功率和储能密度上优势互补。

逆变器是将直流电变换为交流电的电力变换装置。

逆变电路一般都需升压来满足 220 V 常用交流负载的用电需求。逆变器按升压原理的不同分为低频、高频和无变压器 3 种逆变器。

低频逆变器首先把直流电逆变成 50 Hz 低压交流电,再通过低频变压器升压成 220 V 的交流电供负载使用。它的优点是电路结构简单,缺点是低频变压器体积大、价格高、效率也较低。

高频逆变器将低压直流电逆变为高频低压交流电,经过高频变压器升压后,再经整流滤波电路得到高压直流电,最后通过逆变电路得到 220 V 低频交流电供负载使用。高频逆变器体积小、重量轻、效率高,是目前用得最多的逆变器类型。

无变压器逆变器通过串联太阳能电池组或 DC-DC 电路得到高压直流电,再通过逆变电路得到 220 V 低频交流电供负载使用。这种逆变器在欧洲市场占主导地位,但由于在发电与用电电网间没有变压器隔离,在美国被禁止使用。

按输出波形,逆变器分为方波逆变器、阶梯波逆变器和正弦波逆变器等 3 种。

方波逆变器只需简单的开关电路即能实现,结构简单、成本低,但存在效率较低、谐波成分大、使用负载受限制等缺点。在太阳能系统中,方波逆变器已经很少应用了。

阶梯波逆变器普遍采用 PWM 脉宽调制方式生成阶梯波输出。它能够满足大部分用电设备的需求,但还是存在约 20% 的谐波失真,在运行精密设备时会出现问题,也会对通信设备造成高频干扰。

正弦波逆变器的优点是输出波形好、失真度很低,能满足所有交流负载的应用,其缺点是线路相对复杂、价格较贵。在太阳能发电并网应用时,需使用正弦波逆变器。

5.16.3 仪器介绍

太阳能电池实验装置如图 5.16.6 所示,电源面板如图 5.16.7 所示。

光源采用碘钨灯,其输出光谱接近太阳光谱。调节光源与太阳能电池之间的距离可以改变照射到太阳能电池上的光强,具体数值由光强探头测量。测试仪为实验提供电源,同时可以测量并显示电流、电压以及光强的数值。

电压源:可以输出 0~8 V 连续可调的直流电压,为太阳能电池伏安特性测量提供电压。

电压/光强表:通过"测量转换"按键,可以测量输入"电压输入"接口的电压,或接入"光强输入"接口的光强探头测量到的光强数值。表头下方的指示灯确定当前的显示状态。通过"电压量程"或"光强量程",可以选择适当的显示范围。

电流表:可以测量并显示 0~200 mA 的电流,通过"电流量程"选择适当的显示范围。

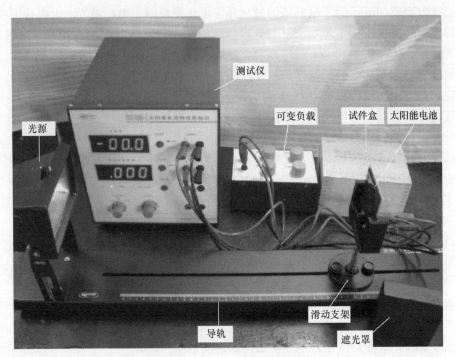

图 5.16.6 太阳能电池实验装置

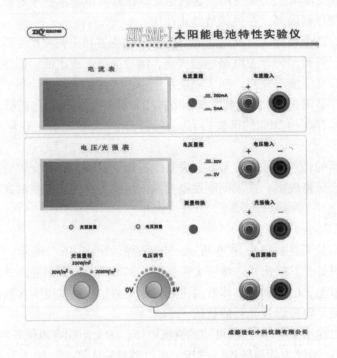

图 5.16.7 太阳能电池特性实验仪电源面板

太阳能电池应用系统的实验装置如图 5.16.8 所示,由太阳能电池组件,实验仪和测试仪 3 部分组成。

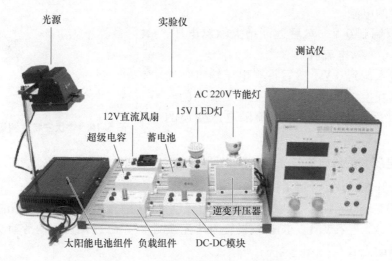

图 5.16.8　太阳能电池应用实验装置

各部件的基本参数如下：

太阳能电池：单晶硅太阳能电池，标称电压 12 V，标称功率 2 W。

光源：100 W 碘钨灯，为保证太阳能电池不因过热损坏，使用时调节至离太阳能电池最远。

负载组件：0～1 kΩ，2 W。

直流风扇：12 V，1 W。

LED 灯：直流 15 V，0.4 W。

DC-DC 模块：升降压 DC-DC，输入 5～35 V，输出 1.5～17 V，1 A。

超级电容：2.3 F，11 V。

蓄电池：12 V，1.3 A·h。

逆变升压器：DC 12 V～AC 220 V，75 W。

交流负载：节能灯，5 W。

5.16.4　实验内容

1. 硅太阳能电池的暗伏安特性

暗伏安特性是指无光照射时，流经太阳能电池的电流与外加电压之间的关系。

太阳能电池的基本结构是一个大面积平面 PN 结，单个太阳能电池单元的 PN 结面积已远大于普通的二极管。在实际应用中，为得到所需的输出电流，通常将若干电池单元并联。为得到所需输出电压，通常将若干已并联的电池组串联。因此，它的伏安特性虽类似于普通二极管，但取决于太阳能电池的材料、结构及组成组件时的串并连关系。

本实验提供的组件是将若干单元并联。要求测试并画出单晶硅、多晶硅、非晶硅太阳能电池组件在无光照时的暗伏安特性曲线。

用遮光罩罩住太阳能电池。

测试电路图如图 5.16.9 所示。将待测的太阳能电池接到测试仪上的"电压输出"接口，电阻箱调至 50 Ω 后串联进电路起保护作用，用电压表测量太阳能电池两端电压，电流表测量回路中的电流。

将电压源调到 0 V，然后逐渐增大输出电压，每间隔 0.1 V 记一次电流值。

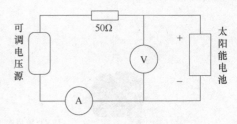

图 5.16.9　伏安特性测量电路图

将电压输入调到 0 V。然后将"电压输出"接口的两根连线互换，即给太阳能电池加上反向的电压。逐渐增大反向电压，记录电流随电压变换的数据。

2. 开路电压，短路电流与光强关系测量

打开光源开关，预热 5 min。

打开遮光罩。将光强探头装在太阳能电池板位置，探头输出线连接到太阳能电池特性测试仪的"光强输入"接口上。测试仪设置为"光强测量"。由远及近移动滑动支架，测量距光源一定距离的光强 I。

将光强探头换成单晶硅太阳能电池，测试仪设置为"电压表"状态。按测量光强时的距离值（光强已知），记录开路电压和短路电流值。

将单晶硅太阳能电池更换为多晶硅太阳能电池，重复测量步骤，并记录数据。

将多晶硅太阳能电池更换为非晶硅太阳能电池，重复测量步骤，并记录数据。

3. 太阳能电池输出特性实验

以电阻箱作为太阳能电池负载。在一定光照强度下（将滑动支架固定在导轨上某一个位置），分别将三种太阳能电池板安装到支架上，通过改变电阻箱的电阻值，记录太阳能电池的输出电压 U 和电流 I，并计算输出功率 $P_{out} = UI$。

根据数据作三种太阳能电池的输出伏安特性曲线及功率曲线，并与图 5.16.2 比较。

在实验的光照条件下，找出最大功率点，对应的电阻值即为最佳匹配负载。最大功率点对应的输出电压和电流是多少？

由式（5.16.1）计算填充因子。

由式（5.16.2）计算转换效率。入射到太阳能电池板上的光功率 $P_{in} = IS_1$，I 为入射到太阳能电池板表面的光强，S_1 为太阳能电池板面积。

若时间允许，可改变光照强度（改变滑动支架的位置），重复前面的实验。

4. 失配及遮挡对太阳能电池输出的影响实验

太阳能电池在串、并联使用时，由于每片电池电性能不一致，使得串、并联后的输出总功率小于各个单体电池输出功率之和，称为太阳能电池的失配。

太阳能电池由于云层、建筑物的阴影或电池表面的灰尘遮挡，使部分电池接收的辐照度小于其他部分。这部分电池输出会小于其他部分，也会对输出产生类似失配的影响。

太阳能电池并联连接时，总输出电流为各并联电池支路电流之和。在有失配或遮挡时，只要最差支路的开路电压高于组件的工作电压，则输出电流仍为各支路电流之和。若有某支路的开路电压低于组件的工作电压，则该支路将作为负载而消耗能量。

太阳能电池串联连接时，串联支路输出电流由输出最小的电池决定。在有失配或遮挡时，一方面会使该支路输出电流降低，另一方面，失配或被遮挡部分将消耗其他部分产生的能量，这样局部的温度就会很高，产生热斑，严重时会烧坏太阳能电池组件。

由于即使部分遮挡也会对整个串联电路输出产生严重影响，在应用系统中，常常在若干电池片旁并联旁路二极管，如图 5.16.10 中虚线所示，这样，若部分面积被遮挡，其他部分仍可正常工作。本实验所用电池未加旁路二极管。

由太阳能电池的伏安特性可知，太阳能电池在正常的工作范围内，电流变化很小，接近短路电流，电池的最大输出功率与短路电流成正比，故在测量遮挡对输出的影响时，可按图 5.16.11 测量遮挡对短路电流的影响。

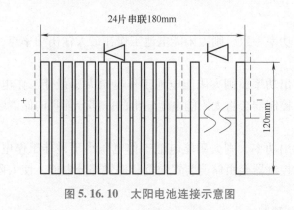

图 5.16.10　太阳电池连接示意图

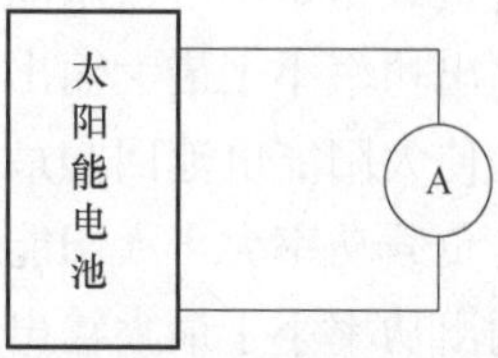

图 5.16.11　测量遮挡对短路电流的影响

5. 太阳能电池对两种储能装置方式充电实验

本实验对比太阳能电池直接对超级电容充电和在太阳能电池后加 DC-DC 再对超级电容充电。说明不同充电方式下充电特性的不同及充电方式对超级电容充电效率的影响。

本实验所用 DC-DC 采用输入反馈控制，在工作过程中保持输入端电压基本稳定。若太阳能电池光照条件不变，并调节 DC-DC 使输入电压等于太阳能电池最大功率点对应的输出电压，即可实现在太阳能电池的最大功率输出下的恒功率充电。

理论上，采用最大功率输出下的恒功率充电，太阳能电池一直保持最大输出，充电效率应该最高。在目前系统中，由于太阳能电池输出功率不大，而 DC-DC 本身有一定的功耗，致使两种方式充电效率（以从同一低电压充至额定电压所需时间衡量）差别不大，但从测量结果可以看出充电特性的不同。

按图 5.16.12，将负载组件接入超级电容放电，控制放电电流小于 150 mA，使电容电压放至低于 1 V。

按图 5.16.13 接线，做太阳能电池直接对超级电容充电实验。充电至 11 V 时停止充电。

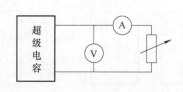

图 5.16.12　超级电容放电

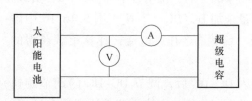

图 5.16.13　太阳能电池直接充电

将超级电容再次放电后，按图 5.16.14 接线，先将电压表接至太阳能电池端，调节

DC-DC使太阳能电池输出电压为最大功率电压。然后将电压表移至超级电容端（此时不再调节 DC-DC 旋钮），做加 DC-DC 后对超级电容充电实验，充电至 11 V 时停止充电。

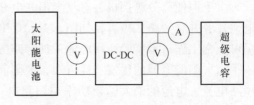

图 5.16.14　加 DC-DC 充电

6. 太阳能电池直接带负载实验

太阳能电池输出电压与直流负载工作电压一致时，可以将太阳能电池直接连接负载。

若负载功率与太阳能电池最大输出功率一致，则太阳能电池工作在最大输出功率点，最大限度输出能量。

若负载功率小于太阳能电池最大输出功率，则太阳能电池工作电压大于最佳工作电压，实际输出功率小于最大输出功率。此时控制器会将太阳能电池输出的一部分能量向储能装置充电，使太阳能电池回归最佳工作点。

若负载功率大于太阳能电池最大输出功率，则太阳能电池工作电压小于最佳工作电压，实际输出功率小于最大输出功率。此时控制器会由储能装置向负载提供部分电能，使太阳能电池回归最佳工作点。

本实验模拟负载功率大于太阳能电池最大输出功率的情况，观察并联超级电容前后太阳能电池输出功率和负载实际获得功率的变化，说明上述控制过程。

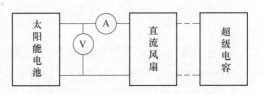

图 5.16.15　太阳能电池直接连接负载接线图

按图 5.16.15，断开超级电容，记录并联超级电容前，太阳能电池输出电压电流，计算输出功率 $P = UI$。

将充电至约 11 V 的超级电容并联至负载，由于超级电容容量较小，我们可看到负载端电压从 11 V 一直下降，在实际应用系统中，只要储能器容量足够大，下降速率会非常慢。当超级电容电压降至接近太阳能电池最佳工作电压时，记录太阳能电池的相应参数。

7. 加 DC-DC 匹配电源电压与负载电压实验

太阳能电池输出电压与直流负载工作电压不一致时，太阳能电池输出需经 DC-DC 转换成负载电压，再连接至负载。

本实验比较太阳能电池输出电压与直流负载工作电压不一致时，加和不加 DC-DC 对负载获得功率的影响，说明若不加 DC-DC，负载无法正常工作。

测量未加 DC-DC（不接入图 5.16.16 中虚线部分）负载的电压、电流，计算负载获得的功率。

接入 DC-DC 后，调节 DC-DC 的调节旋钮使输出最大（电压、电流表读数达到最大），测量此时负载的电压、电流，计算负载获得的功率。

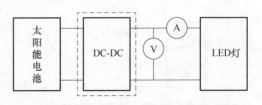

图 5.16.16　加 DC-DC 匹配电压接线图

8. DC-AC 逆变与交流负载实验

当负载为 220 V 交流时，太阳能电池输出必须经逆变器转换成交流 220 V，才能供负载使用。

由于节能灯功率远大于太阳能电池输出功率，由太阳能电池与蓄电池并联后给节能灯供电。

按图 5.16.17 接线，节能灯点亮。用电压表测量逆变器输入端直流电压，用示波器测量逆变器输出端电压及波形。

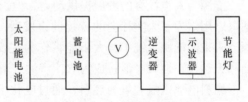

图 5.16.17　交流负载实验接线图

5.16.5　数据处理

① 以电压作横坐标、电流作纵坐标，画出三种太阳能电池的伏安特性曲线。记录并绘图开路电压、短路电流与光强关系测量。计算填充因子和转换效率。

② 失配及遮挡对太阳能电池输出的影响数据列表。由数据绘制两种充电情况下超级电容的 $U\text{-}t$、$I\text{-}t$、$P\text{-}t$ 曲线，了解两种方式的充电特性，根据所绘曲线加以讨论。并联超级电容后太阳能电池输出是否增加？计算太阳能电池输出增加率 $(P_2 - P_1)/P_1$，试以太阳能电池输出伏安特性解释输出增加的原因。画出逆变器输出波形，根据实验原理部分所述，判断该逆变器类型。

5.16.6　思考题

① 太阳能电池的暗伏安特性与一般二极管的伏安特性有何异同？

② 对于"太阳能电池直接带负载实验"，若负载电阻不变，负载获得功率与电压平方成正比，计算负载功率增加率 $(U_{22} - U_{12})/U_{12}$，若该增加率大于太阳能电池输出增加率，多余的能量由哪部分提供？

5.16.7　拓展研究

① 在"失配及遮挡对太阳能电池输出的影响实验"中，纵向遮挡（遮挡串联电池片中的若干片）对输出影响如何？工程上如何减小这种影响？横向遮挡（遮挡所有电池片的部分面积，等效于遮挡并联支路）对输出影响如何？

② 太阳能电池转换效率受哪些因素影响，如何提升？

5.17　燃料电池综合特性的测量

能源为人类社会的发展提供动力，但长期依赖矿物能源使我们面临环境污染之害、资源枯竭之困。为了人类社会的持续健康发展，各国都致力于研究开发新型能源。未来的能源系统中，太阳能将作为主要的一次能源替代目前的煤、石油和天然气，燃料电池将成为取代汽油、柴油和化学电池的清洁能源。

燃料电池以氢和氧为燃料，通过电化学反应直接产生电能，能量转换效率高于燃烧燃料的热机。燃料电池的反应生成物为水，对环境无污染，单位体积氢的储能密度远高于现有的其他电池。因此它的应用从最早的宇航等特殊领域，到现在人们积极研究将其应用到电动汽车、手机电池等日常生活的各个方面，各国都投入了巨资进行研发。

氢燃料电池实验

1839 年，英国人格罗夫（W. R. Grove）发明了燃料电池，历经材料、结构、工艺不断改进之后，进入了实用阶段。按燃料电池使用的电解质或燃料类型，可将现在和近期可行的燃料电池分为碱性燃料电池、质子交换膜燃料电池、直接甲醇燃料电池、磷酸燃料电池、熔融碳酸盐燃料电池、固体氧化物燃料电池 6 种主要类型，本实验研究其中的质子交换膜燃料电池。

燃料电池的燃料氢可电解水获得，也可由矿物或生物原料转化制成。本实验包含太阳能电池发电（光能-电能转换）、电解水制取氢气（电能-氢能转换）、燃料电池发电（氢能-电能转换）几个环节，形成了完整的能量转换、储存、使用的链条。实验内含物理内容丰富，实验内容紧密结合科技发展热点与实际应用，实验过程环保清洁。

5.17.1　实验要求

1. 实验重点

① 了解燃料电池的工作原理。

② 观察仪器的能量转换过程：光能→太阳能电池→电能→电解池→氢能（能量储存）→燃料电池→电能。

③ 验证法拉第电解定律。

2. 预习要点

① 燃料电池输出特性用什么来表征？如何计算燃料电池的最大输出功率及效率？

② 质子交换膜电解池的特性是什么？

③ 太阳能电池输出功率随输出电压有什么样的变化规律？

④ 填充因子与燃料电池性能之间的对应关系是什么？

5.17.2　实验原理

1. 燃料电池的工作原理

质子交换膜（Proton Exchange Membrane，PEM）燃料电池在常温下工作，具有启动快速、结构紧凑的优点，最适宜作汽车或其他可移动设备的电源，近年来发展很快，其基本结构如图 5.17.1 所示。

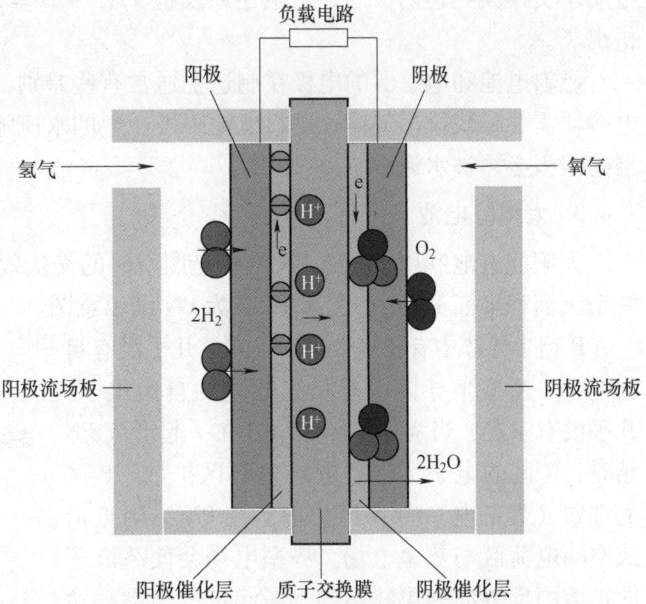

目前广泛采用的全氟磺酸质子交换膜为固体聚合物薄膜，厚度为 0.05 ~ 0.1 mm，它提供氢离子（质子）从阳极到达阴极的通道，而电子或气体不能通过。

催化层是将纳米量级的铂粒子用化学或物理的方法附着在质子交换膜表面，厚度约 0.03 mm，对阳极氢的氧化和阴极氧的还原起催化作用。

膜两边的阳极和阴极由石墨化的碳纸或碳布做成，厚度为 0.2 ~ 0.5 mm，导电性能良好，其上的微孔提供气体进入催化层的通道，又称为扩散层。

图 5.17.1　质子交换膜燃料电池结构示意图

商品燃料电池为了提供足够的输出电压和功率，需将若干单体电池串联或并联在一起，流场板一般由导电良好的石墨或金属做成，与单体电池的阳极和阴极形成良好的电接触，称为双极板，其上加工有供气体流通的通道。教学用燃料电池为直观起见，采用有机玻璃做流场板外罩基体。

进入阳极的氢气通过电极上的扩散层到达质子交换膜。氢分子在阳极催化剂的作用下解离为 2 个氢离子，即质子，并释放出 2 个电子，阳极反应为

$$H_2 = 2H^+ + 2e \tag{5.17.1}$$

氢离子以水合质子 $H^+(nH_2O)$ 的形式，在质子交换膜中从一个磺酸基转移到另一个磺酸基，最后到达阴极，实现质子导电，质子的这种转移导致阳极带负电。

在电池的另一端，氧气或空气通过阴极扩散层到达阴极催化层，在阴极催化层的作用下，氧与氢离子和电子反应生成水，阴极反应为

$$O_2 + 4H^+ + 4e = 2H_2O \tag{5.17.2}$$

阴极反应使阴极缺少电子而带正电，结果在阴阳极间产生电压，在阴阳极间接通外电路，就可以向负载输出电能。总的化学反应为

$$2H_2 + O_2 = 2H_2O \tag{5.17.3}$$

注意，在电化学中，失去电子的反应叫氧化，得到电子的反应叫还原。产生氧化反应的电极是阳极，产生还原反应的电极是阴极。对电池而言，阴极是电的正极，阳极是电的负极。

2. 水的电解原理

将水电解产生氢气和氧气，与燃料电池中氢气和氧气反应生成水互为逆过程。

水电解装置同样因电解质的不同而各异，碱性溶液和质子交换膜是最好的电解质。若以质子交换膜为电解质，可在图 5.17.1 右边电极接电源正极形成电解的阳极，在其上产生氧化反应 $2H_2O = O_2 + 4H^+ + 4e$；左边电极接电源负极形成电解的阴极，阳极产生的氢离子通

过质子交换膜到达阴极后，产生还原反应 $2H^+ + 2e = H_2$。即在右边电极析出氧，左边电极析出氢。

　　燃料电池和电解器的电极在制造上通常有些差别，燃料电池的电极应利于气体吸纳，而电解器需要尽快排出气体。燃料电池阴极产生的水应随时排出，以免阻塞气体通道，而电解器的阳极必须被水淹没。

　　3. 太阳能电池

　　太阳能电池利用半导体 PN 结受光照射时的光伏效应发电，太阳能电池的基本结构就是一个大面积平面 PN 结，图 5.17.2 为 PN 结示意图。

　　P 型半导体中有相当数量的空穴，几乎没有自由电子。N 型半导体中有相当数量的自由电子，几乎没有空穴。当两种半导体结合在一起形成 PN 结时，N 区的电子（带负电）向 P 区扩散，P 区的空穴（带正电）向 N 区扩散，在 PN 结附近形成空间电荷区与势垒电场。势垒电场会使载流子向扩散的反方向做漂移运动，最终扩散与漂移达

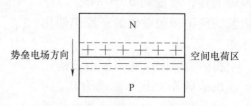

图 5.17.2　半导体 PN 结示意图

到平衡，使流过 PN 结的净电流为零。在空间电荷区内，P 区的空穴被来自 N 区的电子复合，N 区的电子被来自 P 区的空穴复合，使该区内几乎没有能导电的载流子，又称为结区或耗尽区。

　　当光电池受光照射时，部分电子被激发而产生电子-空穴对，在结区激发的电子和空穴分别被势垒电场推向 N 区和 P 区，使 N 区有过量的电子而带负电，P 区有过量的空穴而带正电，PN 结两端形成电压，这就是光伏效应。若将 PN 结两端接入外电路，就可向负载输出电能。

5.17.3　仪器介绍

　　仪器的构成如图 5.17.3 所示。

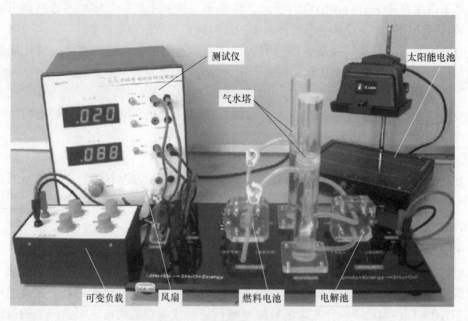

图 5.17.3　燃料电池综合实验仪

燃料电池、电解池、太阳能电池的原理见实验原理部分。

质子交换膜必需含有足够的水分才能保证质子的传导。但水含量又不能过高，否则电极被水淹没，水阻塞气体通道，燃料不能传导到质子交换膜参与反应。如何保持良好的水平衡关系是燃料电池设计的重要课题。为保持水平衡，电池正常工作时排水口打开，在电解电流不变时，燃料供应量是恒定的。若负载选择不当，电池输出电流太小，未参加反应的气体从排水口泄漏，燃料利用率及效率都低。在适当选择负载时，燃料利用率约为 90%。

气水塔为电解池提供纯水（二次蒸馏水），可分别储存电解池产生的氢气和氧气，为燃料电池提供燃料气体。每个气水塔都是上下两层结构，上下层之间通过插入下层的连通管连接，下层顶部有一输气管连接到燃料电池。初始时，下层近似充满水，电解池工作时，产生的气体会汇聚在下层顶部，通过输气管输出。若关闭输气管开关，气体产生的压力会使水从下层进入上层，而将气体储存在下层的顶部，通过管壁上的刻度可知储存气体的体积。两个气水塔之间还有一个水连通管，加水时打开使两塔水位平衡，实验时切记关闭该连通管。

风扇作为定性观察时的负载，可变负载作为定量测量时的负载。

图 5.17.4 所示为燃料电池实验仪系统的测试仪前面板图。该仪器可测量电流和电压，若不用太阳能电池作电解池的电源，可从测试仪供电输出端口向电解池供电。实验前需预热15 min。

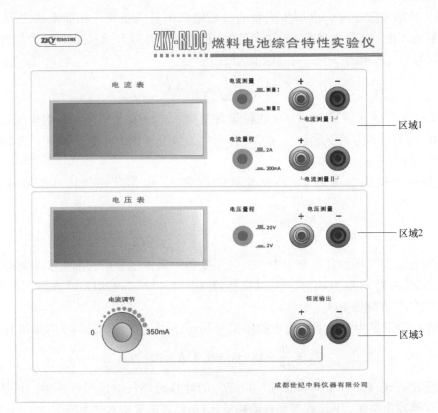

图 5.17.4　燃料电池测试仪前面板示意图

区域 1—电流表部分，作为一个独立的电流表使用。其中有：

两个档位：2 A 档和 200 mA 档，可通过电流档位切换开关选择合适的电流档位测量电流。

两个测量通道：电流测量 I 和电流测量 II。通过电流测量切换键可以测量两条通道的电流。

区域 2—电压表部分：作为一个独立的电压表使用。共有两个档位：20 V 档和 2 V 档，可通过电压档位切换开关选择合适的电压档位测量电压。

区域 3—恒流源部分：为燃料电池的电解池部分提供一个 0 ~ 350 mA 的可调恒流源。

5.17.4　实验内容

1. 质子交换膜电解池的特性测量

理论分析表明，若不考虑电解池的能量损失，在电解池上加 1.48 V 电压就可使水分解为氢气和氧气，实际由于各种损失，输入电压高于 1.6 V，电解池才开始工作。

电解池的效率为

$$\eta_{\text{电解}} = \frac{1.48 \text{ V}}{U_{\text{输入}}} \times 100\% \tag{5.17.4}$$

输入电压较低时虽然能量利用率较高，但电流小，电解的速率低，通常使电解池输入电压在 2 V 左右。

根据法拉第电解定律，电解生成物的量与输入电量成正比。在标准状态下（温度为 0 ℃，电解池产生的氢气保持在 1 个大气压），设电解电流为 I，经过时间 t 生产的氢气体积（氧气体积为氢气体积的一半）的理论值为

$$V_{\text{氢气}} = \frac{It}{2F} \times 22.4 \text{ L} \tag{5.17.5}$$

式中，$F = eN = 9.65 \times 10^4$ C/mol，为法拉第常数（$e = 1.602 \times 10^{-19}$ C，为电子电量；$N = 6.022 \times 10^{23}$，为阿伏伽德罗常数）；$It/2F$ 为产生的氢分子的摩尔数；22.4 L 为标准状态下气体的摩尔体积。

若实验时的摄氏温度为 T，所在地区气压为 p，根据理想气体状态方程，可对式（5.17.5）作修正：

$$V_{\text{氢气}} = \frac{273.16 \text{ ℃} + T}{273.16 \text{ ℃}} \cdot \frac{p_0}{p} \cdot \frac{It}{2F} \times 22.4 \text{ L} \tag{5.17.6}$$

式中，p_0 为标准大气压。自然环境中，大气压受各种因素的影响，如温度和海拔等，其中海拔对大气压的影响最为明显。由国家标准 GB/T 4797.2—2017 可查到，海拔每升高 1 000 m，大气压下降约 10%。

由于水的分子量为 18，且每克水的体积为 1 cm³，故电解池消耗的水的体积为

$$V_{\text{水}} = \frac{It}{2F} \times 18 \text{ cm}^3 = 9.33It \times 10^{-5} \text{ cm}^3 \tag{5.17.7}$$

应当指出，式（5.17.6）和式（5.17.7）的计算对燃料电池同样适用，只是其中的 I 代表燃料电池输出电流，$V_{\text{氢气}}$ 代表燃料消耗量，$V_{\text{水}}$ 代表电池中水的生成量。

确认气水塔水位在水位上限与下限之间。

将测试仪的电压源输出端串联电流表后接入电解池，将电压表并联到电解池两端。

将气水塔输气管止水夹关闭，调节恒流源输出到最大（旋钮顺时针旋转到底），让电解

池迅速产生气体。当气水塔下层的气体低于最低刻度线的时候，打开气水塔输气管止水夹，排出气水塔下层的空气。如此反复 2~3 次后，气水塔下层的空气基本排尽，剩下的就是纯净的氢气和氧气了。根据表 5.17.1 中的电解池输入电流大小，调节恒流源的输出电流，待电解池输出气体稳定（约 1 min）后，关闭气水塔输气管。测量输入电流、电压及产生一定体积的气体的时间，记入表 5.17.1 中。

表 5.17.1 电解池的特性测量

输入电流 I/A	输入电压/V	时间 t/s	电量 It/C	氢气产生量测量值/L	氢气产生量理论值/L
0.10					
0.20					
0.30					

由式（5.17.6）计算氢气产生量的理论值，与氢气产生量的测量值比较。若不管输入电压与电流大小，氢气产生量只与电量成正比，且测量值与理论值接近，即验证了法拉第定律。

2. 燃料电池输出特性的测量

在一定的温度与气体压力下，改变负载电阻的大小，测量燃料电池的输出电压与输出电流之间的关系，如图 5.17.5 所示。电化学家将其称为极化特性曲线，习惯用电压作纵坐标、电流作横坐标。

理论分析表明，如果燃料的所有能量都被转换成电能，则理想电动势为 1.48 V。实际燃料的能量不可能全部转换成电能，例如总有一部分能量转换成热能，少量的燃料分子或电子穿过质子交换膜形成内部短路电流等，故燃料电池的开路电压低于理想电动势。

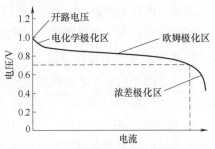

图 5.17.5 燃料电池的极化特性曲线

随着电流从零增大，输出电压有一段下降较快，主要是因为电极表面的反应速度有限，有电流输出时，电极表面的带电状态改变，驱动电子输出阳极或输入阴极时，产生的部分电压会被损耗掉，这一段被称为电化学极化区。

输出电压的线性下降区的电压降，主要是电子通过电极材料及各种连接部件，离子通过电解质的阻力引起的，这种电压降与电流成比例，所以这一段被称为欧姆极化区。

输出电流过大时，燃料供应不足，电极表面的反应物浓度下降，使输出电压迅速降低，而输出电流基本不再增加，这一段被称为浓差极化区。

综合考虑燃料的利用率（恒流供应燃料时可表示为燃料电池电流与电解电流之比）及输出电压与理想电动势的差异，燃料电池的效率为

$$\eta_{电池} = \frac{I_{电池}}{I_{电解}} \cdot \frac{U_{输出}}{1.48\ \text{V}} \times 100\% = \frac{P_{输出}}{1.48\ \text{V} \times I_{电解}} \times 100\% \tag{5.17.8}$$

某一输出电流时燃料电池的输出功率相当于图 5.17.5 中虚线围出的矩形区，在使用燃

料电池时，应根据伏安特性曲线，选择适当的负载匹配，使效率与输出功率达到最大。

实验时让电解池输入电流保持在 300 mA，关闭风扇。

将电压测量端口接到燃料电池输出端。打开燃料电池与气水塔之间的氢气、氧气连接开关，等待约 10 min，让电池中的燃料浓度达到平衡值，电压稳定后记录开路电压值。

将电流量程按钮切换到 200 mA。可变负载调至最大，电流测量端口与可变负载串联后接入燃料电池输出端，改变负载电阻的大小，使输出电压值如表 5.17.2 所列（输出电压值可能无法精确到表中所示数值，只需相近即可），稳定后记录电压电流值。

负载电阻快速调得很低时，电流相应会快速升到很高，甚至超过电解电流值，这种情况是不稳定的，重新恢复稳定需较长时间。为避免出现这种情况，输出电流高于 210 mA 后，每次调节减小电阻 0.5 Ω，输出电流高于 240 mA 后，每次调节减小电阻 0.2 Ω，每测量一点的平衡时间稍长一些（约需 5 min）。稳定后记录电压电流值。

表 5.17.2　燃料电池输出特性的测量　　　　　（电解电流 =　　　mA）

输出电压 U/V	—	0.90	0.85	0.80	0.75	0.70	0.65	0.60	0.55	0.50	⋯
输出电流 I/mA	0										
功率 $P = UI$/mW	0										

作出所测燃料电池的极化曲线。

作出该电池输出功率随输出电压的变化曲线。

求出该燃料电池最大输出功率以及最大输出功率对应的效率。

实验完毕，关闭燃料电池与气水塔之间的氢气氧气连接开关，切断电解池输入电源。

3. 太阳能电池的特性测量

在一定的光照条件下，改变太阳能电池负载电阻的大小，测量输出电压与输出电流之间的关系，如图 5.17.6 所示。

U_{oc} 代表开路电压，I_{sc} 代表短路电流，图 5.17.6 中虚线围出的面积为太阳能电池的输出功率。与最大功率对应的电压称为最大工作电压 U_m，对应的电流称为最大工作电流 I_m。

表征太阳能电池特性的基本参数还包括光谱响应特性、光电转换效率、填充因子等。

填充因子 $F \cdot F$ 定义为

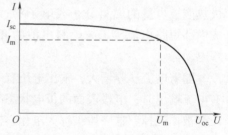

图 5.17.6　太阳能电池的伏安特性曲线

$$F \cdot F = \frac{U_m I_m}{U_{oc} I_{sc}}$$

(5.17.9)

填充因子是评价太阳能电池输出特性好坏的一个重要参数，其值越高，表明太阳能电池输出特性越趋近于矩形，电池的光电转换效率越高。

将电流测量端口与可变负载串联后接入太阳能电池的输出端，将电压表并联到太阳能电池两端。

保持光照条件不变，改变太阳能电池负载电阻的大小，测量输出电压电流值，并计算输出功率，记入表 5.17.3 中。

表 5.17.3　太阳能电池输出特性的测量

输出电压 U/V								
输出电流 I/mA								
功率 $P = UI$/mW								

作出所测太阳能电池的伏安特性曲线。

作出该电池输出功率随输出电压的变化曲线。

分别求出该太阳能电池的开路电压 U_{oc}、短路电流 I_{sc}、最大输出功率 P_m、最大工作电压 U_m、最大工作电流 I_m 以及填充因子 $F \cdot F$。

4. 注意事项

① 该实验系统必须使用去离子水或二次蒸馏水，容器必须清洁干净，否则将损坏系统。

② PEM 电解池的最高工作电压为 6 V，最大输入电流为 1 000 mA，否则将极大地伤害 PEM 电解池。

③ PEM 电解池所加的电源极性必须正确，否则将毁坏电解池并有起火燃烧的可能。

④ 绝不允许将任何电源加于 PEM 燃料电池输出端，否则将损坏燃料电池。

⑤ 气水塔中所加入的水面高度必须在上水位线与下水位线之间，以保证 PEM 燃料电池正常工作。

⑥ 该系统主体系有机玻璃制成，使用中需小心，以免打坏或损伤。

⑦ 太阳能电池板和配套光源在工作时温度很高，切不可用手触摸，以免被烫伤。

⑧ 绝不允许用水打湿太阳能电池板和配套光源，以免触电或损坏该部件。

⑨ 配套"可变负载"所能承受的最大功率是 1 W，只能使用于该实验系统中。

⑩ 电流表的输入电流不得超过 2 A，否则将烧毁电流表。

⑪ 电压表的输入电压不得超过 25 V，否则将烧毁电压表。

⑫ 实验时必须关闭两个气水塔之间的连通管。

5.17.5　数据处理

1. 质子交换膜电解池的特性测量

计算氢气产生量的理论值，通过与氢气产生量的测量值比较，验证法拉第定律。

2. 燃料电池输出特性的测量

作出所测燃料电池的极化曲线；作出该电池输出功率随输出电压的变化曲线。求出燃料电池最大输出功率及其对应的效率。

3. 太阳能电池的特性测量

作出所测太阳能电池的伏安特性曲线；作出该电池输出功率随输出电压的变化曲线。求出该太阳能电池的开路电压 U_{oc}、短路电流 I_{sc}、最大输出功率 P_m、最大工作电压 U_m、最大工作电流 I_m、填充因子 $F \cdot F$。

5.17.6　思考题

① 如何提高燃料电池的燃料利用率？

② 对于太阳能电池来说，填充因子 $F \cdot F$ 有什么意义？

5.17.7 拓展研究

① 联系燃料电池汽车等实际应用，分析燃料电池的优缺点是什么，如何提升燃料电池的性能？

② 设计实验方案，研究本实验中主要待测量的误差来源和影响。

5.18　各向异性磁阻传感器与磁场测量

在我们生活的空间，磁场无处不在，它是传递实物间磁力作用的一种场。

磁场通常分为地磁场和电磁场。地磁场是指地球内部存在的天然磁性现象。人类对地磁场存在的早期认识，来源于天然磁石和磁针的指极性。地磁的北磁极在地理的南极附近，地磁的南磁极在地理的北极附近。磁针的指极性是由于地球的北磁极吸引着磁针的 N 极，而地球的南磁极吸引着磁针的 S 极。地磁场通过地球磁圈引力保护着地球上的生物不受太阳风的侵害。

磁阻传感器
测地磁场

电磁场则是存在联系、相互依存的电场和磁场的总称。随时间变化的电场产生磁场，随时间变化的磁场产生电场，二者互为因果，形成电磁场。电磁场总是以光速向四周传播，形成电磁波，可应用于手机通信、卫星信号、导航和医疗器械等许多领域。

针对不同大小的磁场，主要的测量方法有：电磁感应法、磁通门法、霍尔效应法、磁光效应法、磁共振法、超导量子干涉器件法和磁阻效应法等。其中，磁阻效应是指材料在外磁场的作用下，其电阻值会随外磁场的变化而变化的现象。它最初于 1857 年由威廉·汤姆森（W. Thomson），即后来的开尔文爵士发现，但是在一般材料中，电阻的变化通常小于 5%，这样的效应后来被称为"常磁阻效应"。从常磁阻开始，随着科技的不断发展，又出现了各向异性磁阻、巨磁阻、庞巨磁阻和隧穿磁阻效应等。

有些材料中磁阻的变化，与外加磁场和电流间的夹角有关，这种效应称为各向异性磁阻效应（Anisotropic magnetoresistance effect）。利用这一效应制成的元器件称为各向异性磁阻传感器，简称 AMR 传感器。根据磁阻的各向异性这一独特性质和 AMR 传感器的测量范围正好是以地球磁场分布范围为中心，它成为比较适合工作在地球磁场环境下的磁传感器。它具有精度高、体积小、工艺简单和稳定性好等优点，在导航功能、车辆管控和地磁探测等方面都有重要的应用。

本实验利用各向异性磁阻传感器的工作特性，对一定条件下的磁场分布进行测量，进而得到相应的物理参数。

5.18.1　实验要求

1. 实验重点

① 了解磁阻传感器的工作原理。

② 掌握各向异性磁阻传感器的磁电转换特性和各向异性特性。

③ 利用各向异性磁阻传感器工作特性的特点测量一定条件下的磁场分布。

2. 预习要点

① 什么是磁阻效应？磁阻效应的分类有哪些？

② 各向异性磁阻传感器有什么特性？其阻值大小和哪些因素有关？

③ 各向异性磁阻传感器可以实现线性输出特性的条件是什么？

④ 在各向异性磁阻传感器的应用过程中，通常由 4 个相同的磁阻元件构成惠斯通电桥

的形式，这样做有什么优势？

5.18.2　实验原理

各向异性磁阻是由坡莫合金薄膜以条带的形式沉积在硅片上形成的。磁阻在进行沉积的过程中一般采用 45°的外加磁场，使其形成易磁化轴方向，如图5.18.1所示，也就是在材料内建一内建磁场，以便保证材料内的磁化方向与工作电流方向之间的夹角约为 ±45°，以实现输出的线性特性。

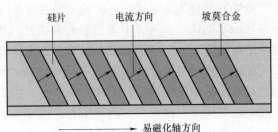

图 5.18.1　45°角外加磁场沉积形成磁阻示意图

理论分析和实践结果表明，材料的电阻值大小与材料磁化方向和材料内电流方向的夹角有关，若材料磁化方向与电流方向成 θ 角，材料的电阻值可表示为

$$R = R_{\min} + (R_{\max} - R_{\min})\cos^2\theta \qquad (5.18.1)$$

根据表达式（5.18.1）可得如图5.18.2所示的材料电阻与材料磁化方向和电流方向之间夹角的关系曲线。其中横坐标 θ 代表材料的磁化方向和电流方向之间的夹角，纵坐标 R 代表材料的电阻值大小。

从图5.18.2的关系曲线可以看出，材料阻值 R 随材料磁化方向和电流间夹角 θ 的变化而变化，且材料阻值 R 与其磁化方向和电流间夹角 θ 之间的关系是非线性的，每一个阻值 R 并不与唯一的磁化方向和电流间夹角 θ 成对应关系。当材料的磁化方向和电流方向相互平行时，材料的电阻值最大为 $R_{\max}$；当材料的磁化方向和电流方向相互垂直时，材料的电阻值最小为 $R_{\min}$；除此之外，还可以看出，当材料的磁化方向和电流方向之间的夹角为 ±45°角附近时，它们之间的关系为线性，且此时各向异性磁阻的灵敏度最高。正是利用各向异性磁阻的这一线性输出特性制成了我们今天广泛使用的各向异性磁阻传感器。

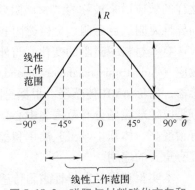

图 5.18.2　磁阻与材料磁化方向和
电流方向间夹角的关系曲线

在实际应用中，若仅仅通过把单独的一个磁阻传感器放在磁场中用来测量，测量结果将受外界环境因素如测量环境的温度、湿度和工作电源稳定性等的影响较大。为了消除外界因素对测量结果的影响，通常由 4 个相同的磁阻构成惠斯通电桥的形式，其结构如图5.18.3所示。其中 V_b 为供电电源，易磁化轴方向与电流方向的夹角约为 45°。

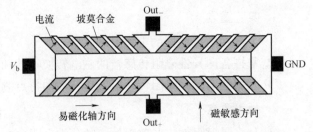

图 5.18.3　4 个磁阻元件构成的惠斯通电桥结构示意图

当该磁阻传感器处于外磁场中时，若外磁场为零或外磁场方向平行于磁阻的内建磁场方

向（即易磁化轴方向），其各磁阻的合磁场方向均沿原内建磁场方向不变，此时各磁体内的合磁场方向与电流方向之间的夹角 θ 保持不变，如图 5.18.4a 所示，此时，电桥的 4 个桥臂电阻阻值均相同，电桥的差电压输出为零。若外磁场与内建磁场之间有一定夹角，比如外磁场正好在磁敏感方向上，如图 5.18.4b 所示，则材料内部的合磁场方向会相对于原内建磁场方向发生偏移，沿图中两磁场矢量合成的方向，也就是说材料的磁化方向和电流方向之间的夹角 θ 将发生变化，结果使得电桥的左上和右下桥臂的电流与磁化方向的夹角减小为 θ'，电阻值将增大 ΔR；右上与左下桥臂的电流与磁化方向的夹角增大为 θ''，电阻值则相应减小 ΔR。

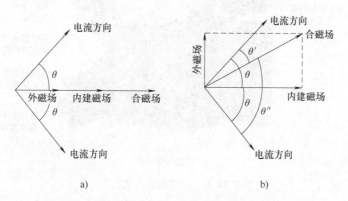

图 5.18.4　外加磁场对材料磁化方向和电流夹角的影响

a）外磁场为 0 或平行于内建磁场　b）外磁场垂直于内建磁场

通过对惠斯通电桥的分析可知，此时电桥的输出电压可表示为

$$U = V_b \cdot \Delta R / R \tag{5.18.2}$$

式中，V_b 为电桥工作电压；R 为桥臂电阻；$\Delta R / R$ 为磁阻阻值的相对变化率，与外加磁场强度成正比。通过测量电桥两输出端输出的电压信号，即可推算出外加磁场大小。

5.18.3　实验仪器

磁场实验仪、各向异性磁阻传感器与磁场测量仪集成电源、导线和水准仪等。

磁场实验仪的核心部件是位于两线圈之间的磁阻传感器盒内放置的磁阻传感器，传感器上白色箭头方向代表该传感器的磁敏感方向。本实验仪的磁阻传感器的工作范围为 ±6 Gs；灵敏度为 1 mV/V/Gs，灵敏度表示，当磁阻电桥的工作电压为 1 V，被测磁场的磁感应强度为 1 Gs 时，磁阻传感器的输出信号为 1 mV；磁阻传感器的输出信号需经放大电路放大后，再接显示电路，因此，在由面板显示电压计算磁感应强度时需要考虑放大器的放大倍数。本实验仪的电桥工作电压为 5 V，放大器放大倍数为 50 倍。即当被测磁场磁感应强度为 1 Gs 时，对应的电路面板显示电压为 0.25 V。

亥姆霍兹线圈由一对彼此平行的共轴圆形线圈组成，两线圈内的电流方向一致，大小相等，两线圈之间的距离正好等于圆形线圈的半径 R。这种线圈的特点是能在公共轴的轴线中点附近产生较广泛的均匀磁场。本实验仪的线圈匝数 $N = 310$，线圈半径 $R = 0.14$ m。

除此之外，还有一些传感器和线圈的调节/锁紧螺钉，用于调节线圈和传感器的方位。磁场实验仪的具体结构如图 5.18.5 所示。

图 5.18.5 磁场实验仪结构图

各向异性磁阻传感器与磁场测量仪集成电源的面板如图 5.18.6 所示。

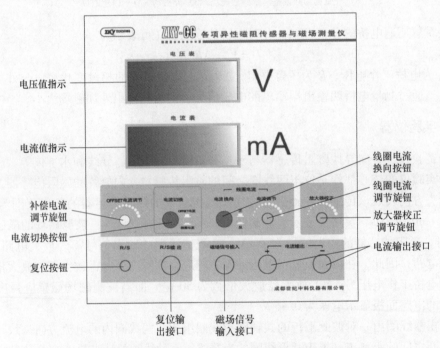

图 5.18.6 各向异性磁阻传感器与磁场测量仪集成电源的面板图

电压表指示传感器采集到的信号经放大器放大后的电压值；电流表指示亥姆霍兹线圈电流值或补偿电流值。

补偿电流调节旋钮：用于调节补偿电流的大小。

电流切换按钮：用于切换使电流表显示亥姆霍兹线圈电流或补偿电流，按下时显示线圈电流，弹起时显示补偿电流。

复位按钮：用于恢复传感器的最初使用特性，此按钮每按下一次，传感器内部磁畴就重新沿其易磁化轴方向排列一次。

复位输出接口：与磁场实验仪相连，为传感器提供复位脉冲电流。

磁场信号输入接口：与磁场实验仪相连，把传感器探测到的信号输入电源主机，经放大后由电压表显示。

电流输出接口：与磁场实验仪相连，为亥姆霍兹线圈提供工作电流。

放大器校正调节旋钮：用于在标准磁场中校准放大器的放大倍数。

线圈电流调节旋钮：用于调节亥姆霍兹线圈电流的大小，电流值大小由上方电流表显示。

线圈电流换向按钮：用于改变线圈中电流的方向，按下时为反向电流，弹起时为正向电流。

5.18.4　实验内容

实验前准备

① 打开电源，开机预热 20 min；将磁阻传感器调节至亥姆霍兹线圈中心位置且使传感器磁敏感方向与线圈轴线一致。

② 调节亥赫姆霍兹线圈电流为零，按复位键恢复传感器特性。

③ 调节补偿电流以补偿地磁场或电桥电阻不完全相等等因素产生的偏离，使传感器输出为零。

④ 调节亥姆霍兹线圈电流至 300 mA（线圈产生的磁感应强度为 6 Gs），调节放大器校准旋钮，使输出电压为 1.500 V。

实验 1 ▶ 各向异性磁阻传感器的特性测量

(1) 各向异性磁阻传感器的磁电转换特性测量

将亥姆霍兹线圈电流从 300 mA 逐渐调小至 0，并记录线圈电流及相应的输出电压值；切换电流换向开关（亥姆霍兹线圈电流反向，磁场及输出电压也将反向），逐渐调大反向电流，记录反向线圈电流及相应输出电压值。

注意：电流换向后，必须按复位按键，使传感器恢复最初的传感使用特性。

(2) 磁阻传感器的各向异性测量

将亥姆霍兹线圈电流调节至 200 mA，松开线圈水平旋转锁紧螺钉，每次将亥姆霍兹线圈与传感器盒整体转动 10°后锁紧，松开传感器水平旋转锁紧螺钉，将传感器盒向相反方向转动 10°（保持 AMR 方向不变）后锁紧，记录不同角度及相应输出电压值。

实验 2 ▶ 亥姆霍兹线圈的磁场分布测量

(1) 亥姆霍兹线圈轴线上的磁场分布测量

亥姆霍兹线圈内的电流 I 方向一致，大小相同，线圈匝数为 N，线圈之间的距离 d 正好等于圆形线圈的半径 R，若以两线圈中点为坐标原点，则轴线上任意一点 x 处的磁感应强度

是两线圈在该点产生的磁感应强度之和为

$$B(x) = \frac{\mu_0 N R^2 I}{2\left[R^2 + \left(\frac{R}{2} + x\right)^2\right]^{3/2}} + \frac{\mu_0 N R^2 I}{2\left[R^2 + \left(\frac{R}{2} - x\right)^2\right]^{3/2}}$$

$$= B_0 \frac{5^{3/2}}{16}\left\{\frac{1}{\left[1 + \left(\frac{1}{2} + \frac{x}{R}\right)^2\right]^{3/2}} + \frac{1}{\left[1 + \left(\frac{1}{2} - \frac{x}{R}\right)^2\right]^{3/2}}\right\}$$

(5. 18. 3)

式中，B_0 是 $x = 0$ 时，即亥姆霍兹线圈公共轴线中点的磁感应强度。表 5. 18. 1 列出了 x 取不同值时 $B(x)/B_0$ 值的理论计算结果。

表 5. 18. 1 x 取不同值时 $B(x)/B_0$ 的理论计算结果

位置 x	$-0.5R$	$-0.4R$	$-0.3R$	$-0.2R$	$-0.1R$	0	0.1R	0.2R	0.3R	0.4R	0.5R
$B(x)/B_0$ 计算值	0.946	0.975	0.992	0.998	1.000	1	1.000	0.998	0.992	0.975	0.946

调节传感器磁敏感方向与亥姆霍兹线圈轴线一致，位置调节至亥姆霍兹线圈中心（$x = 0$）处，测量输出电压值，将传感器盒每次沿轴线平移 $0.1R$，记录相应的测量数据（已知 $R = 0.14$ m）。

（2）亥姆霍兹线圈空间的磁场分布测量

由毕奥-萨伐尔定律，可以计算亥姆霍兹线圈空间任意一点的磁场分布，由于亥姆霍兹线圈的轴对称性，只要计算出（或测量）过轴线平面上的二维磁场分布，即可得到空间任意一点的磁场分布。改变磁阻传感器的空间位置，记录 x 方向的磁场产生的电压 V_x，测量亥姆霍兹线圈的空间磁场分布。

实验 3   实验室所在处的地磁场测量

地磁场的北极、南极与地理南极、北极彼此并不重合，可用地磁场磁感应强度、磁偏角和磁倾角三个参量来完全描述地球表面任一地点的磁场，如图 5. 18. 7 所示。其中磁偏角 D 是地磁场磁感应强度矢量在水平面的投影与地球经线的夹角；磁倾角 I 是地磁场磁感应强度矢量与水平面的夹角；磁偏角 D 和磁倾角 I 决定了地磁场的方向，磁感应强度 B 决定了磁场的大小。

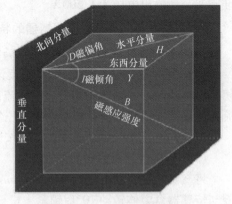

图 5. 18. 7   地磁场的三要素

测量时，将亥姆霍兹线圈电流调节至零，将补偿电流调节至零，传感器的磁敏感方向调节至与亥姆霍兹线圈轴线垂直（以便在垂直面内调节磁敏感方向）。

调节传感器盒上平面与仪器底板平行，将水准气泡盒放置在传感器盒正中，调节仪器水平调节螺钉使水准气泡居中，使磁阻传感器水平。松开线圈水平旋转锁紧螺钉，在水平面内仔细调节传感器方位，使输出最大（如果不能调到最大，则需要将磁阻传感器在水平方向转动 180°后再调节）。此时，传感器磁敏感方向与地理南北极方向的夹角就是磁偏角。

松开传感器绕轴旋转锁紧螺钉，在垂直面内调节磁敏感方向，至输出最大时转过的角度就是磁倾角，并记录此角度。

记录输出最大时的输出电压值 U_1 后，松开传感器水平旋转锁紧螺钉，将传感器转动 $180°$，记录此时的输出电压 U_2，将 $U = (U_1 - U_2)/2$ 作为地磁场磁感应强度的测量值（此法可消除电桥偏离对测量的影响）。

5.18.5 数据处理

1. 磁阻传感器特性测量

表 5.18.2　磁阻传感器磁电转换特性的测量

线圈电流/mA	300	250	200	150	100	50	0	−50	−100	−150	−200	−250	−300
磁感应强度/Gs	6	5	4	3	2	1	0	−1	−2	−3	−4	−5	−6
输出电压/V													

以磁感应强度为横轴、输出电压为纵轴，将表 5.18.2 的数据作图，并确定所用传感器的线性工作范围及灵敏度。

表 5.18.3　磁阻传感器各向异性的测量 $(B_0 = 4\ \mathrm{Gs})$

夹角 $\alpha/(°)$	0	10	20	30	40	50	60	70	80	90
输出电压/V										

以夹角 α 为横轴、输出电压为纵轴，将表 5.18.3 的数据进行作图，判断曲线有何规律。

2. 亥姆霍兹线圈的磁场分布测量

表 5.18.4　亥姆霍兹线圈轴线上的磁场分布测量 $(B_0 = 4\ \mathrm{Gs})$

位置 x	$-0.5R$	$-0.4R$	$-0.3R$	$-0.2R$	$-0.1R$	0	$0.1R$	$0.2R$	$0.3R$	$0.4R$	$0.5R$
$B(x)/B_0$ 计算值	0.946	0.975	0.992	0.998	1.000	1	1.000	0.998	0.992	0.975	0.946
$B(x)$ 测量值/V											
$B(x)$ 测量值/Gs											

将表 5.18.4 的数据作图，讨论亥姆霍兹线圈的轴向磁场分布特点。

表 5.18.5　亥姆霍兹线圈空间的磁场分布测量 $(B_0 = 4\ \mathrm{Gs})$

Y ＼ V_X ＼ X	0	$0.05R$	$0.1R$	$0.15R$	$0.2R$	$0.25R$	$0.3R$
0							
$0.05R$							
$0.1R$							
$0.15R$							
$0.2R$							
$0.25R$							
$0.3R$							

由表 5.18.5 的数据讨论亥姆霍兹线圈的空间磁场分布特点。

3. 地磁场的测量

表 5.18.6 地磁场的磁倾角、磁偏角和磁感应强度的测量

磁倾角/(°)	磁偏角/(°)	磁感应强度			
		U_1/V	U_2/V	$U = \dfrac{U_1 - U_2}{2}/\text{V}$	$B = (U/0.25)/\text{Gs}$

测量地磁场时，建筑物的钢筋分布、同学携带的铁磁物质，都可能影响测量结果，因此，此实验重在掌握设计和测量方法。

5.18.6 思考题

① 试推导公式（5.18.2）。

② 实验开始前要先调节补偿电流使传感器的输出显示为零，这样做的目的是什么？如果不这样做，会对测量结果造成什么样的影响？

③ 为什么实验测量时若电流换向后，必须及时按下复位键？

④ 为什么在测量实验室所处位置的地磁场时，将 $U = (U_1 - U_2)/2$ 作为地磁场磁感应强度的测量值？

5.18.7 拓展研究

① 试根据各向异性磁阻传感器的特性，自行设计实验方案，使其在当前大力发展的"智慧城市"中，发挥其重要作用。例如，用来计算地下车库的剩余车位数量、监测道路车流量情况等，为人们的出行提供路况和停车信息。

② 对各实验内容记录的测量数据作图分析并简要讨论其主要误差来源。

5.18.8 参考文献

［1］ZKY-CC 各向异性磁阻传感器（AMR）与磁场测量仪实验指导及操作说明书［Z］. 四川世纪中科光电技术有限公司.

［2］张嵩，刘得军，李辉，等. 各向异性磁阻传感器在地磁探测中的应用［J］. 自动化仪表，2011，32(11)：53-55.

5.19 巨磁电阻效应及其应用

巨磁电阻（Giant Magneto-Resistance，简称 GMR）效应是指磁性材料的电阻率在外加磁场作用下会产生巨大变化的现象。

德国物理学家彼得·格林贝格尔（P. Grunberg）一直致力于研究铁磁性金属薄膜表面和界面上的磁有序状态。1986 年，他领导的实验小组利用 MOKE（磁光 Kerr）技术，首次发现在"三明治"结构铁/铬/铁人工制备的纳米薄膜中，铁磁层间能形成反铁磁耦合的状态，这一现象成为巨磁电阻效应出现的前提。格林贝格尔后来的进一步研究结果发现，相邻铁磁层磁矩反平行时对应高电阻状态，磁矩平行时对应低电阻状态，而且两种情况下电阻值的差别很大，格林贝格尔申请了将这一现象和材料应用于磁盘磁头的专利。

巨磁电阻效应

1988 年，法国物理学家阿尔贝·费尔（A. Fert，2014 年 6 月加盟北京航空航天大学，成立费尔北京研究院并担任首席科学家）的研究小组将铁-铬薄膜交替制成几十个周期的铁-铬超晶格，也称为周期性多层膜。他们发现，当改变磁场强度时，超晶格薄膜的电阻下降近一半，即磁电阻比率达到 50%，并称这个前所未有的电阻巨大变化为巨磁电阻。

费尔准确地描述了巨磁阻现象背后的物理原理，而格林贝格尔则迅速看到了巨磁阻效应在技术应用上的重要性。这两个独立的发现实际上是同一物理现象。巨磁电阻效应的发现，引发了电子技术与信息技术的一场新革命。2007 年的诺贝尔物理学奖授予了巨磁效应的发现者——阿尔贝·费尔和彼得·格林贝格尔。诺贝尔奖委员会表明："这是一次好奇心导致的发现，但其随后的应用却是革命性的，因为它使计算机硬盘的容量从几百兆、几千兆，一跃而提高几百倍，达到几百 G 乃至上千 G。"目前各类数码电子产品中的硬盘磁头，基本都应用了巨磁电阻效应，而且利用巨磁阻效应制成的多种传感器，由于其具有输出信号大、体积小、造价便宜、工作稳定性高以及功耗小等优点，被广泛应用在硬盘存储、无损检测、车辆检测、非接触开关、磁性编码器、汽车的转速和位移监控等领域，具有很高的市场应用价值。

本实验旨在让学生熟悉和了解巨磁电阻效应的工作原理、磁电转换和磁阻特性；并在熟练掌握其工作特性的基础上，对某些物理量进行具体测量。

5.19.1 实验要求

1. 实验重点

① 熟悉和了解 GMR 效应的原理。

② 测量 GMR 传感器的磁电转换特性和磁阻特性。

③ 在熟练掌握 GMR 传感器工作特性的基础上，拓展几种常见的 GMR 传感器的应用。

2. 预习要点

① 什么是巨磁电阻效应？

② 什么情况下能产生巨磁电阻效应？如何解释该效应？

③ 当外加磁场使两个铁磁层磁矩在彼此平行与反平行之间转换时，相应材料的物理性质发生了什么样的变化？为什么会产生这种变化？

④ 为什么逐渐增大磁场和逐渐减小磁场时，测得的磁阻特性曲线并不完全重合？这一特性，提醒大家在实验过程应该特别注意什么？

5.19.2 实验原理

传统的电子学是以电子的电荷移动为基础的，电子的自旋往往被忽略，然而电子除携带电荷外，还具有自旋特性，巨磁电阻效应的发现，表明电子的自旋对电流的影响非常大，从此一扇通往新技术世界的大门——自旋电子学被打开。

巨磁电阻效应是由于金属多层膜中电子自旋相关散射造成的。来自于载流电子的不同自旋状态与外磁场的作用不同，因而导致电阻值的变化。这种效应只有在纳米尺度的薄膜结构中才能观测出来。

在不加外磁场情况下的多层膜中，当非磁层的厚度合适时，两个相邻铁磁层会产生反铁磁耦合，即同一层中磁化材料的磁矩基本沿同一方向排列，而相邻层中磁化材料的磁矩则与之相反，如图 5.19.1 所示。自旋磁矩相反的两种电子对应的总电阻，是如图 5.19.2 所示的并联电阻情况，其中 r 是电子自旋取向在受到相同方向磁矩散射时的电阻总和，R 是受到反方向磁矩散射时的电阻总和，对外显示的总电阻是二者耦合作用的结果，此时

$$R_{总1} = \frac{r + R}{2} \tag{5.19.1}$$

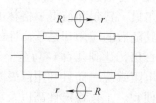

图 5.19.1　无外磁场时多层膜结构示意图　　图 5.19.2　不同取向电子在多层膜中的散射对磁阻的影响

当加入外磁场后，与外磁场反向的磁矩将趋向外磁场方向，当外磁场达到一定值时，所有铁磁层中的磁矩方向都与外磁场方向一致，如图 5.19.3 所示。则自旋方向与外加磁矩方向相同的电子所对应的电阻为 $2r$，自旋方向与外加磁矩方向相反的电子所对应的电阻为 $2R$，其并联结果如图 5.19.4 所示，总电阻为

$$R_{总2} = \frac{2rR}{r + R} \tag{5.19.2}$$

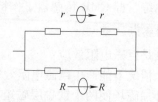

图 5.19.3　有外磁场时多层膜结构示意图　　图 5.19.4　相同取向电子在多层膜中的散射对磁阻的影响

有两类与自旋相关的散射对巨磁电阻效应有贡献。

其一，界面上的散射。无外加磁场时，上下两层铁磁膜的磁场方向相反，无论电子的初始自旋状态如何，从一层铁磁膜进入另一层铁磁膜时都面临状态改变（平行-反平行，或反平行-平行），电子在界面上的散射概率很大，对应于高电阻状态。有外加磁场且足够大时，上下两层铁磁膜的磁场方向一致，电子在界面上的散射概率很小，对应于低电阻状态。

其二，铁磁膜内的散射。即使电流方向平行于膜面，由于无规则散射，电子也有一定的概率在上下两层铁磁膜之间穿行。无外加磁场时，上下两层铁磁膜的磁场方向相反，无论电子的初始自旋状态如何，在穿行过程中都会经历散射概率小（平行）和散射概率大（反平行）两种过程，两类自旋电流的并联电阻与两个中等阻值电阻的并联相似，对应于高电阻状态。有外加磁场时，上下两层铁磁膜的磁场方向一致，自旋平行的电子散射概率小，自旋反平行的电子散射概率大，两类自旋电流的并联电阻类似于一个小电阻与一个大电阻的并联，对应于低电阻状态。

由此可见，当铁磁层的磁矩相互平行时，载流子与自旋有关的散射最小，材料有最小的电阻；当铁磁层的磁矩为反平行时，与自旋有关的散射最强，材料的电阻最大，因此 $R \gg r$，则由式（5.19.1）和式（5.19.2）可知，在外加磁场下，产生了巨磁电阻效应。

图 5.19.5 是某种多层膜结构材料的 GMR 磁阻特性曲线。由图 5.19.5 可见，随着外加磁场的增大，其电阻值逐渐减少（见图 5.19.5 中实线）；当外加磁场使两铁磁膜完全平行耦合后，继续加大磁场，电

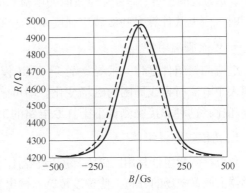

图 5.19.5　某种多层膜结构材料的 GMR 磁阻特性曲线

阻不再减小，进入磁饱和区域；从磁饱和状态开始减小磁场，电阻将逐渐增大（见图 5.19.5 中虚线）。两条曲线不重合是因为铁磁材料具有磁滞特性。加反向磁场与加正向磁场时的磁阻特性是对称的，如图 5.19.5 所示，两条曲线分别对应增大磁场和减小磁场时的磁阻特性。

利用巨磁电阻效应制成的传感器称为巨磁电阻传感器，它主要是利用具有巨磁电阻效应的磁性纳米金属多层薄膜，通过半导体集成工艺与集成电路相兼容而制成的一类元器件。一般巨磁电阻传感器芯片会将 4 个巨磁电阻构成惠斯通电桥结构，该结构可以减少外界环境对传感器输出稳定性的影响，增加传感器的灵敏度。

5.19.3　实验仪器

仪器装置包括巨磁阻实验仪主机和若干组件模块。

1. 实验仪主机

巨磁阻实验仪主机的前面板包括：

（1）输入部分

电流表：可作为一个独立的电流表使用。两个档位：200 mA 档和 2 mA 档，可通过电流

量程切换开关选择。

电压表：可作为一个独立的电压表使用。两个档位：2 V 档和 200 mV 档，可通过电压量程切换开关选择。

（2）输出部分

恒流源：可变恒流源，对外提供电流。

恒压源：提供 GMR 传感器工作所需的 4 V 电源和运算放大器所需的 ±8 V 电源。

2. 基本特性组件模块

基本特性组件由 GMR 模拟传感器，螺线管线圈，输入、输出插孔组成，用以对 GMR 的磁电转换特性和磁阻特性进行测量。

将 GMR 传感器置于螺线管的中央，螺线管内部轴线上任一点的磁感应强度为

$$B = \mu_0 nI \tag{5.19.3}$$

式中，n 为线圈密度；I 为流经线圈的电流；$\mu_0 = 4\pi \times 10^{-7}$ H/m 为真空磁导率。采用国际单位制时，由上式计算出的磁感应强度单位为 T(1 T = 10 000 Gs)。

3. 电流测量组件

电流测量组件是将一根导线置于 GMR 模拟传感器近旁，用 GMR 传感器测量导线通过不同大小电流时导线周围的磁场变化，即可确定电流大小。与一般测量电流需将电流表接入电路相比，这种非接触测量不干扰原电路的工作，具有其特殊的优越性。

4. 角位移测量组件

角位移测量组件是用巨磁阻梯度传感器作传感元件，铁磁性齿轮转动时，齿牙干扰了梯度传感器上偏置磁场的分布，使梯度传感器输出发生变化，齿轮每转过一齿，就输出一个周期的波形，利用该原理可以测量角位移，汽车上的转速与速度测量仪就是利用该原理制成的。

5. 磁读写组件

磁读写组件用于演示磁记录与读出的原理。磁卡作记录介质，磁卡通过写磁头时可写入数据，通过读磁头时将写入的数据读出来。

5.19.4　实验内容

实验1 ▶ **GMR 模拟传感器的磁电转换特性测量**

图 5.19.6 是模拟传感器磁电转换特性的测量原理图，它由 4 个相同的巨磁电阻构成一个典型的惠斯通电桥结构。若 4 个电阻对磁场的响应完全同步，电压表则无信号输出；若将处在电桥对角位置的两个电阻 R_3、R_4 覆盖一种高磁导率的坡莫合金材料以屏蔽外磁场对它们的影响，而 R_1、R_2 阻值随外磁场改变，且无外磁场时 4 个电阻的阻值均为 R。若 R_1、R_2 在外磁场作用下电阻减小 ΔR，则电桥输出电压为

$$U_{\text{out}} = U_{\text{in}} \Delta R / (2R - \Delta R) \tag{5.19.4}$$

将 GMR 模拟传感器置于基本特性组件的螺线管磁场中，功能切换按钮切换为"传感器测量"，实验仪的 4 V 电压源接至基本特性组件"巨磁电阻供电"，恒流源接至"螺线管电流输入"，基本特性组件"模拟信号输出"接至实验仪电压表。

调节励磁电流，从 100 mA 开始逐渐减小，每隔 10 mA 记录相应的输出电压于表 5.19.1

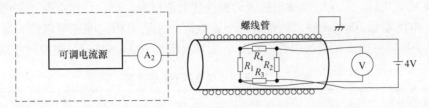

图 5.19.6 模拟传感器磁电转换特性的测量原理图

中。当电流减至 0 后，交换恒流输出接线的极性，使电流反向，再次增大电流，并记录相应的输出电压；电流增至 100 mA 后，逐渐减小该电流，记录相应的输出电压，当电流减至 0 后，交换恒流输出接线的极性，再次使电流反向并增大电流至 100 mA，记录相应的输出电压。

表 5.19.1   不同励磁电流下的输出电压值

励磁电流/mA		100	90	80	⋯	10	0	−10	−20	⋯	−90	−100
磁感应强度/Gs												
输出电压/V	减小磁场											
	增大磁场											

由螺线管通过的电流值和线圈密度计算出螺线管内的磁感应强度 B。以磁感应强度 B 作横坐标、电压表的读数为纵坐标，作出其磁电转换特性曲线。不同外磁场强度下输出电压的变化反映了 GMR 传感器的磁电转换特性，同一外磁场强度下输出电压的差值反映了该材料的磁滞特性。

实验 2 **GMR 传感器磁阻特性测量**

为对 GMR 模拟传感器的磁阻特性进行测量，将基本特性组件的功能切换按钮切换为"巨磁阻测量"，此时被磁屏蔽的两个电桥电阻 R_3、R_4 被短路，而 R_1、R_2 并联。将电流表串联进电路中，测量不同磁场下回路中电流的大小，即可计算出相应的磁阻值，其测量原理如图 5.19.7 所示。

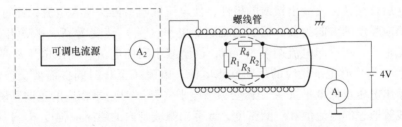

图 5.19.7   GMR 传感器磁阻特性测量原理图

将 GMR 模拟传感器置于基本特性组件的螺线管磁场中，功能切换按钮切换为"巨磁阻测量"，实验仪的 4 V 电压源串联电流表后接至基本特性组件"巨磁电阻供电"，恒流源接至"螺线管电流输入"。

调节励磁电流，从 100 mA 开始逐渐减小，每隔 10 mA 记录相应的磁阻电流到表 5.19.2

中，当电流减至 0 后，交换恒流输出接线的极性使电流反向，再次增大电流，并记录相应的输出电流；电流增至 100 mA 后，再逐渐减小该电流，并记录相应的磁阻电流，当电流减至 0 后，再次交换恒流输出接线的极性，直到电流再次增至 100 mA，记录相应的磁阻电流。

表 5.19.2 不同励磁电流下的磁阻值

励磁电流/mA		100	90	80	⋯	10	0	−10	−20	⋯	−90	−100
磁感应强度/Gs												
减小磁场	磁阻电流/mA											
	磁阻/Ω											
增大磁场	磁阻电流/mA											
	磁阻/Ω											

由螺线管通过的电流值和线圈密度，计算出螺线管内的磁感应强度 B。由欧姆定律 $R = U/I$ 计算出磁阻 R。以磁感应强度 B 作横坐标、磁阻 R 为纵坐标作出该传感器的磁阻特性曲线。

实验 3 GMR 开关（数字）传感器的磁电转换特性曲线测量

图 5.19.8 是 GMR 开关传感器的结构图，当磁感应强度的绝对值从低增加到 12 Gs 时，开关打开（输出高电平），当磁感应强度的绝对值从高减小到 10 Gs 时，开关关闭（输出低电平）。

将 GMR 模拟传感器置于基本特性组件的螺线管磁场中，功能按钮切换为"传感器测量"，实验仪的 4 V 电压源接至基本特性组件"巨磁电阻供电"，"电路供电"接口接至基本特性组件对应的"电路供电"输入插孔，恒流源接至"螺线管电流输入"，基本特性组件"开关信号输出"接至实验仪电压表。

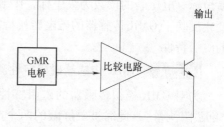

图 5.19.8 GMR 开关传感器结构图

从 50 mA 逐渐减小励磁电流，输出电压从高电平（开）转变为低电平（关）时记录相应的励磁电流。当电流减至 0 后，交换恒流输出接线的极性，使电流反向，再次增大电流，此时流经螺线管的电流与磁感应强度的方向为负，输出电压从低电平（关）转变为高电平（开）时记录相应的反向励磁电流；将反向电流调至 50 mA，逐渐减小反向电流，输出电压从高电平（开）转变为低电平（关）时记录相应的反向励磁电流，电流减至 0 时同样需要交换恒流输出接线的极性，输出电压从低电平（关）转变为高电平（开）时记录相应的正向励磁电流。

根据螺线管通过的电流值和线圈密度，计算出螺线管内的磁感应强度 B。以磁感应强度 B 作横坐标、电压读数为纵坐标作出该开关传感器的磁电转换特性曲线。

实验 4 用 GMR 模拟传感器测量电流

GMR 模拟传感器在一定范围内输出电压与磁感应强度呈线性关系，可将 GMR 制成磁场计，测量磁感应强度或其他与磁场相关的物理量。作为应用示例，用它来测量电流，其实验原理如图 5.19.9 所示。通有电流 I 的无限长直导线，与导线距离为 r 的一点的磁感应强度为

$$B=\frac{\mu_0 I}{2\pi r}=\frac{2I\times 10^{-7}}{r} \tag{5.19.5}$$

在 r 已知的条件下，测得 B，即可知 I。在实际应用中，为了使 GMR 模拟传感器工作在线性区，常常预先给传感器施加一固定已知的磁场，称为磁偏置，其原理类似于电子电路中的直流偏置。

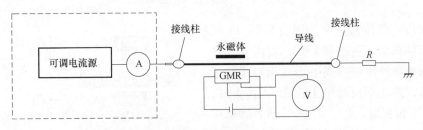

图 5.19.9　模拟传感器测量电流实验原理图

实验仪的 4 V 电压源接至电流测量组件"巨磁电阻供电"，恒流源接至"待测电流输入"，电流测量组件"信号输出"接至实验仪电压表。

（1）将待测电流调节至 0，调节永磁体与传感器的距离，使输出约 25 mV。

将电流增大到 300 mA，按表 5.19.3 中数据逐渐减小待测电流，从左到右记录相应的输出电压于表格"减小电流"行中，当电流减至 0 后，交换恒流输出接线的极性，使电流反向，再次增大电流，此时电流方向为负，记录相应的输出电压；当电流增至 300 mA 时，再逐渐减小电流，从右到左记录相应的输出电压于表 5.19.3"增加电流"行中，当电流减至 0 后，交换恒流输出接线的极性，使电流再次反向并增大至 300 mA，并记录相应的输出电压。

表 5.19.3　不同磁偏置下待测电流与输出电压的关系

待测电流/mA			300	200	100	0	−100	−200	−300
输出电压/mV	低磁偏置（约 25 mV）	减小电流							
		增加电流							
	适当磁偏置（约 150 mV）	减小电流							
		增加电流							

（2）将待测电流调节至 0，调节永磁体与传感器的距离，使输出约 150 mV。

用与低磁偏置时同样的实验方法，测量相应磁偏置下待测电流与输出电压的关系，并记录于表 5.19.3 中。

以电流读数作横坐标、电压表的读数为纵坐标作图，分别作出 4 条不同磁偏置下待测电流与输出电压的关系曲线，并进行分析比较。

实验 5　GMR 梯度传感器的特性及其应用

将 GMR 电桥两对对角电阻分别置于集成电路两端，4 个电阻都不加磁屏蔽，即构成梯度传感器，如图 5.19.10 所示。这种传感器若置于均匀磁场中，由于 4 个桥臂电阻阻值变化相同，电桥输出为零。如果磁场存在一定的梯度，各 GMR 电阻感受到的磁场不同，磁阻变化不一样，就会有信号输出。

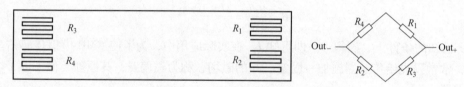

图 5.19.10 梯度传感器结构图

以检测齿轮角位移为例，如图 5.19.11 所示。将永磁体放置于传感器上方，若齿轮是铁磁材料，永磁体产生的空间磁场在相对于齿牙不同位置时，产生不同的梯度磁场。a 位置时，输出为零；b 位置时，R_1、R_2 感受到的磁感应强度大于 R_3、R_4，输出正电压。c 位置时，输出回归为零。d 位置时，R_1、R_2 感受到的磁感应强度小于 R_3、R_4，输出负电压。于是，在齿轮转动过程中，每转过一个齿牙，巨磁电阻便产生一个完整的波形输出。

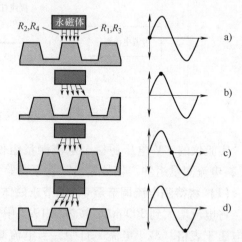

图 5.19.11 用 GMR 梯度传感器检测齿轮角位移

将实验仪 4 V 电压源接角位移测量组件"巨磁电阻供电"，角位移测量组件"信号输出"接实验仪电压表。逆时针慢慢转动齿轮，当输出电压为 0 时记录起始角度，以后每转 3 度记录一次角度与电压表的读数，记录于表 5.19.4 中。

表 5.19.4 齿轮角位移的测量

转动角度/(°)										
输出电压/mV										

以齿轮实际转过的度数为横坐标、电压表的读数为纵坐标作图。

实验6 磁记录与读出

磁记录是数码产品记录与储存信息的最主要方式，在磁记录领域，为了提高记录密度，读、写磁头是分离的。写磁头是绕线的磁芯，线圈中通过电流时产生磁场，在磁性记录材料上记录信息。读磁头利用磁记录材料上不同磁场时电阻的变化读出信息。

实验仪的 4 伏电压源接磁读写组件"巨磁电阻供电"，"电路供电"接口接至磁读写组件对应的"电路供电"输入插孔，磁读写组件"读出数据"接至实验仪电压表，同时按下"0/1 转换"和"写确认"按键约 2 s 将读写组件初始化，初始化后才可以进行写和读。

将磁卡有刻度区域的一面朝前，沿着箭头标识的方向插入划槽，按需要切换写"0"或写"1"（按"0/1 转换"按键，当状态指示灯显示为红色表示当前为"写 1"状态，绿色表示当前为"写 0"状态），按住"写确认"按键不放，根据磁卡上的刻度区域线缓慢移动磁卡。

注意：为了便于后面的读出数据更准确，写数据时应以磁卡上各区域两边的边界线开始和结束。即在每个标定的区域内，磁卡的写入状态应完全相同。

完成写数据后，松开"写确认"按键，此时组件就处于读状态了，将磁卡移动到读磁头处，根据刻度区域在电压表上读出的电压，记录在表 5.19.5 中。

表 5.19.5　二进制数字的写入与读出

二进制数字								
磁卡区域号	1	2	3	4	5	6	7	8
读出电平								

5.19.5　思考题

① 对各实验内容记录的数据作图分析并简要讨论其主要误差来源。

② 推导公式（5.19.4）。

③ 在 GMR 模拟传感器测电流实验中，为何要预先加一偏置磁场？这样做的目的是什么？

5.19.6　拓展研究

① 探究 GMR 传感器的电流测量的影响因素。

② 探究巨磁效应传感器在物理实验中的应用，比如固体弹性模量的测量、热胀系数的测量等。

5.19.7　参考文献

［1］王文采. 奇妙的巨磁阻及其高技术应用［J］. 现代物理知识，2002，14（5）：26-29.

［2］高知丰，张兵临，马毓堃，等. 巨磁电阻效应［J］. 真空与低温，2008，14（4）：187-192.

［3］韩秀峰，刘东屏，温振超. 从物理发现到成功应用——兼谈 2007 年度诺贝尔物理学奖授予巨磁电阻效应发现者［J］. 科技导报，2007，25（24）：17-24.

［4］白韶红. 巨磁电阻效应与传感器［J］. 传感器世界，2002（5）：1-8.

［5］陈亮，阙沛文，李亮. 巨磁阻传感器在涡流检测中的应用［J］. 无损检测，2005，27（8）：399-401.

5.20 法拉第磁光效应实验

1845 年，英国科学家法拉第（M. Faraday）在探索电磁现象和光学现象之间联系时，发现了一种现象：当一束平面偏振光穿过介质时，如果在介质中沿光的传播方向上加上一个磁场，就会观察到光经过介质后偏振面转过一个角度，即磁场使介质具有了旋光性，这种现象后来称为法拉第效应。法拉第效应第一次显示了光和电磁现象之间的联系，促进了对光本性的研究。之后费尔德（Verdet）对许多介质的磁致旋光进行了研究，发现了法拉第效应在固体、液体和气体中都存在。

法拉第磁光效应

法拉第效应有许多重要的应用，尤其在激光技术发展后，其应用价值越来越受到重视。如用于光纤通信中的磁光隔离器，是应用法拉第效应中偏振面的旋转只取决于磁场的方向，而与光的传播方向无关的特点，这样使光沿规定的方向通过同时阻挡反方向传播的光，从而减少光纤中器件表面反射光对光源的干扰；磁光隔离器也被广泛应用于激光多级放大和高分辨率的激光光谱、激光选模等技术中。在磁场测量方面，利用法拉第效应弛豫时间短的特点制成的磁光效应磁强计可以测量脉冲强磁场、交变强磁场。在电流测量方面，利用电流的磁效应和光纤材料的法拉第效应，可以测量几千安培的大电流和几兆伏的高压电流。

磁光调制主要应用于光偏振微小旋转角的测量技术，它通过测量光束经过某种物质时偏振面的旋转角度来测量物质的活性，这种测量旋光的技术在科学研究、工业和医疗中有广泛的用途，在生物、化学领域以及新兴的生命科学领域中也是重要的测量手段。

本实验在掌握法拉第效应的基础上，熟悉磁光调制的原理，进一步通过磁光调制倍频法研究法拉第效应，为法拉第效应的应用奠定良好的理论和实验基础。

5.20.1 实验要求

1. 实验重点

① 用特斯拉计测量电磁铁磁头中心的磁感应强度，分析线性范围。

② 法拉第效应实验：正交消光法检测法拉第旋光玻璃的费尔德常数。

③ 磁光调制实验：熟悉磁光调制的原理，理解倍频法精确测定消光位置。

④ 磁光调制倍频法研究法拉第效应，精确测量不同样品的费尔德常数。

2. 预习要点

① 什么是法拉第效应？法拉第效应有何重要应用？

② 了解顺磁、弱磁、抗磁性、铁磁性或亚铁磁性材料的基本特性，以及费尔德常数与磁光材料性质的关系。

③ 比较法拉第磁光效应与固有旋光效应的异同。

④ 磁光调制过程中，调制信号与输入信号之间的函数关系是什么？

5.20.2 实验原理

1. 法拉第效应

实验表明，在磁场不是非常强时，如图 5.20.1 所示，偏振面旋转的角度 θ 与光波在介

质中走过的路程 d 及介质中的磁感应强度在光的传播方向上的分量 B 成正比，即

$$\theta = VBd \qquad\qquad (5.20.1)$$

式中，比例系数 V 由物质和工作波长决定，表征着物质的磁光特性，这个系数称为费尔德常数。

费尔德常数 V 与磁光材料的性质有关，对于顺磁、弱磁和抗磁性材料（如重火石玻璃等），V 为常数，即 θ 与磁感应强度 B 有线性关系；而对铁磁性或亚铁磁性材料（如 YIG 等立方晶体材料），θ 与 B 不是简单的线性关系。

表 5.20.1 为几种物质的费尔德常数。几乎所有物质（包括气体、液体、固体）都存在法拉第效应，不过一般都不显著。

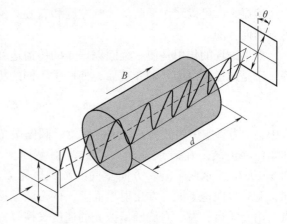

图 5.20.1　法拉第磁致旋光效应

不同的物质，偏振面旋转的方向也可能不同。习惯上规定，以顺着磁场观察偏振面旋转绕向与磁场方向满足右手螺旋关系的称为"右旋"介质，其费尔德常数 $V>0$；反向旋转的称为"左旋"介质，费尔德常数 $V<0$。

对于每一种给定的物质，法拉第旋转方向仅由磁场方向决定，而与光的传播方向无关（不管传播方向与磁场同向或者反向），这是法拉第磁光效应与某些物质的自然旋光效应的重要区别。自然旋光效应的旋光方向与光的传播方向有关，即随着顺光线和逆光线的方向观察，线偏振光偏振面的旋转方向是相反的，因此当光线往返两次穿过自然旋光物质时，线偏振光的偏振面没有旋转。而法拉第效应则不然，在磁场方向不变的情况下，光线往返穿过磁致旋光物质时，法拉第旋转角将加倍。利用这一特性，可以使光线在介质中往返数次，从而使旋转角度加大。这一性质使得磁光晶体在激光技术、光纤通信技术中获得重要应用。

表 5.20.1　几种材料的费尔德常数 V

物质	λ/mm	$V/(\text{弧分}/\text{T}\cdot\text{cm})$
水	589.3	1.31×10^2
二硫化碳	589.3	4.17×10^2
轻火石玻璃	589.3	3.17×10^2
重火石玻璃	830.0	$8\times10^2\sim10\times10^2$
冕玻璃	632.8	$4.36\times10^2\sim7.27\times10^2$
石英	632.8	4.83×10^2

与自然旋光效应类似，法拉第效应也有旋光色散，即费尔德常数随波长而变，一束白色的线偏振光穿过磁致旋光介质，则紫光的偏振面要比红光的偏振面转过的角度大，这就是旋光色散。实验表明，磁致旋光物质的费尔德常数 V 随波长 λ 的增加而减小（见图 5.20.2），旋光色散曲线又称为法拉第旋转谱。

2. 法拉第效应的唯象解释

从光波在介质中传播的图像看，法拉第效应可以做如下理解：一束平行于磁场方向传播的线偏振光，可以看作是两束等幅左旋和右旋圆偏振光的叠加。这里左旋和右旋是相对于磁场方向而言的。

如果磁场的作用是使右旋圆偏振光的传播速度 c/n_R 和左旋圆偏振光的传播速度 c/n_L 不等，于是通过厚度为 d 的介质后，便产生不同的相位滞后：

$$\phi_R = \frac{2\pi}{\lambda} n_R d, \phi_L = \frac{2\pi}{\lambda} n_L d \tag{5.20.2}$$

式中，λ 为真空中的波长。这里应注意，圆偏振光的相位即旋转电矢量的角位移；相位滞后即角位移倒转。在磁致旋光介质的入射截面上，入射线偏振光的电矢量 $\boldsymbol{E}$ 可以分解为图 5.20.3a 所示两个旋转方向不同的圆偏振光 $\boldsymbol{E}_R$ 和 $\boldsymbol{E}_L$，通过介质后，它们的相位滞后不同，旋转方向也不同，在出射界面上，两个圆偏振光的旋转电矢量如图 5.20.3b 所示。当光束射出介质后，左、右旋圆偏振光的速度又恢复一致，我们又可以将它们合成起来考虑，即仍为线偏振光。从图上容易看出，由介质射出后，两个圆偏振光的合成电矢量 $\boldsymbol{E}$ 的振动面相对于原来的振动面转过角度 θ，其大小可以由图 5.20.3b 直接看出，因为

$$\phi_R - \theta = \phi_L + \theta \tag{5.20.3}$$

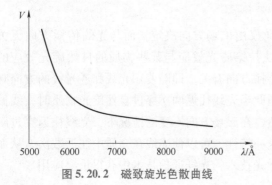

图 5.20.2 磁致旋光色散曲线

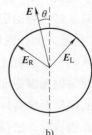

图 5.20.3 法拉第效应的唯象解释

所以

$$\theta = \frac{1}{2}(\phi_R - \phi_L) \tag{5.20.4}$$

由式（5.20.2）得

$$\theta = \frac{\pi}{\lambda}(n_R - n_L)d = \theta_F d \tag{5.20.5}$$

当 $n_R > n_L$ 时，$\theta > 0$，表示右旋；当 $n_R < n_L$ 时，$\theta < 0$，表示左旋。假如 n_R 和 n_L 的差值正比于磁感应强度 B，由式（5.20.5）便可以得到法拉第效应公式（5.20.1）。式中的 $\theta_F = \frac{\pi}{\lambda}(n_R - n_L)$ 为单位长度上的旋转角，称为比法拉第旋转角。因为在铁磁或者亚铁磁等强磁介质中，法拉第旋转角与外加磁场不是简单的正比关系，并且存在磁饱和，所以通常用比法拉第旋转角 θ_F 的饱和值来表征法拉第效应的强弱。式（5.20.5）也反映出法拉第旋转角与通过波长 λ 有关，即存在旋光色散。

微观上如何理解磁场会使左旋、右旋圆偏振光的折射率或传播速度不同呢？上述解释并

没有涉及这个本质问题，所以称为唯象理论。从本质上讲，折射率 n_R 和 n_L 的不同，应归结为在磁场作用下，原子能级及量子态的变化，具体理论可以查阅相关资料。

其实，从经典电动力学中的介质极化和色散的振子模型也可以得到法拉第效应的唯象理解。在这个模型中，把原子中被束缚的电子看作是一些偶极振子，把光波产生的极化和色散看作是这些振子在外场作用下做强迫振动的结果。现在除了光波以外，还有一个静磁场 B 作用在电子上，于是电子的运动方程为

$$m\frac{\mathrm{d}^2\boldsymbol{r}}{\mathrm{d}t^2} + k\boldsymbol{r} = -e\boldsymbol{E} - e\left(\frac{\mathrm{d}\boldsymbol{r}}{\mathrm{d}t}\right) \times \boldsymbol{B} \tag{5.20.6}$$

式中，r 是电子离开平衡位置的位移；m 和 e 分别为电子的质量和电荷；k 是这个偶极子的弹性回复力。上式等号右边第一项是光波的电场对电子的作用，第二项是磁场作用于电子的洛伦兹力。为简化起见，略去了光波中磁场分量对电子的作用及电子振荡的阻尼（当入射光波长位于远离介质的共振吸收峰的透明区时成立），因为这些小的效应对于理解法拉第效应的主要特征并不重要。

假定入射光波场具有通常的简谐波的时间变化形式 $\mathrm{e}^{\mathrm{i}\omega t}$，因为我们要求的特解是在外加光波场作用下受迫振动的稳定解，所以 r 的时间变化形式也应是 $\mathrm{e}^{\mathrm{i}\omega t}$，因此式（5.20.6）可以写成

$$(\omega_0^2 - \omega^2)\boldsymbol{r} + \mathrm{i}\frac{e}{m}\omega\boldsymbol{r} \times \boldsymbol{B} = -\frac{e}{m}\boldsymbol{E} \tag{5.20.7}$$

式中，$\omega_0 = \sqrt{k/m}$，为电子共振频率。设磁场沿 $+z$ 方向，又设光波也沿此方向传播并且是右旋圆偏振光，用复数形式表示为

$$E = E_x\mathrm{e}^{\mathrm{i}\omega t} + \mathrm{i}E_y\mathrm{e}^{\mathrm{i}\omega t}$$

将式（5.20.7）写成分量形式

$$(\omega_0^2 - \omega^2)x + \mathrm{i}\frac{e\omega}{m}By = -\frac{e}{m}E_x \tag{5.20.8}$$

$$(\omega_0^2 - \omega^2)y - \mathrm{i}\frac{e\omega}{m}Bx = -\frac{e}{m}E_y \tag{5.20.9}$$

将式（5.20.9）乘 i 并与式（5.20.8）相加可得

$$(\omega_0^2 - \omega^2)(x + \mathrm{i}y) + \frac{e\omega}{m}B(x + \mathrm{i}y) = -\frac{e}{m}(E_x + \mathrm{i}E_y) \tag{5.20.10}$$

因此，电子振荡的复振幅为

$$x + \mathrm{i}y = -\frac{e}{m(\omega_0^2 - \omega^2) + e\omega B}(E_x + \mathrm{i}E_y) \tag{5.20.11}$$

设单位体积内有 N 个电子，则介质的电极化强度矢量 $\boldsymbol{P} = -Ne\boldsymbol{r}$。由宏观电动力学的物质关系式 $\boldsymbol{P} = e_0\chi\boldsymbol{E}$（$\chi$ 为有效的极化率张量）可得

$$\chi = \frac{\boldsymbol{P}}{\varepsilon_0\boldsymbol{E}} = \frac{-Ne\boldsymbol{r}}{\varepsilon_0\boldsymbol{E}} = \frac{-Ne(x + \mathrm{i}y)\mathrm{e}^{\mathrm{i}\omega t}}{\varepsilon_0(E_x + \mathrm{i}E_y)\mathrm{e}^{\mathrm{i}\omega t}} \tag{5.20.12}$$

将式（5.20.10）代入式（5.20.12）得到

$$\chi = \frac{Ne^2/m\varepsilon_0}{\omega_0^2 - \omega^2 + \dfrac{e\omega}{m}B} \tag{5.20.13}$$

令 $\omega_c = eB/m$（ω_c 称为回旋加速角频率），则

$$\chi = \frac{Ne^2/m\varepsilon_0}{\omega_0^2 - \omega^2 + \omega\omega_c} \qquad (5.20.14)$$

由于 $n^2 = \varepsilon/\varepsilon_0 = 1 + \chi$，因此

$$n_R^2 = 1 + \frac{Ne^2/m\varepsilon_0}{\omega_0^2 - \omega^2 + \omega\omega_c} \qquad (5.20.15)$$

对于可见光，ω 为 $(2.5 \sim 4.7) \times 10^{15} \text{ s}^{-1}$，当 $B = 1$ T 时，$\omega_c \approx 1.7 \times 10^{11} \text{ s}^{-1} \ll \omega$，这种情况下式（5.20.15）可以表示为

$$n_R^2 = 1 + \frac{Ne^2/m\varepsilon_0}{(\omega_0 + \omega_L)^2 - \omega^2} \qquad (5.20.16)$$

式中，$\omega_L = \omega_c/2 = (e/2m)B$，为电子轨道磁矩在外磁场中经典拉莫尔（Larmor）进动频率。

若入射光改为左旋圆偏振光，结果只是使 ω_L 前的符号改变，即有

$$n_L^2 = 1 + \frac{Ne^2/m\varepsilon_0}{(\omega_0 - \omega_L)^2 - \omega^2} \qquad (5.20.17)$$

对比无磁场时的色散公式

$$n^2 = 1 + \frac{Ne^2/m\varepsilon_0}{\omega_0^2 - \omega^2} \qquad (5.20.18)$$

可以看到两点：一是在外磁场的作用下，电子做受迫振动，振子的固有频率由 ω_0 变成 $\omega_0 \pm \omega_L$，这正对应于吸收光谱的塞曼效应；二是由于 ω_0 的变化导致了折射率的变化，并且左旋和右旋圆偏振的变化是不相同的，尤其在 ω 接近 ω_0 时，差别更为突出，这便是法拉第效应。由此看来，法拉第效应和吸收光谱的塞曼效应起源于同一物理过程。

实际上，通常 n_L、n_R 和 n 相差甚微，近似有

$$n_L - n_R \approx \frac{n_R^2 - n_L^2}{2n} \qquad (5.20.19)$$

由式（5.20.5）得到

$$\frac{\theta}{d} = \frac{\pi}{\lambda}(n_R - n_L) \qquad (5.20.20)$$

将式（5.20.19）代入上式得到

$$\frac{\theta}{d} = \frac{\pi}{\lambda}\frac{n_R^2 - n_L^2}{2n} \qquad (5.20.21)$$

将式（5.20.16）~式（5.20.18）代入上式得到

$$\frac{\theta}{d} = \frac{-Ne^3\omega^2}{2cm^2\varepsilon_0 n}\frac{1}{(\omega_0^2 - \omega^2)^2}B \qquad (5.20.22)$$

由于 $\omega_L^2 \ll \omega^2$，式（5.20.22）的推导中略去了 ω_L^2 项。由式（5.20.18）得

$$\frac{dn}{d\omega} = \frac{Ne^2}{m\varepsilon_0 n}\frac{\omega}{(\omega_0^2 - \omega^2)^2} \qquad (5.20.23)$$

由式（5.20.22）和式（5.20.23）可以得到

$$\frac{\theta}{d} = \frac{-1}{2c}\frac{e}{m}\omega\frac{dn}{d\omega}B = \frac{1}{2c}\frac{e}{m}\lambda\frac{dn}{d\lambda}B \qquad (5.20.24)$$

式中，λ 为观测波长，$\dfrac{\mathrm{d}n}{\mathrm{d}\lambda}$ 为介质在无磁场时的色散。在上述推导中，左旋和右旋只是相对于磁场方向而言的，与光波的传播方向同磁场方向相同或相反无关。因此，法拉第效应便有与自然旋光现象完全不同的不可逆性。

3. 磁光调制原理

根据马吕斯定律，如果不计光损耗，则通过起偏器，经检偏器输出的光强为

$$I = I_0 \cos^2 \alpha \tag{5.20.25}$$

式中，I_0 为起偏器同检偏器的透光轴之间夹角 $\alpha = 0$ 或 $\alpha = \pi$ 时的输出光强。若在两个偏振器之间加一个由励磁线圈（调制线圈）、磁光调制晶体和低频信号源组成的低频调制器（参见图 5.20.4），则调制励磁线圈所产生的正弦交变磁场 $B = B_0 \sin\omega t$，能够使磁光调制晶体产生交变的振动面转角 $\theta = \theta_0 \sin\omega t$，$\theta_0$ 称为调制角幅度。此时输出光强由式（5.20.25）变为

$$I = I_0 \cos^2 (\alpha + \theta) = I_0 \cos^2 (\alpha + \theta_0 \sin\omega t) \tag{5.20.26}$$

由式（5.20.26）可知，当 α 一定时，输出光强 I 仅随 θ 变化，因为 θ 是受交变磁场 B 或信号电流 $i = i_0 \sin\omega t$ 控制的，从而使信号电流产生的光振动面旋转，转化为光的强度调制，这就是磁光调制的基本原理。

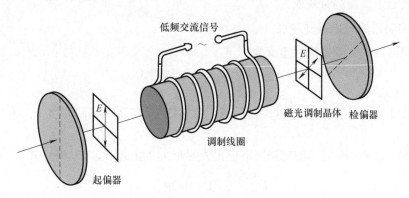

图 5.20.4 磁光调制装置

根据三角函数公式，由式（5.20.26）可以得到

$$I = \frac{I_0}{2}\left[1 + \cos 2(\alpha + \theta)\right] \tag{5.20.27}$$

显然，在 $0 \leqslant \alpha + \theta \leqslant 90°$ 的条件下，当 $\theta = -\theta_0$ 时输出光强最大，即

$$I_{\max} = \frac{I_0}{2}\left[1 + \cos 2(\alpha - \theta_0)\right] \tag{5.20.28}$$

当 $\theta = \theta_0$ 时，输出光强最小，即

$$I_{\min} = \frac{I_0}{2}\left[1 + \cos 2(\alpha + \theta_0)\right] \tag{5.20.29}$$

定义光强的调制幅度

$$A = I_{\max} - I_{\min} \tag{5.20.30}$$

将式（5.20.28）和式（5.20.29）代入上式得到

$$A = I_0 \sin 2\alpha \sin 2\theta \tag{5.20.31}$$

由上式可以看出，在调制角幅度 θ_0 一定的情况下，当起偏器和检偏器透光轴夹角 $\alpha = 45°$ 时，光强调制幅度最大：

$$A_{\max} = I_0 \sin 2\theta_0 \tag{5.20.32}$$

所以，在做磁光调制实验时，通常将起偏器和检偏器透光轴成 $45°$ 角放置，此时输出的调制光强由式（5.20.27）知

$$I\big|_{\alpha=45°} = \frac{I_0}{2}(1 - \sin 2\theta) \tag{5.20.33}$$

当 $\alpha = 90°$ 时，即起偏器和检偏器偏振方向正交时，输出的调制光强由式（5.20.26）知

$$I\big|_{\alpha=90°} = I_0 \sin^2\theta \tag{5.20.34}$$

当 $\alpha = 0°$，即起偏器和检偏器偏振方向平行时，输出的调制光强由式（5.20.26）知

$$I\big|_{\alpha=0°} = I_0 \cos^2\theta \tag{5.20.35}$$

若将输出的调制光强入射到硅光电池上，转换成光电流，再经过放大器放大输入示波器，就可以观察到被调制的信号。当 $\alpha = 45°$ 时，在示波器上观察到调制幅度最大的信号，当 $\alpha = 0°$ 或 $\alpha = 90°$ 时，在示波器上可以观察到由式（5.20.34）和式（5.20.35）决定的倍频信号。但是因为 θ 一般都很小，由式（5.20.34）和式（5.20.35）可知，输出倍频信号的幅度分别接近于直流分量 0 或 I_0。

4. 磁光调制器的光强调制深度

磁光调制器的光强调制深度定义为

$$\eta = \frac{I_{\max} - I_{\min}}{I_{\max} + I_{\min}} \tag{5.20.36}$$

实验中，一般要求在 $\alpha = 45°$ 位置时，测量调制角幅度 θ_0 和光强调制深度 η，因为此时调制幅度最大。

当 $\alpha = 45°$，$\theta = -\theta_0$ 时，磁光调制器输出光强最大，由式（5.20.33）知

$$I_{\max} = \frac{I_0}{2}(1 + \sin 2\theta_0) \tag{5.20.37}$$

当 $\alpha = 45°$，$\theta = +\theta_0$ 时，磁光调制器输出光强最小，由式（5.20.33）知

$$I_{\min} = \frac{I_0}{2}(1 - \sin 2\theta_0) \tag{5.20.38}$$

由式（5.20.37）和式（5.20.38）得

$$I_{\max} - I_{\min} = I_0 \sin 2\theta_0, \quad I_{\max} + I_{\min} = I_0$$

所以有

$$\eta = \frac{I_{\max} - I_{\min}}{I_{\max} + I_{\min}} = \sin 2\theta_0 \tag{5.20.39}$$

调制角幅度 θ_0 为

$$\theta_0 = \frac{1}{2}\arcsin\frac{I_{\max} - I_{\min}}{I_{\max} + I_{\min}} \tag{5.20.40}$$

由式（5.20.39）和式（5.20.40）可以知道，测得磁光调制器的调制角幅度 θ_0，就可以确定磁光调制器的光强调制深度 η，由于 θ_0 随交变磁场 B 的幅度 B_m 连续可调，或者说随输入低频信号电流的幅度 i_0 连续可调，所以磁光调制器的光强调制深度 i_0 连续可调，只要选定

调制频率 f (如 $f = 500$ Hz) 和输入励磁电流 i_0，并在示波器上读出在 $\alpha = 45°$ 状态下相应的 $I_{\max}$ 和 $I_{\min}$。将读出的 $I_{\max}$ 和 $I_{\min}$ 值代入式 (5.20.39) 和式 (5.20.40)，即可以求出光强调制深度 η 和调制角幅度 θ_0。逐渐增大励磁电流 i_0 测量不同磁场 B_0 或电流 i_0 下的 $I_{\max}$ 和 $I_{\min}$ 值，做出 θ_0-i_0 和 η-i_0 曲线图，其饱和值即为对应的最大调制幅度 $\theta_{0\max}$ 和最大光强调制幅度 $\eta_{\max}$。

5.20.3　实验仪器

FD-MOC-A 磁光效应综合实验仪包括：导轨滑块光学部件、两个控制主机、直流可调稳压电源、双踪数字示波器。

光学元件的放置如图 5.20.5 所示，分别安装有激光器、起偏器、会聚透镜、调制线圈、电磁铁、检偏器、测角器（含偏振片）、光电探测器。直流可调稳压电源通过四根连接线与电磁铁相连，电磁铁既可以串联，也可以并联，具体连接方式及磁场方向可以通过特斯拉计测量确定。

图 5.20.5　法拉第磁光效应实验装置图

两个控制主机共包括五部分：特斯拉计、调制信号发生器、激光器电源、光功率计和选频放大器。其中特斯拉计及调制信号发生器的面板如图 5.20.6 所示，光功率计和选频放大器面板如图 5.20.7 所示。

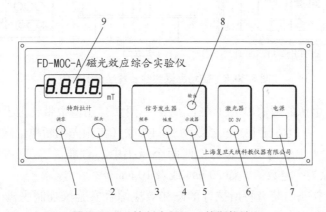

图 5.20.6　控制主机 I（特斯拉计）

1—调零旋钮　2—接特斯拉计探头　3—调节信号频率　4—调节信号幅度　5—接示波器，观察调制信号
6—激光器电源　7—电源开关　8—调制信号输出，接调制线圈　9—特斯拉计测量数值显示面板

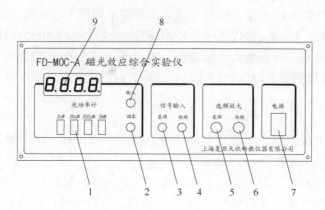

图 5.20.7　控制主机 Ⅱ（光功率计）

1—琴键换档开关　2—调零旋钮　3—基频信号输入端，接光电接收器　4—倍频信号输入端，接光电接收器
5—接示波器，观察基频信号　6—接示波器，观察倍频信号　7—电源开关
8—光功率计输入端，接光电接收器　9—光功率计表头显示

5.20.4　实验内容

1. 电磁铁磁头中心磁场的测量

磁场测量实验装置连接如图 5.20.8 所示。

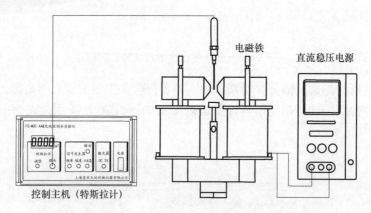

图 5.20.8　磁场测量实验装置连接示意图

① 将直流稳压电源的两输出端（"红""黑"两端）用四根带红黑手枪插头的连接线与电磁铁相连，注意：一般情况下，电磁铁两线圈并联（应预先判断单个磁极的方向）。

② 调节两个磁头上端的固定螺钉，使两个磁头中心对准（验证标准为中心孔完全通光），并使磁头间隙为一定数值，如 20 mm 或者 10 mm。

③ 将特斯拉计探头与装有特斯拉计的磁光效应综合实验仪控制主机 Ⅰ 对应的五芯航空插座相连，另外一端通过探头臂固定在电磁铁上，并使探头处于两个磁头正中心，旋转探头方向，使磁力线垂直穿过探头前端的霍尔传感器，这样测量出的磁感应强度最大，对应特斯拉计此时测量最准确。

④ 调节直流稳压电源的电流调节电位器，使电流逐渐增大，并记录不同电流情况下的

磁感应强度。然后列表画图分析电流-中心磁感应强度的线性变化区域，并分析磁感应强度饱和的原因。

2. 正交消光法测量法拉第效应实验

正交消光法测量法拉第效应实验装置连接如图 5.20.9 所示。

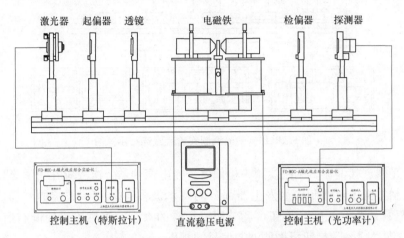

图 5.20.9　正交消光法测量法拉第效应实验装置连接示意图

① 将半导体激光器、起偏器、透镜、电磁铁、检偏器、光电探测器依次放置在光学导轨上。

② 将半导体激光器与控制主机 I 上激光器的"3 V 输出"相连，将光电探测器与控制主机 II 上光功率计的"输入"端相连。

③ 将恒流电源与电磁铁相连（注意电磁铁两个线圈一般选择并联）。

④ 在磁头中间放入实验样品，样品共两种，这里选择费尔德常数比较大的法拉第旋光玻璃样品。

⑤ 调节激光器，使激光依次穿过起偏器、透镜、磁铁中心、样品、检偏器，并能够被光电探测器接收；连接光路和主机，先取下检偏器，调节激光器，使激光斑正好入射进光电探测器（可以调节探测器前的光阑孔的大小，使激光完全入射进光电探测器），转动起偏器，使光功率计输出数值最大（可以换档调节），这样调节是因为，半导体激光器输出的是部分偏振光，所以实验前应该使起偏器的起偏方向和激光器的振动方向较强的方向一致，这样输出光强最大，以后的实验中就可以固定起偏器的方向。

⑥ 由于半导体激光器为部分偏振光，可调节起偏器来调节输入光强的大小；调节检偏器，使其与起偏器偏振方向正交，这时检测到的光信号为最小，读取此时检偏器的角度 θ_1。

⑦ 打开恒流电源，给样品加上恒定磁场，可看到光功率计读数增大，转动检偏器，使光功率计读数为最小，读取此时检偏器的角度 θ_2，得到样品在该磁场下的偏转角 $\theta = \theta_2 - \theta_1$。

⑧ 关掉半导体激光器，取下样品，用高斯计测量磁隙中心的磁感应强度 B，用游标卡尺测量样品厚度 d，根据公式 $\theta = VBd$，可以求出该样品的费尔德常数 V。

3. 磁光调制实验

磁光调制实验装置连接如图 5.20.10 所示。

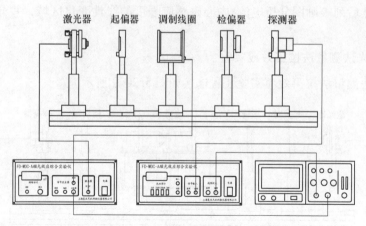

激光器　起偏器　调制线圈　检偏器　探测器

图 5.20.10　磁光调制实验装置连接示意图

① 将激光器、起偏器、调制线圈、检偏器、光电探测器依次放置在光学导轨上。

② 将控制主机 I 上调制信号发生器部分的"示波器"端与示波器的"CH1"端相连，观察调制信号，调节"幅度"旋钮可调节调制信号的大小，注意不要使调制信号变形（即不失真），调节"频率"旋钮可微调调制信号的频率。

③ 将激光器与控制主机 I 上"3 V 输出"相连，调节激光器，使激光从调制线圈中心样品中穿过，并能够被光电探测器接收。

④ 将调制线圈与控制主机 I 上调制信号发生器部分的"输出"端用音频线相连。

⑤ 将光电探测器与控制主机 II 上信号输入部分的"基频"端相连；用 Q9 线连接选频放大部分的"基频"端与示波器的"CH2"端。

⑥ 用示波器观察基频信号，调节调制信号发生器部分的"频率"旋钮，使基频信号最强，调节检偏器与起偏器的夹角，观察基频信号的变化。

⑦ 调节检偏器到消光位置附近，将光电探测器与控制主机 II 上信号输入部分的"倍频"端相连，同时将示波器的"CH2"端与选频放大部分的"倍频"端相连，调节调制信号发生器部分的"频率"旋钮，使倍频信号最强，微调检偏器，观察信号变化，当检偏器与起偏器正交时，即在消光位置，可以观察到稳定的倍频信号。

4. 磁光调制倍频法测量法拉第效应实验

倍频法测量法拉第效应实验装置连接如图 5.20.11 所示。

① 将半导体激光器、起偏器、透镜、电磁铁、调制线圈、有测微结构的检偏器、光电探测器依次放置在光学导轨上。

② 在电磁铁磁头中间放入实验样品，将恒流电源与电磁铁相连，将控制主机 I 上调制信号发生器部分的"示波器"端与示波器的"CH1"端相连；将激光器与控制主机 I 上激光器的"3 V 输出"相连，调节激光器，使激光依次穿过各元件，并能够被光电探测器接收；将调制线圈与控制主机 I 上调制信号发生器部分的"输出"端用音频线相连；将光电探测器与控制主机 II 上信号输入部分的"基频"端相连；用 Q9 线连接选频放大部分的"基频"端与示波器的"CH2"端。

③ 用示波器观察基频信号，旋转检偏器到消光位置附近，将光电接收器与主机上信号

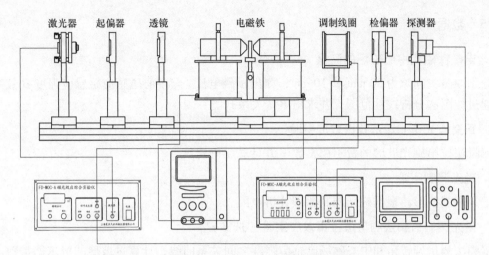

图 5.20.11　倍频法测量法拉第效应实验装置连接示意图

输入部分的"倍频"端相连,同时将示波器的"CH2"端与选频放大部分的"倍频"端相连,微调检偏器的测微器到可以观察到稳定的倍频信号,读取此时检偏器的角度 θ_1。

④ 打开恒流电源,给样品加上恒定磁场,可看到倍频信号发生变化,调节检偏器的测微器至再次看到稳定的倍频信号,读取此时检偏器的角度 θ_2,得到样品在该磁场下的偏转角 $\theta = \theta_2 - \theta_1$。

⑤ 关掉半导体激光器,取下样品,用特斯拉计测量磁隙中心的磁感应强度 B,用游标卡尺测量样品厚度 d,根据公式 $\theta = VBd$,可以求出该样品的费尔德常数 V。

5. 注意事项

① 实验时不要将直流的大光强信号直接输入选频放大器,以避免对放大器造成损坏。

② 起偏器和检偏器都是两个装有偏振片的转盘,读数精度都为 1°,仪器还配有一个装有螺旋测微头的转盘,转盘中同样装有偏振片,其中外转盘的精度也为 1°,螺旋测微头的精度为 0.01 mm,测量范围为 8 mm,即将角位移转化为直线位移,实现角度的精确测量。

③ 实验仪的电磁铁的两个磁头间距可以调节,这样不同宽度的样品均可以放置于磁场中间。

④ 实验结束后,将实验样品及各元件取下,依次放入手提零件箱内。注意不要用手触摸样品的透光面。

⑤ 样品及调制线圈内的磁光玻璃为易损件,人为损坏不在保修范围内,使用时应加倍小心。

⑥ 实验时应注意直流稳压电源和电磁铁不要靠近示波器,因为电源里的变压器或者电磁铁产生的磁场会影响电子枪,引起示波器的不稳定。

⑦ 用正交消光法测量样品费尔德常数时,必须注意加磁场后要求保证样品在磁场中的位置不发生变化,否则光路改变会影响到测量结果。

⑧ 完成实验时,注意测量环境不要有大的振动,外界不要有大的光源光强变化。最好在暗室内完成相关实验。

5.20.5　数据处理

1. 电磁铁磁头中心磁场的测量

分别取磁头间隙为 20 mm 和 10 mm，测出励磁电流 I 与中心磁感应磁感应强度 B 关系曲线，通过作图法分析线性范围，并求出 B-I 关系式。

2. 正交消光法测量法拉第效应实验

测量法拉第旋光玻璃的费尔德常数 V 并计算不确定度。

3. 磁光调制实验

记录调制波形，根据磁光调制原理分析原因。

4. 磁光调制倍频法测量法拉第效应实验（选做）

倍频法测量偏转角和中心磁场磁感应强度之间关系曲线，计算冕玻璃的费尔德常数。

5.20.6　思考题

① 电磁铁的剩磁现象会对实验数据记录带来一定程度的影响，请问实验过程中用何方法能够消除剩磁现象？

② 光电检测器前面有一个可调光阑，实验时可以调节合适的通光孔，通光孔的大小调节有何意义？

③ 正交消光法测量法拉第效应实验中采用的是旋光玻璃样品，如果是费尔德常数较小的样品，则相同磁场下的偏转角是变大还是减小？

5.20.7　拓展研究

① 对比分析正交消光法和磁光调制倍频法测量费尔德常数的主要实验误差来源，并详细比较二者的差异。

② 研究在磁场方向不变的情况下，光线往返穿过磁致旋光物质时，法拉第旋转角的变化规律及应用。

③ 法拉第磁光效应与其他实验原理的结合研究某种物理现象。

5.20.8　参考文献

[1] 上海复旦天欣科教仪器有限公司. 磁光效应使用说明书 [Z].

[2] 叶子沐，张来，董国波，等. 基于法拉第磁光效应测量空间磁场 [J]. 大学物理，2018，37（4）：70-76.

5.21　弗兰克-赫兹实验

1913 年，丹麦物理学家玻尔（N. Bohr）提出氢原子模型，指出原子存在能级，该模型在预言氢光谱的观察中取得了显著的成功。根据玻尔的原子理论，原子光谱中的每根谱线表示原子从某一个较高能级向另一个较低能级跃迁时的辐射。

弗兰克-赫兹实验

1914 年，德国物理学家弗兰克（J. Franck）和赫兹（G. Hertz）对勒纳（P. Lenard）用来测量电离电位的实验装置做了改进，他们同样采取慢电子（动能为几个到几十个电子伏特）与单元素气体原子碰撞的办法，但着重观察碰撞后电子发生什么变化（勒纳则观察碰撞后离子流的情况）。通过实验测量，电子和原子碰撞时会交换某一定值的能量，且可以使原子从低能级激发到高能级。直接验证了原子发生跃变时吸收和发射的能量是分立的、不连续的，证明了原子能级的存在，从而证明了玻尔理论的正确性，并因此获得了 1925 年诺贝尔物理学奖。

弗兰克-赫兹实验至今仍是探索原子结构的重要手段之一，实验中用的"拒斥电压"筛去小能量电子的方法，已成为广泛应用的实验技术。

5.21.1　实验要求

1. 实验重点

① 了解弗兰克-赫兹实验的实验原理。

② 了解弗兰克-赫兹实验的实验条件和特点。

③ 通过对实验中的灯丝电压 V_F、第一栅极电压 V_{G1K}、第二栅极电压 V_{G2K}、拒斥电压 V_{G2A} 等实验条件的控制和测量，加深对其概念的理解。

④ 实现氩元素第一激发电位的手动和自动测量。

2. 预习要点

① 什么是玻尔提出的氢原子模型？了解能级的概念。

② 弗兰克-赫兹实验的原理图和弗兰克-赫兹管内空间电位分布情况。

③ 弗兰克-赫兹实验仪的基本操作流程。

④ 如何通过本实验获得氩元素的第一激发电位、并确定原子能级的存在？

5.21.2　实验原理

1. 激发电位

玻尔提出的原子理论指出：

① 原子只能较长时间地停留在一些稳定状态（简称为定态）。原子在这些状态时，不发射或吸收能量；各定态有一定的能量，其数值是彼此分隔的。原子只能从一个状态跃迁到另一个状态，不论其能量通过什么方式发生改变。

② 原子从一个定态跃迁到另一个定态而发射或吸收辐射时，辐射频率是一定的。如果用 E_m 和 E_n 分别代表有关两定态的能量的话，辐射的频率 ν 取决于如下关系：

$$hv = E_m - E_n \qquad (5.21.1)$$

式中，普朗克常量 $h = 6.626 \times 10^{-34}$ J·s。

为了使原子从低能级向高能级跃迁，可以通过具有一定能量的电子与原子相碰撞进行能量交换的办法来实现。

设初速度为零的电子在电位差为 V_0 的加速电场作用下，获得能量 eV_0。当具有这种能量的电子与稀薄气体的原子（比如氩原子）发生碰撞时，就会发生能量交换。如以 E_1 代表氩原子的基态能量、E_2 代表氩原子的第一激发态能量，那么当氩原子吸收从电子传递来的能量恰好为

$$eV_0 = E_2 - E_1 \qquad (5.21.2)$$

时，氩原子就会从基态跃迁到第一激发态，相应的电位差称为氩的第一激发电位（或称氩的中肯电位）。测定出这个电位差 V_0，就可以根据式（5.21.2）求出氩原子的基态和第一激发态之间的能量差（其他元素气体原子的第一激发电位亦可依此法求得）。

2. 弗兰克-赫兹实验的原理

弗兰克-赫兹实验的原理图如图5.21.1所示。在充氩的弗兰克-赫兹管中，电子由热阴极发出，阴极 K 和第二栅极 G_2 之间的加速电压 V_{G2K} 使电子加速。在板极 A 和第二栅极 G_2 之间加有反向拒斥电压 V_{G2A}。管内空间电位分布如图5.21.2所示。当电子通过 KG_2 空间进入 G_2A 空间时，如果有较大的能量（$\geqslant eV_{G2A}$），就能冲过反向拒斥电场而到达板极 A 形成板极电流（由微电流计 μA 表检出）。如果电子在 KG_2 空间与氩原子碰撞，把自己一部分能量传给氩原子而使后者激发的话，电子本身所剩余的能量就很小，以致通过第二栅极后已不足以克服拒斥电场而被折回到第二栅极，这时，通过微电流计 μA 表的电流将显著减小。

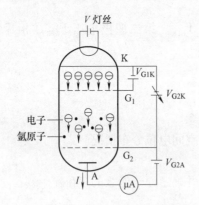

图 5.21.1　弗兰克-赫兹原理图

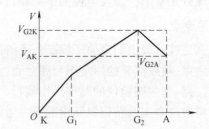

图 5.21.2　弗兰克-赫兹管内空间电位分布

实验时，使 V_{G2K} 电压逐渐增加并仔细观察电流计的电流指示，如果原子能级确实存在，而且基态和第一激发态之间有确定的能量差的话，就能观察到如图5.21.3所示的 I_A-V_{G2K} 曲线。图5.21.3所示的曲线反映了氩原子在 KG_2 空间与电子进行能量交换的情况。当 KG_2 空间电压逐渐增加时，电子在 KG_2 空间被加速而取得越来越大的能量。但起始阶段，由于电压较低，电子的能量较少，即使在运动过程中它与原子相碰撞也只有微小的能量交换（弹性碰撞），穿过第二栅极的电子所形成的板极电流 I_A 将随第二栅极电压 V_{G2K} 的增加而增大（如图5.21.3所示的 Oa 段）。

当 KG$_2$ 间的电压达到氩原子
的第一激发电位 V_0 时，电子在第
二栅极附近与氩原子相碰撞，将
自己从加速电场中获得的全部能
量交给后者，并且使后者从基态
激发到第一激发态。而电子本身
由于把全部能量给了氩原子，即
使穿过了第二栅极也不能克服反
向拒斥电场而被折回第二栅极
（被筛选掉）。所以板极电流将显

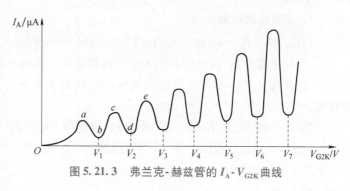

图 5.21.3　弗兰克-赫兹管的 I_A-V_{G2K} 曲线

著减小（如图 5.21.3 所示的 ab 段）。随着第二栅极电压的增加，电子的能量也随之增加，
在与氩原子相碰撞后，将一部分能量$(E_2 - E_1)$交换给氩原子，还留下足够的能量可以克服
反向拒斥电场而达到板极 A，这时电流又开始上升（如图 5.21.3 所示的 bc 段）。

直到 KG$_2$ 间电压是二倍氩原子的第一激发电位时，电子在 KG$_2$ 间又会因二次碰撞而失
去能量，因而又会造成第二次板极电流的下降（如图 5.21.3 所示的 cd 段），同理，凡在

$$V_{G2K} = nV_0 \ (n = 1,2,3,\cdots) \tag{5.21.3}$$

的地方板极电流 I_A 都会相应下跌，形成规则起伏变化的 I_A-V_{G2K} 曲线。而各次板极电流 I_A 下
降相对应的阴、栅极电压差 $V_{n+1} - V_n$ 应该是氩原子的第一激发电位 V_0。曲线中极大与极小
值的出现呈现明显的规律性，这正是量子化能量被吸收的结果，原子只吸收特定能量而不是
任意能量，这证明氩原子能量状态的不连续性。

本实验就是要通过 I_A-V_{G2K} 曲线的实际测量来证实原子能级的存在，并获得氩原子的第
一激发电位。

原子处于激发态是不稳定的。在实验中被慢电子轰击到第一激发态的原子要跳回基态，
进行这种反跃迁时，就应该有 eV_0 电子伏特的能量发射出来。反跃迁时，原子是以放出光量
子的形式向外辐射能量的。这种光辐射的波长为

$$eV_0 = h\nu = h\frac{c}{\lambda} \tag{5.21.4}$$

对于氩原子

$$\lambda = \frac{hc}{eV_0} = \frac{6.63 \times 10^{-34} \times 3.00 \times 10^8}{1.6 \times 10^{-19} \times 11.61} \text{m} = 1\,071\ \text{Å}$$

如果弗兰克-赫兹管中充以其他元素，则可以得到它们的第一激发电位（见表 5.21.1）。

表 5.21.1　几种元素的第一激发电位

元素	钠 (Na)	钾 (K)	锂 (Li)	镁 (Mg)	汞 (Hg)	氦 (He)	氖 (Ne)
V_0/V	2.12	1.63	1.84	3.2	4.9	21.2	18.6
λ/Å	5\,898 5\,896	7\,664 7\,699	6\,707.8	4\,571	2\,500	584.3	640.2

5.21.3　仪器介绍

实验仪器：FH-2 智能弗兰克-赫兹实验仪、示波器、导线若干。

1. 实验仪面板简介

FH-2 智能弗兰克-赫兹实验仪以功能划分为八个区。

① 区是弗兰克-赫兹管各输入电压连接插孔和板极电流输出插座。

② 区是弗兰克-赫兹管所需激励电压的输出连接插孔，其中左侧输出孔为正极，右侧为负极。

③ 区是测试电流指示区：四位七段数码管指示电流值；四个电流量程档位选择按键用于选择不同的最大电流量程档；每一个量程选择同时备有一个选择指示灯指示当前电流量程档位。

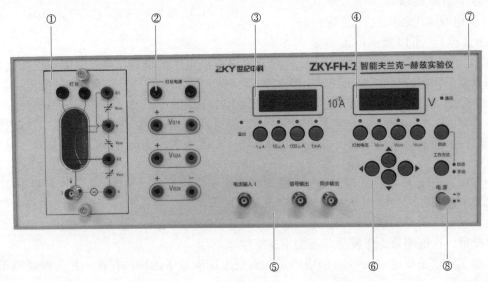

图 5.21.4　FH-2 弗兰克-赫兹实验仪前面板

④ 区是测试电压指示区：四位七段数码管指示当前选择电压源的电压值；四个电压源选择按键用于选择不同的电压源；每一个电压源选择都备有一个选择指示灯指示当前选择的电压源。

⑤ 区是测试信号输入输出区：电流输入插座输入弗兰克-赫兹管板极电流；信号输出和同步输出插座可将信号送示波器显示。

⑥ 区是调整按键区，用于：改变当前电压源电压设定值；设置查询电压点。

⑦ 区是工作状态指示区：通信指示灯指示实验仪与计算机的通信状态；启动按键与工作方式按键共同完成多种操作。

⑧ 区是电源开关。

2. 弗兰克-赫兹实验仪前面板说明

使用时，务必正确连接面板上的连接线（参考图 5.21.5），连好线后需反复检查，切勿连错！待教师检查后再打开电源。

（1）开机后，实验仪面板初始状态显示

● 实验仪的"1 mA"电流档位指示灯亮，表明此时电流的量程为 1 mA 档；电流显示值为 0000×10^{-7} A（若最后一位不为 0，属正常现象）。

● 实验仪的"灯丝电压"档位指示灯亮，表明此时修改的电压为灯丝电压；电压显示

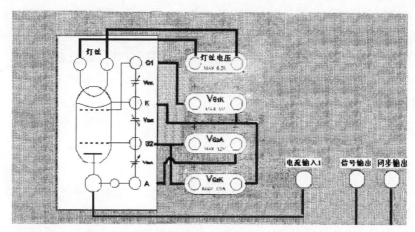

图 5.21.5　FH-2 弗兰克-赫兹实验仪前面板接线图

值为 000.0 V；最后一位在闪动，表明现在修改位为最后一位。

● "手动"指示灯亮，表明此时实验操作方式为手动操作。

（2）变换电流量程

如果想变换电流量程，则按下③区中的相应电流量程按键，对应的量程指示灯点亮，同时电流指示的小数点位置随之改变，表明量程已变换。

（3）变换电压源

如果想变换不同的电压，则按下④区中的相应电压源按键，对应的电压源指示灯随之点亮，表明电压源变换选择已完成，可以对选择的电压源进行电压值设定和修改。

（4）修改电压值

按下前面板⑥区上的"←/→"键，当前电压的修改位将进行循环移动，同时闪动位随之改变，以提示目前修改的电压位置。按下面板上的"↑/↓"键，电压值在当前修改位递增/递减一个增量单位。

注意：

● 如果当前电压值加上一个单位电压值的和超过了允许输出的最大电压值，再按下"↑"键，电压值只能修改为最大电压值。

● 如果当前电压值减去一个单位电压值的差值小于零，再按下"↓"键，电压值只能修改为零。

3. 仪器使用注意事项

① 当各组电源输出端自身短路时，在面板上虽能显示设置电压，但此时输出端已无电压输出，若及时排除短路故障，则输出端输出电压应与其设置的电压一致。

② 虽仪器内置有保护电路，面板连线接错在短时间内不会损坏仪器，但时间稍长会影响仪器的性能甚至损坏仪器，特别是弗兰克-赫兹管，各组工作电源有额定电压限制，应防止由于连线接错对其误加电压而造成损坏，因此在通电前应反复检查面板连线，确认无误后，再打开主机电源。当仪器出现异常时，应立即关断主机电源。

③ 实验仪工作参数的设置。夫兰克-赫兹管极易因电压设置不合适而遭受损坏。新管请按机箱上盖的标牌参数设置。若波形不理想，可适量调节灯丝电压、V_{G1K}、V_{G2A}（灯丝电压

的调整建议先控制在标牌参数的 ±0.3 V 范围内进行，若波形幅度不好，再适量扩大调整范围），以获得较理想的波形。

④ 灯丝电压不宜过高，否则会加快弗兰克-赫兹管老化；V_{G2K} 不宜超过 82 V，否则管子易被击穿（电流急剧增大）。

⑤ 实验完毕，立即将 V_{G2K} 电压快速归零。

5.21.4 实验内容

1. 准备工作

① 按照图 5.21.5 所示，连接好各组工作电源线，仔细检查，确定无误。连接示波器，以直观观察 I_A-V_{G2K} 的波形变化情况。

② 打开电源，将实验仪预热 20 ~ 30 min（开机后的初始状态见仪器说明部分）。

2. 氩元素的第一激发电位手动测量

① 设置仪器为"手动"工作状态，按"手动/自动"键切换，"手动"指示灯亮。

② 设定电流量程（电流量程可参考机箱盖上提供的数据），按下相应电流量程键，对应的量程指示灯点亮。

③ 设定电压源的电压值（设定值可参考机箱盖上提供的数据），用"↑/↓、←/→"键完成，需设定的电压源有：灯丝电压 V_F、第一栅极电压 V_{G1K}、拒斥电压 V_{G2A}。

④ 按下"启动"键，实验开始。用"↑/↓、←/→"键完成 V_{G2K} 电压值的调节，从 0.0 V 起，按步长 0.5 V（或 1.0 V）的电压值调节电压源 V_{G2K}，同步记录 V_{G2K} 值和对应的 I_A 值，同时通过示波器仔细观察弗兰克-赫兹管的板极电流值 I_A 的变化。切记：为保证实验数据的唯一性，V_{G2K} 电压必须从小到大单向调节，不可在过程中反复；记录完成最后一组数据后，立即将 V_{G2K} 电压快速归零。

⑤ 重新启动。在手动测试的过程中，按下启动按键，V_{G2K} 的电压值将被设置为零，内部存储的测试数据被清除，示波器上显示的波形被清除，但 V_F、V_{G1K}、V_{G2A}、电流档位等的状态不发生改变。这时，操作者可以在该状态下重新进行测试，或修改状态后再进行测试。

建议：手动测试 I_A-V_{G2K} 时，可以修改 V_F 值再测量一次。

3. 氩元素的第一激发电位自动测量

进行自动测试时，实验仪将自动产生 V_{G2K} 扫描电压，完成整个测试过程；将示波器与实验仪相连接，在示波器上可看到弗兰克-赫兹管板极电流随 V_{G2K} 电压变化的波形。

（1）自动测试状态设置

自动测试时 V_F、V_{G1K}、V_{G2A} 及电流档位等状态设置的操作过程，以及弗兰克-赫兹管的连线操作过程与手动测试操作过程一样。

（2）V_{G2K} 扫描终止电压的设定

进行自动测试时，实验仪将自动产生 V_{G2K} 扫描电压。实验仪默认 V_{G2K} 扫描电压的初始值为零，V_{G2K} 扫描电压大约每 0.4 s 递增 0.2 V。直到扫描终止电压。

要进行自动测试，必须设置电压 V_{G2K} 的扫描终止电压。

首先，将"手动/自动"测试键按下，自动测试指示灯亮；按下 V_{G2K} 电压源选择键，

V_{G2K}电压源选择指示灯亮；用"↑／↓、←／→"键完成 V_{G2K} 电压值的具体设定。V_{G2K} 设定终止值建议不超过 82 V。

（3）自动测试启动

将电压源选择选为 V_{G2K}，再按面板上的"启动"键，自动测试开始。

在自动测试过程中，观察扫描电压 V_{G2K} 与弗兰克-赫兹管板极电流的相关变化情况（通过示波器观察）。在自动测试过程中，为避免面板按键误操作，导致自动测试失败，面板上除"手动／自动"按键外的所有按键都被屏蔽禁止。

（4）自动测试过程正常结束

当扫描电压 V_{G2K} 的电压值大于设定的测试终止电压值后，实验仪将自动结束本次自动测试过程，进入数据查询工作状态。

测试数据保留在实验仪主机的存储器中，供数据查询过程使用，所以，示波器仍可观测到本次测试数据所形成的波形。直到下次测试开始时才刷新存储器的内容。

（5）自动测试后的数据查询

自动测试过程正常结束后，实验仪进入数据查询工作状态。这时面板按键除测试电流指示区外，其他都已开启。自动测试指示灯亮，电流量程指示灯指示于本次测试的电流量程选择档位；各电压源选择按键可选择各电压源的电压值指示，其中 V_F、V_{G1K}、V_{G2A} 三电压源只能显示原设定电压值，不能通过按键改变相应的电压值。用"↑／↓、←／→"键改变电压源 V_{G2K} 的指示值，就可查阅到在本次测试过程中，电压源 V_{G2K} 的扫描电压值为当前显示值时，对应的弗兰克-赫兹管板极电流值 I_A 的大小，记录 I_A 的峰、谷值和对应的 V_{G2K} 值（为便于作图，可以在 I_A 的峰、谷值附近多取数据点）。

（6）中断自动测试过程

在自动测试过程中，只要按下"手动／自动键"，手动测试指示灯亮，实验仪就中断了自动测试过程，原设置的电压状态被清除。所有按键都被再次开启工作。这时可进行下一次的测试准备工作。

本次测试的数据依然保留在实验仪主机的存储器中，直到下次测试开始时才被清除。所以，示波器仍会观测到部分波形。

（7）结束查询过程回复初始状态

当需要结束查询过程时，只要按下"手动／自动"键，手动测试指示灯亮，查询过程结束，面板按键再次全部开启。原设置的电压状态被清除，实验仪存储的测试数据被清除，实验仪回复到初始状态。

5. 21. 5　数据处理

① 在坐标纸上描绘各组 I_A-V_{G2K} 数据对应曲线。并根据原始数据，详细记录实验条件和相应的 I_A 和 V_{G2K} 峰谷值。

② 用一元线性回归法处理数据。计算两个相邻峰所对应的 V_{G2K} 之差值 ΔV_{G2K}，将所得结果与氩的第一激发电位 $V_0 = 11.61$ V 比较，计算相对误差，并写出结果表达式。

③ 请对不同灯丝电压 V_F、第一栅极电压 V_{G1K}、拒斥电压 V_{G2A} 条件下各组曲线和对应的第一激发电位进行比较，分析哪些量发生了变化，哪些量基本不变，为什么？

5.21.6　思考题

① 实验中，如果让你自己给出各参数的最佳值，如何判定？

② 实验中的参数，如第一栅极电压 V_{G1K}，对于板极电流值 I_A 的影响规律和原因是什么？

③ 通过实验，有哪些可以提高实验测量精度的方法？

5.21.7　拓展研究

① 探究实验中不同参数对 I_A-V_{G2K} 曲线关系的影响规律和原因。

② 弗兰克-赫兹管内电子与氩原子碰撞过程中的能量损失如何？

③ 分析室内温度对灯丝电压 V_F、第一栅极电压 V_{G1K}、拒斥电压 V_{G2A} 等实验参数和 I_A-V_{G2K} 曲线关系会有何影响？

5.21.8　参考文献

［1］ 四川世纪中科光电技术有限公司. 弗兰克-赫兹实验说明书 ［Z］.

［2］ 李依然，董国波，等. 弗兰克-赫兹实验控制栅电压对板流的作用探究 ［J］. 大学物理，2014，33（12）：58-62.

［3］ 王振宇，李英姿，等. 弗兰克-赫兹实验自动测量及数据处理 ［J］. 大学物理，2015，34（12）：33-35.

5.22 密立根油滴实验

1897 年，英国物理学家汤姆孙（J. J. Thomson）发现电子的存在后，许多科学家为了精确确定它的性质进行了大量科学探索。其中，英国物理学家汤森德（J. S. E. Townsend）、威尔逊（C. T. R. Wilson）和汤姆孙（J. J. Thomson）本人都对电子电荷 e 值进行了测定。1909—1913 年间，美国科学家密立根（R. A. Millikan）在前人工作的基础上，经过巧妙的实验设计和艰苦的实验过程，实现了对基本电荷量 e 的准确测量。密立根油滴实验是一个非常著名的经典物理实验，其重要的意义在于它直接揭示出了电荷的不连续性，

密立根油滴实验

并准确测定了基本电荷电量 e，即电子所带电量。这一成就大大促进了人们对电荷物质结构的认识和研究。从实验角度来看，油滴实验中将微观量测量转化为宏观量测量的巧妙设想和精确构思，以及用比较简单的仪器测得比较精确的结果都富有创造性。

密立根因为在测定电子电荷以及光电效应方面的卓越成就而获得 1923 年诺贝尔物理学奖。

5.22.1 实验要求

1. 实验重点

① 学习密立根油滴实验的设计思想。

② 用静态平衡法测量基本电荷的大小，验证电荷的量子性。

③ 培养严谨的科学实验态度，学会对仪器的调整，油滴的选定、跟踪、测量以及数据的处理。

2. 预习要点

① 物理科学史中，人们对电子电荷的认识过程。

② 物理量测量思想中，微观量测量与宏观量测量的相互转化和应用。

③ 了解油滴实验测量电子电荷的基本原理。

④ 熟悉本实验所用仪器的基本构造和使用方法。

5.22.2 实验原理

一个质量为 m、带电量为 q 的油滴处在两块平行极板之间，在平行极板未加电压时，油滴受重力作用而加速下降，由于空气阻力的作用，下降一段距离后，油滴将做匀速下降运动，下降速度为 v_g，这时重力与阻力平衡（空气浮力忽略不计），如图 5.22.1 所示。根据斯托克斯定律，黏滞阻力为

$$f_r = 6\pi a\eta v_g \tag{5.22.1}$$

式中，η 是空气的黏度；a 是油滴的半径，这时有

$$6\pi a\eta v_g = mg \tag{5.22.2}$$

当在平行极板上加电压 U 时，油滴处在电场强度为 E 的静电场中，设电场力 qE 与重力相反，如图 5.22.2 所示，使油滴受电场力加

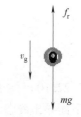

图 5.22.1 未加电压时受力分析

速上升，由于空气阻力作用，上升一段距离后，油滴所受的空气阻力、重力与电场力达到平衡（空气浮力忽略不计），则油滴将匀速上升，此时速度为 v_e，则有

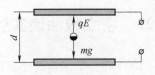

$$6\pi a\eta v_e = qE - mg \qquad (5.22.3)$$

又因为

图 5.22.2　加电压后

$$E = \frac{U}{d} \qquad (5.22.4)$$

由上述式(5.22.2)~式(5.22.4)可解出

$$q = mg\frac{d}{U}\left(\frac{v_g + v_e}{v_g}\right) \qquad (5.22.5)$$

为测定油滴所带电荷 q，除应测出 U、d 和速度 v_e、v_g 外，还需知油滴质量 m。由于空气中悬浮和表面张力作用，可将油滴看作圆球，其质量为

$$m = \frac{4}{3}\pi a^3 \rho \qquad (5.22.6)$$

式中，ρ 是油滴的密度。

由式（5.22.2）和式（5.22.6），得油滴的半径

$$a = \left(\frac{9\eta v_g}{2\rho g}\right)^{\frac{1}{2}} \qquad (5.22.7)$$

考虑到油滴非常小，空气已不能看成连续媒质，空气的黏度应修正为

$$\eta' = \frac{\eta}{1 + \dfrac{b}{pa}} \qquad (5.22.8)$$

式中，b 为修正常数；p 为空气压强；a 为未经修正过的油滴半径，由于它在修正项中，不必计算得很精确，由式（5.22.7）计算就够了。

实验时取油滴匀速下降和匀速上升的距离相等，设为 l，测出油滴匀速下降时间 t_g，匀速上升时间 t_e，则

$$v_g = l/t_g, \ v_e = l/t_e \qquad (5.22.9)$$

将式(5.22.6)~式(5.22.9)代入式(5.22.5)，可得

$$q = \frac{18\pi}{\sqrt{2\rho g}}\left[\frac{\eta l}{\left(1 + \dfrac{b}{pa}\right)}\right]^{\frac{3}{2}}\frac{d}{U}\left(\frac{1}{t_e} + \frac{1}{t_g}\right)\left(\frac{1}{t_g}\right)^{\frac{1}{2}}$$

令

$$K = \frac{18\pi d}{\sqrt{2\rho g}}\left[\frac{\eta l}{\left(1 + \dfrac{b}{pa}\right)}\right]^{\frac{3}{2}}$$

得

$$q = K\left(\frac{1}{t_e} + \frac{1}{t_g}\right)\left(\frac{1}{t_g}\right)^{\frac{1}{2}}\frac{1}{U} \qquad (5.22.10)$$

式（5.22.10）是动态法测油滴电荷的公式。式中，U 为匀速上升时所加的提升电压。

下面导出静态法测油滴电荷的公式。

调节平行极板间的电压，使油滴不动，此时所加电压 U 为平衡电压，$v_e = 0$，即 $t_e \to \infty$，由式（5.22.10）可得

$$q = K\left(\frac{1}{t_g}\right)^{\frac{3}{2}}\frac{1}{U} \tag{5.22.11}$$

或者

$$q = \frac{18\pi}{\sqrt{2\rho g}}\left[\frac{\eta l}{t_g\left(1+\frac{b}{pa}\right)}\right]^{\frac{3}{2}}\frac{d}{U} \tag{5.22.12}$$

式（5.22.12）即为静态法测油滴电荷的公式。式中，U 为小球静止时的平衡电压。

为了求电子电荷 e，对实验测得的各个电荷 q 求最大公约数，就是基本电荷 e 的值，也就是电子电荷 e，也可以测得同一油滴所带电荷的改变量 Δq_1（可以用紫外线或放射源照射油滴，使它所带电荷改变），这时 Δq_1 应近似为某一最小单位的整数倍，此最小单位即为基本电荷 e。

5.22.3 仪器介绍

本实验的实验装置由 OM99 CCD 微机密立根油滴仪和喷雾器组成。

1. OM99 CCD 微机密立根油滴仪

OM99 CCD 微机密立根油滴仪主要由油滴盒、CCD 电视显微镜、电路箱、监视器等组成。

① 油滴盒是个重要部件，加工要求很高，其结构如图 5.22.3 所示。

图 5.22.3 中，上下电极用精加工的平板垫在胶木圆环上，极板间的不平行度和间距误差都控制在 0.01 mm 以下。在上电极板中心有一个直径为 0.4 mm 的油雾落入孔，在胶木圆环上开有显微镜观察孔和照明孔。

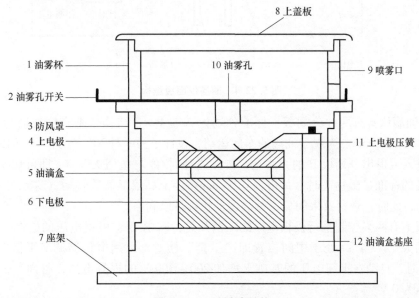

图 5.22.3　油滴盒结构

在油滴盒外套上有防风罩，罩上放置一个可取下的油雾杯，杯底中心有一个落油孔及一个档片，用来开关落油孔。

在上电极板上方有一个可以左右拨动的压簧（只有将压簧拨向最边位置，方可取出上极板），保证压簧与电极始终接触良好。

照明灯安装在照明座中间位置，OM99 油滴仪采用了带聚光的半导体发光器件，使用寿命极长，为半永久性。

② CCD 电视显微镜的光学系统体积小巧，成像质量好。CCD 摄像头与显微镜是整体设计，使用可靠、稳定、不易损坏。

③ 电路箱体内装有高压产生、测量显示等电路。底部装有三只调平手轮，面板结构如图 5.22.4 所示。测量显示电路产生的电子分划板刻度与 CCD 摄像头的行扫描严格同步，相当于刻度线是做在 CCD 器件上的，所以，尽管监视器有大小，或监视器本身有非线性失真，但刻度值是不会变的。

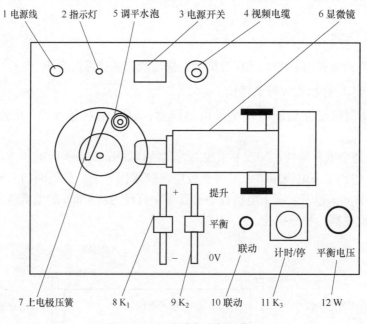

图 5.22.4　油滴仪面板结构

OM99 油滴仪备有两种分划板，标准分划板 A 是 8×3 结构，垂直线视场为 2 mm，分 8 格，每格为 0.25 mm。为观察油滴的布朗运动，设计了另一种 X、Y 方向各为 15 小格的分划板 B（进入或退出分划板 B 的方法是，按住"计时/停"按钮大于 5 s 即可切换分划板）。用随机配备的标准显微物镜时，每格为 0.08 mm；换上高倍显微物镜后（选购件），每格值为 0.04 mm，此时，观察效果明显，油滴运动轨迹可以满格。

在面板上有两只控制平行极板电压的三档开关，K_1 控制上极板电压的极性，K_2 控制极板上电压的大小。当 K_2 处于中间位置即"平衡"档时，可用电位器调节平衡电压。打向"提升"档时，自动在平衡电压的基础上增加 200～300 V 的提升电压，打向"0 V"档时，极板上电压为 0 V。

为了提高测量精度，OM99 油滴仪将 K_2 的"平衡""0 V"档与计时器的"计时/停"联动。在 K_2 由"平衡"打向"0 V"，油滴开始匀速下落的同时开始计时，油滴下落到预定距离时，迅速将 K_2 由"0 V"档打向"平衡"档，油滴停止下落的同时停止计时。此时，屏幕上显示的是油滴实际的运动距离及对应的时间，可提高测距和测时精度。根据不同的教学要求，也可以不联动（关闭联动开关即可）。

由于空气阻力的存在，油滴是先经一段变速运动后进入匀速运动的。但变速运动时间非常短，远小于 0.01 s，与计时器精度相当。可以看作当油滴自静止开始运动时，油滴是立即做匀速运动的；运动的油滴突然加上原平衡电压时，将立即静止下来。所以，采用联动方式完全可以保证实验精度。

OM99 油滴仪的计时器采用"计时/停"方式，即按一下开关，清 0 的同时立即开始计数，再按一下，停止计数，并保存数据。计时器的最小显示为 0.01 s，但内部计时精度为 1 μs，即清 0 时刻仅占用 1 μs。

2. 喷雾器

喷雾器结构如图 5.22.5 所示，使用时用滴管从油瓶里吸取油，由灌油处滴入喷雾器里，油的液面在 3 ~ 5 mm 就足够了，千万不可高于喷管上口。喷雾器的喷雾出口比较脆弱，一般将其置于油滴仪的油雾杯圆孔外 1 ~ 2 mm 即可，不必伸入油雾杯内喷油。使用时注意安全及卫生。

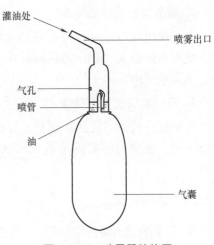

图 5.22.5　喷雾器结构图

5.22.4　实验内容

1. 密立根油滴仪调整

将 OM99 面板上最左边带有 Q9 插头的电缆线接至监视器后背下部的插座上，然后接上电源即可开始工作。调节仪器底座上的三只调平手轮，将水泡调平。CCD 显微镜只需将显微镜筒前端和底座前端对齐，然后喷油后再稍稍前后微调即可。在使用中，前后调焦范围不要过大，取前后调焦 1 mm 内的油滴较好。

打开监视器和 OM99 油滴仪的电源，显示出标准分划板刻度线。

面板上 K_1 用来选择平行电极上极板的极性，实验中置于 " + " 位或 " − " 位置均可，一般不常变动。使用最频繁的是 K_2、平衡电压调节开关 W 和 "计时/停" 开关 K_3。

监视器附有 4 个调节旋钮。对比度一般置于较大（顺时针旋到底或稍退回一些），亮度不要太亮。如发现刻度线上下抖动，这是 "帧抖"，微调左边起第二个旋钮即可解决。

2. 测量练习

选择油滴：选择一颗合适的油滴十分重要。直径过大的油滴，匀速下降时间比较短，增大了测量误差并会给数据处理带来困难。通常选择平衡电压为 200 ~ 300 V、匀速下落 1.5 mm（6 格）用时在 8 ~ 20 s 左右的油滴较适宜。喷油后，K_2 置 "平衡" 档，调 W 使极板电压为 200 ~ 300 V，注意几颗缓慢运动、较为清晰明亮的油滴。试将 K_2 置 "0 V" 档，观察各颗油滴下落大概的速度，从中选一颗作为测量对象。监视器上目视油滴直径在 0.5 ~ 1 mm 的较适宜。直径过小的油滴观察困难，布朗运动明显，会引入较大的测量误差。

控制油滴：仔细调节平衡电压，使油滴静止不动。然后去掉平衡电压，让它匀速下降，下降一段距离后再加上平衡电压和升降电压，使油滴上升。如此反复多次练习，以掌握控制油滴的方法。

测量油滴：任意选择几颗运动速度快慢不同的油滴，测出它们下降一段距离所需要的时间。或者加上一定的电压，测出它们上升一段距离所需要的时间。如此反复多次测试，以掌握测量油滴运动时间的方法。

3. 静态法测量油滴电荷

将已调平衡的油滴用 K_2 控制移到"起始位置"（一般取第 2 格上线），按 K_3（计时/停），让计时器停止计时（值未必要为 0），然后将 K_2 拨向"0 V"，油滴开始匀速下降的同时，计时器开始计时。到"终止位置"（一般取第 7 格下线）时，迅速将 K_2 拨向"平衡"，油滴立即静止，计时也立即停止，此时电压值和下落时间值显示在屏幕上，进行相应的数据处理，求得电子电荷的平均值 e。

4. 动态法测量油滴电荷

分别测出加电压时油滴上升的速度和不加电压时油滴下落的速度，代入公式，求出 e 值，此时最好将 K_2 与 K_3 的联动断开。油滴的运动距离一般取 $1 \sim 1.5$ mm。进行相应数据处理，求得电子电荷的平均值 e。

5. 同一油滴改变电荷法

在平衡法或动态法的基础上，用汞灯照射目标油滴（应选择颗粒较大的油滴），使之改变带电量，表现为原有的平衡电压已不能保持油滴的平衡，然后用平衡法或动态法重新测量。

5.22.5　数据处理

① 为了测定油滴所带电荷，一般需要对同一颗油滴重复测量 $5 \sim 10$ 次，同时选择 $5 \sim 10$ 颗油滴进行测量。

② 计算各油滴的电荷，求它们的最大公约数，即为基本电荷 e 值。

③ 计算各油滴的电荷，用作图法求 e 值。

④ 将 e 的实验值与公认值比较，求相对误差。

5.22.6　思考题

① 对实验结果造成影响的主要因素有哪些？

② 如何判断油滴盒内平行极板是否水平？不水平对实验结果有何影响？

③ CCD 成像系统观测油滴比直接从显微镜中观测有何优点？

5.22.7　拓展研究

① 研究密立根油滴实验的数据处理方法。

② 若油滴平衡调节不好，对实验结果有何影响？

③ 实验中所选油滴的大小对实验结果有何影响？

5.22.8　参考文献

[1] 南京浪博科教仪器有限公司. OM99 密立根油滴使用说明书 [Z].

5.22.9 附录

1. 主要参考数据（具体数值以实验室所给为准）

平行极板间距离 $d = 5.000 \times 10^{-3}$ m

重力加速度 $g = 9.801$ m $\cdot$ s^{-2}（北京）

空气黏度 $\eta = 1.83 \times 10^{-5}$ kg $\cdot$ m^{-1} $\cdot$ s^{-1}

修正常数 $b = 8.224 \times 10^{-3}$ m $\cdot$ Pa

大气压强 $p = 1.013 \times 10^{5}$ Pa

2. 油的密度温度变化表

OM99 CCD 微机密立根油滴选用上海产中华牌 701 型钟表油，其密度随温度的变化见表 5.22.1。

表 5.22.1

$T/℃$	0	10	20	30	40
$\rho/$kg $\cdot$ m^3	991	986	981	976	971

3. K_1、K_2 接线图

K_1、K_2 所用型号为 KBD5 三档六刀开关，如图 5.22.6 所示。

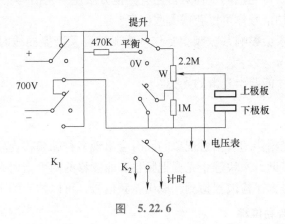

图 5.22.6

5.23　双光栅测弱振动

在工程技术上，往往需要对微小振动的速率和幅度予以精确的测量，尤其是在航空航天领域，对微弱振动的研究更是有着深远的意义。在众多测量技术中，双光栅测量法以其简单实用的优点得到了广泛的应用。双光栅测弱振动是将光栅衍射原理、多普勒频移原理以及光拍测量技术等结合在一起，把机械位移信号转化为光电信号，来测量弱振动振幅的一个实验。

双光栅

5.23.1　实验要求

1. 实验重点

① 熟悉光的多普勒频移效应和光拍效应，掌握利用双光栅产生的拍信号精确测量微弱振动位移的原理和测量方法。

② 掌握双光栅微弱振动测量仪的调整和使用。

③ 作出不同音叉质量分布时外力驱动音叉的谐振曲线，并研究影响共振频率和共振时振幅的因素。

2. 预习要点

① 本实验是如何获得光拍的？你觉得还有其他方法产生光拍吗？

② 由本实验的光拍信号你可以获得哪些信息？

③ 你认为哪些因素会影响共振频率？作外力驱动音叉谐振曲线时，音叉驱动信号的功率需要固定吗？

④ 本实验中如何才能调出光滑的光拍？

5.23.2　实验原理

激光束通过运动光栅伴随着衍射现象的同时会出现多普勒频移现象，即衍射光频率相对原入射光发生变化。借助另一块静止光栅把频移和非频移的两束衍射光直接平行叠加就可获得光拍，再通过光的平方律检波器检测，取出差频信号，可以精确测定微弱振动的位移。

1. 相位光栅的多普勒位移

当激光平面波垂直入射到相位光栅时，由于相位光栅上不同的光密度和光疏媒质部分对光波的相位延迟作用，使入射的平面波变成出射的褶皱波阵面，如图5.23.1所示。由于衍射干涉作用，在远场我们可以用大家熟知的光栅方程，即

$$d\sin\theta = n\lambda \tag{5.23.1}$$

式中，d 为光栅常数；θ 为衍射角；λ 为光波波长。

然而，如果光栅在 y 方向以速度 v 运动，则出射波阵面也以速度 v 沿 y 方向运动。从 0 到 t 时刻，对于第 n 级衍射光线，它在波阵面上的出发点沿着 y 方向移动 vt，如图5.23.2所示。这个位移量相应于光波相位的变化量为 $\Delta\phi(t)$：

$$\Delta\phi(t) = \frac{2\pi}{\lambda}\Delta = \frac{2\pi}{\lambda}vt\sin\theta \tag{5.23.2}$$

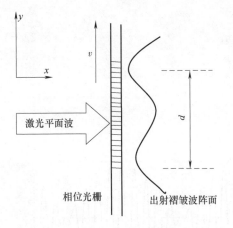

图 5.23.1　相位光栅

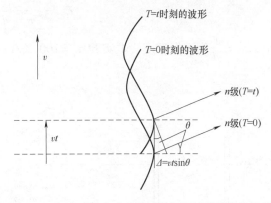

图 5.23.2　不同时刻，动光栅的同级衍射光线发生的位移

将式（5.23.1）代入式（5.23.2），得

$$\Delta\phi(t) = \frac{2\pi}{\lambda}vt\frac{n\lambda}{d} = n \cdot 2\pi\frac{v}{d}t = n\omega_d t \tag{5.23.3}$$

式中，$\omega_d = 2\pi\dfrac{v}{d}$，称为一级衍射光的频移量。现把衍射光波写成如下形式：

$$E = E_0\exp[i(\omega_0 t + \Delta\phi(t))] = E_0\exp[i(\omega_0 + n\omega_d)t] \tag{5.23.4}$$

显然，动光栅的 n 级衍射光波，相对于静止光栅衍射光发生了多普勒频移，频移量为 $n\omega_d$，如图 5.23.3 所示。

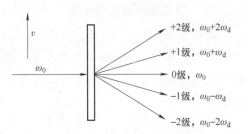

图 5.23.3　动光栅的衍射光

2. 光拍的获得与检测

光频率甚高，为了要从光频 ω_0 中检测出多普勒频移量，必须采用"拍"的方法。即要把已频移的和未频移的光束平行叠加，以形成光拍。本实验形成光拍的方法是采用两片完全相同的光栅平行紧贴，一片 B 静止，另一片 A 相对移动。激光通过双光栅后所形成的衍射光，即为两种以上光束的平行叠加。如图 5.23.4 所示，光栅 A 按速度 v_A 移动起频移作用，而光栅 B 静止不动只起衍射作用，故通过双光栅后出射的衍射光包含了两种以上不同频率而又平行的光束。由于双光栅紧贴，激光束具有一定尺度，故该光束能平行叠加，这样直接而又简单地形成了光拍。当此光拍信号进入光电检测器，由于检测器的平方律检波性质，其输出光电流可由下述关系求得。光束 1：$E_1 = E_{10}\cos(\omega_0 t + \varphi_1)$；光束 2：$E_2 = E_{20}\cos[(\omega_0 + \omega_d)t + \varphi_2]$；光电流：

$$\begin{aligned}
I = \xi(E_1 + E_2)^2 = \xi\{ &E_{10}^2\cos^2(\omega_0 t + \varphi_1) + E_{20}^2\cos^2[(\omega_0 + \omega_d)t + \varphi_2] + \\
&E_{10}E_{20}\cos[(\omega_0 + \omega_d - \omega_0)t + (\varphi_2 - \varphi_1)] + \\
&E_{10}E_{20}\cos[(\omega_0 + \omega_0 + \omega_d)t + (\varphi_2 + \varphi_1)]\}
\end{aligned} \tag{5.23.5}$$

因光波频率 ω_0 甚高，不能为光电检测器反映，所以光电检测器只能反映式（5.23.5）中第三项拍频信号：$i_s = \xi\{E_{10}E_{20}\cos[\omega_d t + (\varphi_2 - \varphi_1)]\}$，光拍如图 5.23.5 所示，光电检测器能

测到的光拍信号的频率为拍频，满足

$$F_{拍} = \frac{\omega_d}{2\pi} = \frac{v_A}{d} = v_A n_\theta \qquad (5.23.6)$$

其中，$n_\theta = \dfrac{1}{d}$ 为光栅密度，本实验 $n_\theta = 100$ 条/mm。

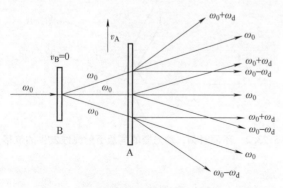

图 5.23.4 双光栅的衍射

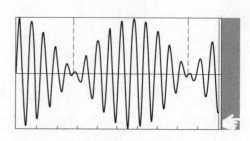

图 5.23.5 光拍波形图

3. 微弱振动位移量的检测

由式(5.23.6)可知，$F_{拍}$ 与光频率 ω_0 无关，且当光栅密度 n_θ 为常数时，只正比于光栅移动速度 v_A。如果把光栅粘在音叉上，则 v_A 是周期性变化的。所以光拍信号频率 $F_{拍}$ 也是随时间而变化的，微弱振动的位移振幅为

$$A = \frac{1}{2} \int_0^{\frac{T}{2}} v(t)\,\mathrm{d}t = \frac{1}{2} \int_0^{\frac{T}{2}} \frac{F_{拍}}{n_\theta}\mathrm{d}t = \frac{1}{2n_\theta} \int_0^{\frac{T}{2}} F_{拍}\,\mathrm{d}t$$

$$(5.23.7)$$

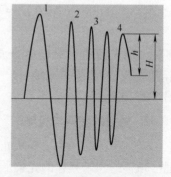

图 5.23.6 光拍法测量振幅，取 $T/2$ 的光拍波形计数

式中，T 为音叉振动周期；$\int_0^{\frac{T}{2}} F_{拍}\,\mathrm{d}t$ 表示 $T/2$ 内的波的个数，可直接借助计算机计数或在示波器上数出波形数而得到，其不足一个完整波形（波群的两端）的首数及尾数，可按反正弦函数折算为波形的分数部分，即

$$波形数 = 整数波形数 + 分数波形数 + \frac{\arcsin a}{360°} + \frac{\arcsin b}{360°} \qquad (5.23.8)$$

式中，a、b 为波群的首尾幅度和该处完整波形的振幅之比。波群指 $T/2$ 内的波形。分数波形数包括满半个波形为 0.5，满 1/4 个波形为 0.25。波形计数以图 5.23.6 为例，在 $T/2$ 内，整数波形为 4 个，分数波形数 1/4 个，首数 $a = 0$，尾数 $b = h/H = 0.6/1 = 0.6$，代入式 (5.23.8)即可得光拍波形数。

5.23.3 实验仪器

半导体激光器（波长 650 nm）、双光栅（100 条/mm）、光电池、音叉（谐振频率见音叉显示）、导轨、双综示波器和音叉激励信号源等。

5.23.4　实验内容

1. 连接

将双踪示波器的 Y1、Y2、外触发输入端接至双光栅微弱振动测量仪的 Y1、Y2、X 输出插座上，开启各自的电源。光路如图 5.23.7 所示。

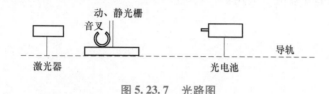

图 5.23.7　光路图

2. 操作

① 几何光路调整。调整激光器出射激光与导轨平行，锁紧激光器。

② 双光栅调整。静光栅与动光栅接近（但不可相碰!）用一屏放于光电池架处，慢慢转动静光栅架，务必仔细观察调节，使得两个光束尽可能重合。去掉观察屏，调节光电池高度，让某一束光进入光电池。轻轻敲击音叉，调节示波器，配合调节激光器输出功率，应看到很光滑的拍频波。若光拍不够光滑，需进一步细调静光栅与动光栅平行。

③ 音叉谐振调节。固定驱动功率，调节频率旋钮，使音叉谐振（此时光拍波形数最多）。调节时用手轻轻地按音叉顶部，找出调节方向。如音叉振动太强烈，将驱动功率适当减小，使在示波器上看到的 $T/2$ 内光拍的波形数为 12 个左右较合适。

④ 测出外力驱动音叉时的谐振曲线，小心调节"频率"旋钮，作出音叉的频率-振幅曲线。

⑤ 改变音叉的有效质量大小，研究谐振曲线的变化趋势，并说明原因。（改变质量可用橡皮泥或在音叉上吸一小块磁铁。注意，此时驱动功率不能改变。）

⑥ 保持驱动功率不变，改变音叉的质量分布，研究谐振曲线的变化趋势，并说明原因。

⑦ 改变驱动功率（用激励信号的振幅 U^2 表征其大小），观察共振频率和共振时振幅随其变化趋势变化，并分析原因。

注意：① 静光栅与动光栅不可相碰。

② 双光栅必须严格平行，否则对光拍曲线的光滑有影响。

③ 音叉驱动功率无法计量其准确值，以激励信号在示波器上显示的振幅为准（$P\text{-}U^2/R$）。

④ 注意调节光电池的高度，因为它对光拍的质量有很大影响，并非让光电池完全对准光斑效果就是最好。

3. 数据处理

作图法给出不同情况下的谐振曲线，比较不同，并给出相应的理论依据。

5.23.5　思考题

① 本实验测量方法有何优点？估算测量微振动位移的灵敏度是多少？

② 改变音叉驱动信号的功率测得的频率-振幅曲线会变化吗?

③ 从理论上说明改变音叉的有效质量频率-振幅曲线为什么会发生变化。

5.23.6 拓展研究

① 研究双光栅莫尔条纹的原理及应用。

② 研究双光栅 Lau 效应及应用。

5.24 光栅的自成像现象研究及 Talbot 长度测量

Talbot 效应又叫作衍射自成像效应，是指当一束单色光照射到衍射器件（如光栅）时会在该衍射器件后的一定距离处出现自身的像。自 1836 年英国物理学家泰伯（H. F. Talbot，1800—1877）首次报导了这种周期性物体的衍射自成像效应以来，对 Talbot 效应的研究和应用工作一直没有间断。这种自成像效应已经在光学精密测量、光信息存储、原子光学、玻色-爱因斯坦凝聚等领域得到广泛应用，具体如光路调整、光信息处理、透镜焦距的测量、相位物体的折射率梯度测量、物体表面轮廓推算等。基于 Talbot 效应的阵列照明器也已经在光通信、光计算等领域得到了广泛的应用。

准确测量 Talbot 长度，对正确理解傅里叶光学的有关概念、更好地利用 Talbot 效应具有重要意义。本实验以一维光栅为例，研究光栅衍射的自成像规律。利用双光栅动态叠栅条纹光电信号的调制度测量 Talbot 长度，该方法原理简单、现象直观、准确度较高。

5.24.1 实验要求

1. 实验重点

① 学习光栅的菲涅尔衍射和自成像原理。

② 通过实验研究平面光波和球面波照明光栅衍射产生的自成像规律。

③ 认识 Talbot 效应在光学中的应用及其重要意义。

④ 掌握利用动态叠栅条纹测量不同光栅 Talbot 长度的方法。

2. 预习要点

① 如何获得球面光波？

② 如何获得平行光波？

③ 说明夫琅禾费衍射和菲涅尔衍射的区别。

④ 光栅自成像效应是如何产生的？

⑤ 设计实验方案研究平行光和球面光波照明光栅时的自成像现象。

5.24.2 实验原理

光的衍射分为夫琅禾费衍射和菲涅尔衍射。在照明光源和观察平面均离衍射物较远的情况下看到的是夫琅禾费衍射，否则是菲涅尔衍射。光栅的夫琅禾费衍射现象已广为人知，并且因其显著的分光效应早已得到了广泛的应用。与之相对的是光栅的菲涅尔衍射还有待更深入的理解和应用。一个有趣的现象是，光栅的菲涅尔衍射会在光栅后某些特定位置上重复呈现光栅本身的像，这就是光栅菲涅尔衍射的自成像效应，又称 Talbot 效应。

> **实验 1** ▶ **光栅的菲涅尔衍射和自成像**

由于光栅的衍射效应，投射在光栅上的一束照明光经过光栅后可以分解成若干束与照明光相似、但沿着不同方向传播的光波。平行光经过光栅后变成若干级次的平行光波，球面波经光栅后会变成若干级次的球面光波。在远离光栅的接收平面，经光栅分解后的光束彼此分离，观察到的光场不能完整地反映光栅衍射的整体效果；而在靠近光栅的区域，所有衍射光彼此叠加，形成光栅的菲涅尔衍射光场，这时的光场可以看成是光栅所有衍射光场的相干叠加。

在菲涅尔衍射效应显著的条件下，涉及的球面波可简化成相应的抛物面波前，如对于一个中心在$(x_0,y_0,0)$的单位振幅球面波，观察点(x,y,z)处的光场可以表示为

$$e^{\mathrm{i}kr} = \exp\big[\,\mathrm{i}k\,\sqrt{(x-x_0)^2+(y-y_0)^2+z^2}\,\big] \approx \exp\Big\{\mathrm{i}k\Big[z+\frac{(x-x_0)^2+(y-y_0)^2}{2z}\Big]\Big\}$$

式中，$k=\dfrac{2\pi}{\lambda}$，此式称为菲涅尔近似，定向计算菲涅尔衍射时常用到；z 为正，表示发散球面波；z 为负，表示会聚球面波；z 趋于无穷，则为平面波。

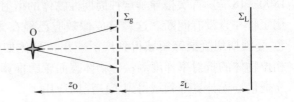

图 5.24.1 球面波照明下的光栅自成像光路

球面波照明下光栅自成像的光路如图 5.24.1 所示，在菲涅尔近似下，从光源（坐标原点）O 投射到光栅前表面的球面波光场可以表示为

$$O(x_g,y_g)=A_0\exp\mathrm{i}k\Big(z_0+\frac{x_g^2+y_g^2}{2z_0}\Big) \tag{5.24.1}$$

式中，A_0 为常量。而一维光栅的透过率函数又可以表示成傅里叶级数，如

$$t(x) = \sum_{-\infty}^{\infty} c_n e^{\mathrm{i}\cdot 2\pi(n/d)x} \tag{5.24.2}$$

这样光栅后表面的光场为

$$U_g(x_g,y_g)=O(x_g,y_g)t(x) = A_0\exp\mathrm{i}k\Big(z_0+\frac{x_g^2+y_g^2}{2z_0}\Big)\sum_n c_n e^{\mathrm{i}\cdot 2\pi(n/d)x_g} \tag{5.24.3}$$

经过适当的整理后得到

$$U_g(x_g,y_g) = \sum_n c_n\exp\Big[-\mathrm{i}k\frac{z_0}{2}\Big(\frac{n\lambda}{d}\Big)^2\Big]O_n(x_g,y_g) \tag{5.24.4}$$

其中

$$O_n(x_g,y_g)=A_0\exp\mathrm{i}k\left[z_0+\frac{\Big(x_g+\dfrac{n\lambda z_0}{d}\Big)^2+y_g^2}{2z_0}\right] \tag{5.24.5}$$

表示一个源点在$\Big(-\dfrac{n\lambda z_0}{d},0,0\Big)$处、从光栅后表面出射的球面波。从式（5.24.4）可以看出，经过光栅衍射的光场可以看作多个不同衍射级次球面波的叠加。这个球面波传播到观察平面 Σ_L 上时，光场变为

$$O_n(x_L,y_L)=A_0'\exp\mathrm{i}k\left[(z_0+z_L)+\frac{\Big(x_L+\dfrac{n\lambda z_0}{d}\Big)^2+y_L^2}{2(z_0+z_L)}\right] \tag{5.24.6}$$

式中，A_0' 是常量。

将式（5.24.6）代入式（5.24.4），经过适当整理后得到观察平面上所有衍射光束叠加而成的总光场为

$$U_{\mathrm{L}}(x_{\mathrm{L}}, y_{\mathrm{L}}) = A'_0 e^{i\varphi} \sum_n c_n e^{i\cdot 2\pi\left(\frac{n}{d_{\mathrm{L}}}\right)x_{\mathrm{L}}} e^{-i\pi n^2\left(\frac{\lambda}{d^2}\right)z} \tag{5.24.7}$$

式中，$z = z_0 z_{\mathrm{L}}/(z_0 + z_{\mathrm{L}})$；$d_{\mathrm{L}} = \left(1 + \dfrac{z_{\mathrm{L}}}{z_0}\right)d$；相位因子 $\varphi = k\left[(z_0 + z_{\mathrm{L}}) + \dfrac{x_{\mathrm{L}}^2 + y_{\mathrm{L}}^2}{2(z_0 + z_{\mathrm{L}})}\right]$。

当 $z = 2m(d^2/\lambda)$ 时，m 为整数代入式（5.24.7），则

$$U_{\mathrm{L}}(x_{\mathrm{L}}, y_{\mathrm{L}}) = A'_0 e^{i\varphi} \sum_n c_n e^{i\cdot 2\pi\left(\frac{n}{d_{\mathrm{L}}}\right)x_{\mathrm{L}}} \tag{5.24.8}$$

当 $z = (2m+1)(d^2/\lambda)$ 时，$e^{-i\pi n^2\left(\frac{\lambda}{d^2}\right)z} = e^{-i\pi n^2(2m+1)} = e^{-i\pi n^2} = e^{-i\pi n}$，则有

$$U_{\mathrm{L}}(x_{\mathrm{L}}, y_{\mathrm{L}}) = A'_0 e^{i\varphi} \sum_n c_n e^{i\cdot 2\pi\left(\frac{n}{d_{\mathrm{L}}}\right)\left(x_{\mathrm{L}} - \frac{d_{\mathrm{L}}}{2}\right)} \tag{5.24.9}$$

将式（5.24.8）、式（5.24.9）与式（5.24.3）比较，可以发现：①当观察平面处在某些特定的位置时，其上的光场是原光栅放大了的像；②相邻特定位置的两个光栅像有半个光栅常量的横向相对平移。综合，仿照薄透镜成像公式，光栅自成像公式可以写成

$$\frac{1}{z_0} + \frac{1}{z_{\mathrm{L}}} = \frac{1}{f_{\mathrm{m}}}, f_{\mathrm{m}} = m\left(\frac{d^2}{\lambda}\right) \tag{5.24.10a}$$

$$d_{\mathrm{L}} = \left(1 + \frac{z_{\mathrm{L}}}{z_0}\right)d \tag{5.24.10b}$$

这样光栅似乎具有一系列离散的焦距数值，能够将自身的结构在一系列的特定位置上相继成像，这种现象称为光栅的自成像，也叫 Talbot 效应。各个像的具体位置由照明光源的位置决定。像的放大倍数为：$M = 1 + \dfrac{z_{\mathrm{L}}}{z_0}$。对于发散球面波，得到放大的像；对于会聚球面波得到缩小的像；平面波照明时，$z_0 = \infty$，像光栅与物光栅等大，且自成像间

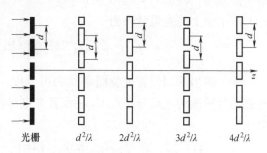

图 5.24.2　平面波照射光栅成像

隔相等，为 $\dfrac{d^2}{\lambda}$。平面波照射光栅时所成的像如图 5.24.2 所示。

透镜成像系统中的光栅自成像原理见附录，感兴趣的同学可自行研究。

实验 2　**动态叠栅条纹测量 Talbot 长度**

Talbot 效应是指当以单色平面波或单色球面波照明一透明周期性物体时，在物体后的某些平面上将重复出现周期性物体的像，即不用任何透镜就可得到物体的像，这些像称为 Talbot 像，像间距称为 Talbot 长度。不同的周期性物体，Talbot 长度也不同。从实验 1 中会发现直接观测光栅的自成像会有很多不便（自己总结），本实验从傅里叶光学理论出发，利用双光栅的动态叠栅条纹研究和测量光栅的 Talbot 长度。

设光栅 G_1 的光栅常数为 d，在光栅平面上建立坐标系 xOy，如图 5.24.3 所示，x 方向垂直于栅线。光栅透过率函数的傅里叶级数复数形式同式（5.24.2）。当光栅 G_1 在 x 方向有一平移

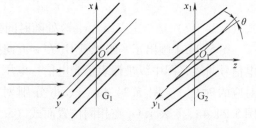

图 5.24.3　双光栅形成叠栅条纹原理图

x_0 时，其透过率函数可写为 $t(x - x_0) = \sum_{-\infty}^{\infty} c_n \mathrm{e}^{\mathrm{i} \cdot 2\pi(n/d)(x-x_0)}$。现用振幅为 A 的单色平行光垂直照明光栅 G_1，投射在 G_1 后 z 处的 $x_1 O_1 y_1$ 平面上，其光场分布可由式 (5.24.7) 取 $z_0 = \infty$ 表示为

$$U(x_1, z) = A \sum_{n=-\infty}^{\infty} C_n \exp\left\{ \mathrm{i}\pi \left[\frac{2n(x_1 - x_0)}{d} - \frac{\lambda z n^2}{d^2} \right] \right\} \tag{5.24.11}$$

光强可写为

$$I_1 = I_0 \sum_{n=-\infty}^{\infty} C_n' \cos \frac{\pi \lambda z n^2}{d^2} \exp\left[\mathrm{i}\pi \frac{2n(x_1 - x_0)}{d} \right] \tag{5.24.12}$$

式中，$I_0 = A^2$。为获得叠栅条纹，在 z 处放上光栅常数仍为 d 的光栅 G_2，栅线方向和 y_1 轴有夹角 θ（见图 5.24.3）。G_2 的光强透过率可写为 $T_2(x_1, y_1) = \sum_{m=-\infty}^{\infty} B_m \exp\left(\mathrm{i} \cdot 2\pi m \dfrac{x_1 \cos\theta + y_1 \sin\theta}{d} \right)$，则可推出透过 G_2 的光强为

$$
\begin{aligned}
I &= I_1 T_2(x_1, y_1) \\
&= I_0 \sum_{n=-\infty}^{\infty} C_n' \sum_{m=-\infty}^{\infty} B_m \cos \frac{\pi \lambda z n^2}{d^2} \exp\left\{ \frac{\mathrm{i} \cdot 2\pi}{d} \left[n(x_1 - x_0) + m(x_1 \cos\theta + y_1 \sin\theta) \right] \right\}
\end{aligned}
\tag{5.24.13}
$$

略去高频项，仅取 $m = n = 0$ 和 $m = \pm 1$，$n = \pm 1$ 项，并利用 $C_{+1}B_{-1} = C_{-1}B_{+1}$，则经 G_2 后在 $x_1 O_1 y_1$ 平面上的光强分布为

$$I = I_0' + I_1 \cos \frac{\pi \lambda z}{d^2} \cos\left[\frac{2\pi}{d} \left(y_1 \sin\theta - 2x_1 \sin^2 \frac{\theta}{2} + x_0 \right) \right] \tag{5.24.14}$$

为了测出不同位置处叠栅条纹的可见度，利用光电器件，将随空间（或时间）分布的光强信号转换为电信号。在 G_2 后设置光电接收器件，由光电器件输出的叠栅条纹光电信号电压为

$$V = \beta I = \beta I_0' + \beta I_1 \cos \frac{\pi \lambda z}{d^2} \cos\left\{ \frac{2\pi}{d} \left[y_1 \sin\theta - 2x_1 \sin^2\left(\frac{\theta}{2} \right) + x_0 \right] \right\}$$

$$= V_0 + V_1 \cos \frac{\pi \lambda z}{d^2} \cos\left[\frac{2\pi}{d} (\Psi + x_0) \right] \tag{5.24.15}$$

式中，β 为光电转换系数；$\Psi = y_1 \sin\theta - 2x_1 \sin^2 \frac{\theta}{2}$。为简便，取 $y_1 = 0$，x_1 和 θ 为常量。为获得动态叠栅条纹，使 G_1 在 x 方向上做频率为 f 的简谐振动，简谐振动的表达式为

$$x_0 = a_0 \cos(2\pi f t + \varphi) \tag{5.24.16}$$

将式 (5.24.16) 代入式 (5.24.15) 得

$$V = V_0 + V_1 \cos \frac{\pi \lambda z}{d^2} \cos\left\{ \frac{2\pi}{d} \left[a_0 \cos(2\pi f t + \varphi) + \Psi \right] \right\} \tag{5.24.17}$$

式 (5.24.17) 是给定点 (x_1, y_1, z) 处随时间变化的光电信号满足的规律。

图 5.24.4 画出了一组光栅 G_1 在 x 方向按式 (5.24.16) 做简谐振动时光电池输出的光电信号曲线，图中纵坐标表示光电信号电压，横坐标表示时间（光栅 G_1 完成一个振动周期对应的时间）。图 5.24.4a、c、d 分别对应 G_2 在不同位置时叠栅条纹的光电信号。图 5.24.4a、b 表示 G_2 在相同位置而式 (5.24.17) 中的初相位 Ψ 不同时的光电信号曲线。对 G_2 在固定位置处动态叠栅条纹光电信号的可见度定义为

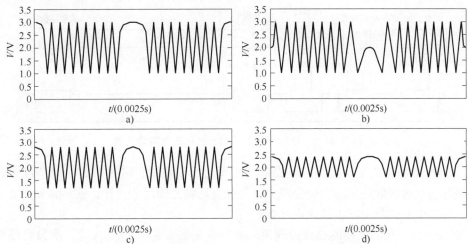

图 5.24.4　G_1 做简谐振动时双光栅后光电池输出的光电信号曲线

a)、c)、d) G_2 在不同位置时对应的光电信号　b) G_2 与 a 在相同位置但不同初相位时的光电信号曲线

$$P = \frac{V_{\max} - V_{\min}}{V_{\max} + V_{\min}} = \frac{V_1}{V_0} \left| \cos \frac{\pi \lambda z}{d^2} \right| \tag{5.24.18}$$

式中，$V_{\max}$ 和 $V_{\min}$ 分别是 G_2 在某固定位置处动态叠栅条纹光电信号的最大值和最小值。式（5.24.18）表明，叠栅条纹的可见度随 G_2 光栅的位置而变，当 $\left| \cos \dfrac{\pi \lambda z}{d^2} \right| = 1$ 时可见度最大，即

$$z = \frac{m d^2}{\lambda} \tag{5.24.19}$$

式中，m 取整数。这就是 Talbot 长度，由式（5.24.18）知，光栅 G_2 在 G_1 的 Talbot 距离处，叠栅条纹可见度最大；反之，可见度下降。利用该性质可测量光栅的 Talbot 长度。

5.24.3　实验仪器

半导体激光器，小孔滤波器，准直透镜，光栅，读数显微镜，透镜，双光栅综合实验仪，调节部件（双光栅规格为 30 条/mm 和 100 条/mm，由蜂鸣器 I 驱动），双综示波器，光电池，导轨。

5.24.4　实验内容

实验 1 ▶ 平行光照射下研究光栅的自成像

按图 5.24.5 在光学导轨上搭建光路。

① 调节激光器的俯仰、转角使激光束与光学导轨平行，在光屏上记下光点的位置。

② 调节小孔滤波器产生球面波。装上小孔滤波器（扩束镜和小孔光阑的组件：扩束镜装在一个可前后微调移动的支架上，它将激光束聚焦后形成发散的球面波；小孔光阑的通光孔直径为 10 ~ 20 μm，装在上下左右二维可调的支架上。）调节扩束镜和小孔光阑，使得扩束镜将激光束聚焦在小孔光阑的通光孔内，这样可以滤掉杂散光，使通过的激光在光屏上呈现干净均匀明亮的光场，并且整个光斑的中心和步骤①的光点重合。

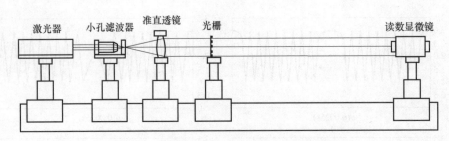

图 5.24.5　平行光照射下的光栅自成像实验光路

③ 将球面光波调成平行光波。放置带有光阑的准直透镜，沿导轨前后调节准直透镜位置，使通过准直透镜落在光屏上的光斑大小与准直透镜光阑尺寸一样，前后移动光屏光斑大小不变，并且中心也与步骤①的光点重合。

④ 观察平行光照明光栅的自成像现象。放置合适的光栅和测微目镜（测微目镜放置在前后可微调的支架上），用调整好的平行光束照明光栅，用测微目镜寻找自成像的位置 $Z_L = m\dfrac{d^2}{\lambda}$，$m = 0$，$1$，$2$，$\cdots$；用测微目镜测量自成像的光栅常数，用一元线性回归法验证成像规律，求照明光波长。

⑤ 取下准直透镜，同④用测微目镜寻找自成像位置，并和④中平行光照射下的成像情况进行比较，设计方案验证公式（5.24.10）。

实验 2　动态叠栅条纹测量 Talbot 长度

① 如图 5.24.6 所示实验光路，自选一组光栅（例 30 条/mm），参阅 "5.23 双光栅测弱振动" 实验调出光滑的光拍。

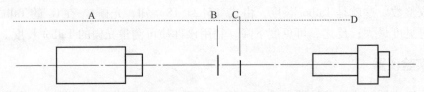

图 5.24.6　观察动态叠栅条纹的双光栅实验装置

A—光电池　B—动光栅（粘在音叉上）　C—静光栅（30 条/mm）　D—半导体激光器

② 旋转纵向移动调节手轮使静光栅尽最大可能与动光栅接近（不可相碰，防止擦伤光栅），慢慢向外旋转纵向移动调节手轮移动 G_2，找出动态叠栅条纹光电信号调制度的变化规律，测量 Talbot 长度。注意：在移动过程中，两次读数时，手轮只能向一个方向移动，不可中途来回调整记数，避免螺旋空程带来的误差。

③ 用合适的数据处理方法验证光栅自成像规律，并由已知的光栅常数测量激光波长。

④ 换另一组光栅（100 条/mm），同上自拟方案，观察此时动态叠栅条纹的光电信号变化规律，测量 Talbot 长度，并和理论值比较。

5.24.5　思考题

① 分析单色平面波和单色球面波作为照明光源时光栅自成像所成像的特点。

② 在光栅自成像实验中，观察到光栅像的边缘总是比中心处质量差，为什么？当观察面远离光栅时自成像质量也会变差，为什么？

③ 根据实验室提供的仪器规格，分析实验室研究光栅自成像的困难。

④ 在光栅的相邻两个自成像之间，光栅像存在着各种不同的周期性结构，试分析这些周期性结构与光栅的关系。

⑤ 动态叠栅条纹实验中，若光栅 G_2 宽为 D，则要观察到光滑的叠栅条纹，请说明两光栅间距必须满足的范围。

5.24.6　拓展研究

① 根据附录理论提示研究透镜成像系统中的光栅自成像。

② 研究正弦光栅或其他衍射屏（正交光栅、多缝等）的自成像规律。

5.24.7　参考文献

［1］吕洪君，等. 高斯光束照射下的近似 Talbot 自成像效应及其两种新应用［J］. 光学学报，1988，8（7）：89-92.

［2］王伯雄，等. 傅里叶变换在莫尔测偏法中的应用［J］. 仪器仪表，1999，20（3）：313-315，325.

［3］曹国荣. 双光栅相对旋转的叠栅条纹及其应用［J］. 大学物理，2001，20（9）：18-21，27.

［4］曹国荣. Talbot 长度的测量［J］. 物理实验，2003，23（7）：3-5.

［5］吕斯骅，等. 新编基础物理实验［M］. 2 版. 北京：高等教育出版社，2013.

5.24.8　附录　透镜成像系统中的光栅自成像

在图 5.24.1 所示光路的光栅和观察平面之间放置一个透镜即得到透镜成像系统中的光栅自成像光路，如图 5.24.7 所示。根据上面的分析，光栅通过对光源发出的球面波进行衍射，形成各级虚光源，光栅后的光场是光源和各级虚光源发出的球面波的相干叠加。透镜的作用相当于将光源 O 和虚光源成像在透镜后方的 O′ 附近，这些像作为新的虚光源发出球面波相互干涉，如图 5.24.7 所示。下面对此进行定量的说明。

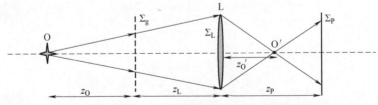

图 5.24.7　透镜成像系统中的光栅自成像

透镜 L 表面的光场分布可由式（5.24.7）给出。乘上透镜的相位变换因子 $\exp\left[-\mathrm{i}k\left(\dfrac{x_L^2+y_L^2}{2f}\right)\right]$，得到会聚在 O′ 的所有球面波在透镜后表面的光场为

$$U'_L(x_L,y_L)=A'_0\exp \mathrm{i}k\left(z_0+z_L-\frac{x_L^2+y_L^2}{2z'_0}\right)\sum_n c_n\mathrm{e}^{\mathrm{i}\cdot 2\pi\left(\frac{n}{d_L}\right)x_L}\mathrm{e}^{-\mathrm{i}\pi m^2\left(\frac{\lambda}{d^2}\right)z} \qquad (5.24.20)$$

这些是会聚球面波。经过与前面未加透镜时完全相同的方法整理式（5.24.20），可以找到这些球面波的会聚点在 $\left(\dfrac{z_0' n\lambda}{d_L},\ 0,\ z_0 + z_L + z_0'\right)$，也就是前面定性分析所述的透镜对各光源成像的位置。由此可以写出这些球面波投射到透镜后任意一个平面的叠加光场为

$$U_P(x_P, y_P) = A_P \mathrm{e}^{\mathrm{i}\theta} \sum_n c_n \mathrm{e}^{\mathrm{i}\cdot 2\pi\left(\frac{n}{d_P}\right)x_P} \mathrm{e}^{-\mathrm{i}\pi n^2\left(\frac{\lambda}{d^2}z + \frac{\lambda}{d_L^2}\tilde{z}\right)} \tag{5.24.21}$$

式中，$\theta = \mathrm{i}k\left(z_0 + z_L + z_P - \dfrac{x_P^2 + y_P^2}{2(z_0' - z_P)}\right)$；$z$ 仍满足 $\dfrac{1}{z} = \dfrac{1}{z_L} + \dfrac{1}{z_0}$；而 $\tilde{z}$ 满足 $\dfrac{1}{\tilde{z}} = \dfrac{1}{z_P} - \dfrac{1}{z_0'}$；$d_P = \left(1 - \dfrac{z_P}{z_0'}\right)d_L = \left(1 - \dfrac{z_P}{z_0'}\right)\left(1 + \dfrac{z_L}{z_0}\right)d$。

当 $\dfrac{\lambda}{d^2}z + \dfrac{\lambda}{d_L^2}\tilde{z} = 2m$ 时，m 为整数，则

$$U_P(x_P, y_P) = A_P \mathrm{e}^{\mathrm{i}\theta} \sum_n c_n \mathrm{e}^{\mathrm{i}\cdot 2\pi\left(\frac{n}{d_P}\right)x_P} \tag{5.24.22}$$

当 $\dfrac{\lambda}{d^2}z + \dfrac{\lambda}{d_L^2}\tilde{z} = 2m + 1$ 时，则

$$U_P(x_P, y_P) = A_P \mathrm{e}^{\mathrm{i}\theta} \sum_n c_n \mathrm{e}^{\mathrm{i}\cdot 2\pi\left(\frac{n}{d_P}\right)\left(x_P - \frac{d_P}{2}\right)} \tag{5.24.23}$$

综合两个方面可以看出，经过透镜后，光栅自成像效应依然存在，成像规律为

$$\frac{\lambda}{d^2}z + \frac{\lambda}{d_L^2}\tilde{z} = m \tag{5.24.24a}$$

$$d_P = \left(1 - \frac{z_P}{z_0'}\right)\left(1 + \frac{z_L}{z_0}\right)d \tag{5.24.24b}$$

由图 5.24.7 可知，光栅物与其共轭像满足几何光学的成像公式：$\dfrac{1}{z_L} + \dfrac{1}{z_P} = \dfrac{1}{f}$。而将光栅自成的 0 级像代入式（5.24.24a），得 $\dfrac{\lambda}{d^2}z + \dfrac{\lambda}{d_L^2}\tilde{z} = 0$，$M = -\dfrac{z_P}{z_L}$，可以证明 0 级自成像与透镜对光栅所成的几何像完全重合，且与光源和光栅常数无关。平行光照明时，$z_0 \to \infty$，则有 $z = z_L$，$f = z_0'$，$\tilde{z} = \dfrac{z_P f}{f - z_P}$，$d_L = d$，成像公式 $z_L + \dfrac{z_P f}{f - z_P} = m\dfrac{d^2}{\lambda}$，$d_P = \left(1 - \dfrac{z_P}{f}\right)d$。

第6章

设计性实验（考试实验）

考试实验的主要内容是设计性实验，与我们已经做过的基础实验和综合实验相比，无论从难度和训练环节上，都要上一个台阶，也是对同学们经过系统实验训练后的一个综合实验能力评估。希望通过此类实验，使学生从实验的方案设计、仪器调试、数据测量以及结果处理等各个方面的素质和能力都有新的提高。

那么，怎样才能做好设计性实验呢？

6.0 怎样做好设计性实验

设计性实验包括三个相互联系的环节：方案设计、实验操作及数据测量和数据处理。

6.0.1 方案设计

方案设计应根据实验题目和具体要求，正确选择实验方法，进行参数估算，选择实验仪器，给出电路图或光路图，拟定实施方法和操作步骤，考虑数据处理方法等。例如电阻测量，可以采用伏安法、电桥法和补偿法等。若允许多种方案并存，一般的原则是在满足测量精度的要求下，选择最简单的方案。需要注意的是方案的选择常常受到实验要求和仪器条件的限制。例如要求用干涉法测细丝直径，就不宜采用细丝的衍射方法来测量；又如采用电桥法和补偿法，必须配以适当的检流计，否则就无法进行平衡的示零操作，等等。但仪器的限制有时可以通过实验方法的灵活运用而得到拓宽（参见下例中的方法三）。

方案设计中一个值得注意的问题是系统的灵敏阈必须满足测量的精度要求。所谓灵敏阈（也称鉴别力阈）是指使指针、数字（或仪器的响应）产生可觉察偏转（或响应变化）的待测量的最小改变值。

1. 系统灵敏阈

下面以电阻测量为例，讨论灵敏阈在实验方案设计中的重要性。假设实验中需要测定一个约 $20\ \Omega$ 的电阻，要求有 3 位有效数字。可供的仪器为电流表（$50\ \mu A$，0.5 级，内阻约 $4\ k\Omega$），电阻箱（0.1 级，$999\ 999.9\ \Omega$）滑线变阻器（$200\ \Omega$，$1\ A$），稳压电源（约 $1.5\ V$），单刀开关和单刀双掷开关各一个。

（1）方法一

采用替换法。如图 6.0.1 所示，把开关 S_2 置于被测电阻 R_x 一侧，调节滑线变阻器 R 的滑动端 B，使电流表满偏；再将 S_2 置于电阻箱 R_0 一侧，调 R_0，重新使电流表满偏，即有 $R_x = R_0$。该方法从原理上看没有问题，但实际操作却行不通，问题就出在灵敏阈。操作发现，调节 R_0，电流表很不灵敏，几乎观察不到指针偏转的变化。

设电流表满偏电流为 I_g，端电压 $V_{AB} = I_g(R_g + R_x) \approx$ 0.2 V，滑线变阻器的分压电阻 $R_{AB} \approx I_g R_g R/E \approx 26.7\ \Omega \ll R_g + R_x \approx 4\ \text{k}\Omega$，故当 R_0 在 R_x 附近做替换时，V_{AB} 几乎不变，即 $I_g(R_g + R_0) = $ 常数。由此得[一]

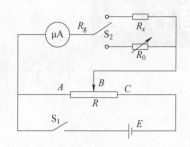

图 6.0.1　电阻测量的方案设计之一

$$\Delta I_g = -\frac{I_g \Delta R_0}{R_g + R_0} \approx -\frac{I_g \Delta R_0}{R_g}$$

若 R_0 发生 $\Delta R_0 = 0.1\ \Omega$ 的变化，则电流表的改变为 $\Delta I_g = 0.001\ 2\ \mu\text{A}$。如电流表采用 100 分度，1 div 代表 0.5 μA，则 0.001 2 μA 根本无法分辨。实际上只有当 $\Delta R_0 = 10\ \Omega$ 时，$\Delta I_g = 0.12\ \mu\text{A}$，电流表偏转 0.24 div 才是可以分辨的。这就是说系统的灵敏阈约为 10 Ω，用它去测量 20 Ω 左右的电阻显然是不行的。

（2）方法二

此题用替换法的正确电路应如图 6.0.2 所示。当电流表满偏时，通过电流表的电流 I_g 满足：

$$I_g = \frac{E}{R_g}\frac{R_g R_x/(R_g + R_x)}{R + R_g R_x/(R_g + R_x)} = \frac{E R_x}{R R_g + R R_x + R_g R_x}$$

由此可求得满偏时的 $R = \left(\dfrac{E}{I_g} - R_g\right)\dfrac{R_x}{R_g + R_x}$。为了讨论灵敏阈，从替换后的满偏电流出发，$I_g = \dfrac{E R_0}{R R_g + R R_0 + R_0 R_g}$。

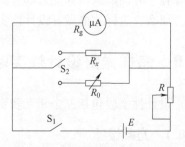

图 6.0.2　电阻测量的方案设计之二

当 R_0 改变 ΔR_0 时，ΔI_g 可由微分关系求出：

$$\Delta I_g = \frac{\partial I_g}{\partial R_0}\Delta R_0 = \frac{E R R_g}{(R R_g + R R_0 + R_0 R_g)^2}\Delta R_0 \approx 2.1 \times 10^{-7}\ \text{A}$$

式中，取 $R_g = 4 \times 10^3\ \Omega$，$R_0 = 20\ \Omega$，$R = 130\ \Omega$，$\Delta R_g = 0.1\ \Omega$。它说明当 R_0 改变 0.1 Ω 时，电流表会有 0.2 μA 的变化，这是可以察觉出来的。

（3）方法三

采用电桥法。电桥法一般需要 3 个桥臂电阻与待测电阻构成。本实验中只有 1 个电阻箱，这时可以通过互换测量巧用滑线变阻器来实现。如图 6.0.3 所示，把滑线变阻器的滑动端置于中间位置作为桥的一端，调节 R_0，使电桥平衡，有 $R_x = R_0 R_{AB}/R_{BC}$；将电阻箱和 R_x 互换，B 不动，调节 $R_0 \Rightarrow R_0'$，电桥再次平衡：$R_x = R_0' R_{BC}/R_{AB}$。两式相乘得 $R_x = \sqrt{R_0 R_0'}$，避开了两个桥臂电阻阻值不能精确给出的麻烦。

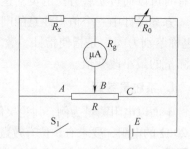

图 6.0.3　电阻测量的方案设计之三

灵敏阈分析可以通过理论计算进行。当计算比较困难或麻烦时，应结合实验测量来加以判断。

[一]　若考虑当 R_0 改变时，V_{AB} 也要变化，则 $\Delta I_g = -\dfrac{I_g \Delta R_0}{R_{AB}(1 - R_{AB}/R) + R_g + R_0}$。

2. 不确定度的预估

在方案设计中，为了满足测量结果的精度要求，还需要对相关的直接观测量进行不确定度的预估。具体做法是根据总不确定度的要求，对误差来源做大致的分析，并进行不确定度的"预"分配，实际是利用部分已知或确定的信息来对尚未确定或未完全确定的部分做出合理的选择。在信息不足时，可以先按不确定度均分原则处理，然后再结合具体条件做出调整。这样做可以对仪器、量程或测量范围的选择做到心中有数，分清哪些是主要的误差来源，把握好关键量的测量。下面以拉伸法测弹性模量为例进行分析。

测量公式为

$$E = \frac{16FLH}{\pi D^2 bC}$$

由此得

$$\left[\frac{u(E)}{E}\right]^2 = \left[\frac{u(L)}{L}\right]^2 + \left[\frac{u(H)}{H}\right]^2 + \left[2\frac{u(D)}{D}\right]^2 + \left[\frac{u(b)}{b}\right]^2 + \left[\frac{u(C)}{C}\right]^2$$

如要求 E 的测量精度在 3% 左右，则按不确定度的均分方案，应有

$$\frac{u(L)}{L} = \frac{u(H)}{H} = 2\frac{u(D)}{D} = \frac{u(b)}{b} = \frac{u(C)}{C} = \frac{3}{100\sqrt{5}}$$

从设备和测量条件的考虑，取 $L \approx 40$ cm，$H \approx 100$ cm，$b \approx 8.5$ cm，按均分要求，$u(L) = 0.54$ cm，$u(H) = 1.3$ cm，$u(b) = 0.11$ cm。只要采用普通的长度测量工具，用米尺测 L、H，卡尺测 b，测量精度均将大大优于上述要求。因此可略去 L、H 和 b 测量对不确定度的影响，重新调整不确定度的分配，放宽对 D 和 C 的精度要求，即由它们均分不确定度，得

$$2\frac{u(D)}{D} = \frac{u(C)}{C} = \frac{3}{100\sqrt{2}} \approx 0.021$$

如果用千分尺测量钢丝直径，$u(D) = \frac{0.005}{\sqrt{3}}$ mm，它要求 $D \geq 2 \times \frac{0.005}{\sqrt{3}} \times \frac{100\sqrt{2}}{3}$ mm ≈ 0.27 mm。

用标尺在望远镜中的读数测量放大后的细丝伸长，可取 $u(C) = \frac{0.5}{\sqrt{3}}$ mm，它要求 $C \geq \frac{0.5}{\sqrt{3}} \times \frac{100\sqrt{2}}{3}$ mm ≈ 13.6 mm。

上面的计算说明，当 $D \geq 0.27$ mm、$C \geq 13.6$ mm 时，测得的弹性模量 E 的精度可达 3% 以内。由 3.3.1 小节[①]数据处理示例 1 可知，实际实验中钢丝直径 $D \approx 0.8$ mm、$C \approx 16$ mm，故能满足要求。

6.0.2 实验操作及数据测量

实验操作及数据测量是按设计方案的要求，完成仪器的调节和数据测量的过程。例如，按照设计方案的分析，拉伸法测弹性模量的精度主要取决于细丝的直径 D 和用光杠杆放大后的伸长读数 C 的测量，因此仅用米尺和卡尺对 H、L、b。做单次测量，而对 D 却用千分尺做精心的测量，不仅要测量多次，而且要在不同高度位置和方位进行测量；对 C 则进行

[①] 见《基础物理实验（上册）》。

了不同载荷下细丝伸长的分布测量，这样做便于通过数据处理减小因质量的起伏涨落和光杠杆垂足的随机漂移等引起的随机误差，还有助于消除或发现可能出现的系统误差（参见实验方法专题讨论之一——对实验结果的讨论 $^{\ominus}$ ）。上述测量安排体现了一个原则：可粗则粗，该细求细。

在具体的实验测量中要灵活应用已经学过的基本操作方法和技能，强调操作的规范性。例如光学的共轴调节、粗细分步调节，电学的回路接线、初值、安全位置和逼近调节，以及读数的消空程、消视差等。这些实验的基本功许多已在基本实验做了归纳和总结，下面就容易被初学者所忽视的实验条件问题做一点讨论。实验中总有一些条件特别是关键环节要严格控制，有的则可以在一定的范围内灵活选择。这是实验者必须明确的，否则会影响测量的准确度，甚至导致实验失败。例如在菲涅尔双棱镜实验中，扩束镜到测微目镜的距离、双棱镜的位置安排，都需认真考虑。前者的最短距离受到 $4f$（透镜焦距）的制约，过大则会影响虚光源像的测量；后者则对干涉区、条纹间距和条纹数有明显的影响，双棱镜距光源过远还可能使虚光源小像的测量无法进行（想一想，为什么?）。

作为典型例子，下面来讨论自组电位差计中工作电流的设置问题。如图 6.0.4 所示，工作电流通常选 0.1 mA 或 1 mA。一个直觉的想法是选 0.1 mA 可以获得较高的精度（电阻箱的有效数字多一位）。但实验的结果却"出乎预料"：测量的灵敏度低，精度也差。其根本原因就出在工作电流影响了电位差计的灵敏度。下面来做一个定量的估算。相关符号如图 6.0.4 所示。由关系式 $IR_1 + (I + I')R_2 = E$ 和 $I'R_g + (I + I')R_2 = E_x$ 可得

$$I' = \frac{(R_1 + R_2)E_x - R_2 E}{(R_1 + R_2)(R_2 + R_g) - R_2^2}$$

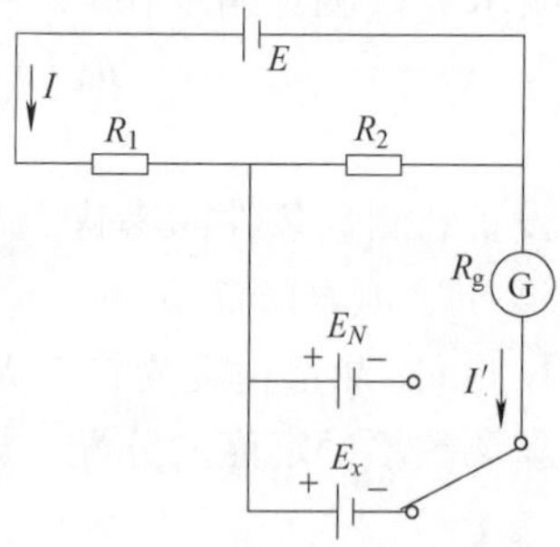

图 6.0.4　自组电位差计

当 E_x 发生变化时，检流计示值的改变 $\Delta I'$ 为

$$\Delta I' = \frac{(R_1 + R_2)\Delta E_x}{(R_1 + R_2)(R_2 + R_g) - R_2^2}$$

则灵敏度

$$S = \frac{\Delta E_x}{\Delta I'} = \frac{R_1 + R_2}{(R_1 + R_2)(R_2 + R_g) - R_2^2}$$

讨论时略去了 E 和 E_x 的内阻（如不能忽略，可以将它们分别计入 R_1 和 R_g）。代入典型数据 $E \approx 3$ V、$E_x \approx 1.5$ V、$R_g \approx 10\ \Omega$，以及 $R_1 + R_2 \approx 3\,000\ \Omega$、$R_2 \approx 1\,500\ \Omega$（1 mA）和 $R_1 + R_2 \approx 30\,000\ \Omega$、$R_2 \approx 15\,000\ \Omega$（0.1 mA），可算得系统的灵敏度 S 分别为 1.3×10^{-3} A/V（$I_0 \equiv 1$ mA）和 1.3×10^{-4} A/V（$I_0 \equiv 0.1$ mA）。后者的灵敏度降低为前者的 1/10。若检流计分度值 $d \approx 2 \times 10^{-6}$ A/div，取 $I_0 \equiv 1$ mA，则灵敏度误差 $\Delta E_x = \dfrac{0.2}{1.3 \times 10^{-3}/2 \times 10^{-6}}$ V $\approx 0.000\,3$ V，采用一般的电阻箱，E_x 的测量值大体上可以有 5 位有效数字，而取 $I_0 \equiv 0.1$ mA，则灵敏度误差 $\Delta E_x \approx 0.003$ V，测量的有效数字反而会减少一位。若取 $I_0 \equiv 0.1$ mA，要获得 6 位有效数字，必须使用分度值在 10^{-8} A/div 量级的检流计。

$\ominus$　见《基础物理实验（上册）》。

6.0.3 数据处理

实验的数据处理是用数学方法从带有随机性的观测值中导出规律性结论的过程。作为设计性实验，通常以获得被测量的结果为目标，其数据处理方法与被测量的性质和获取方法有密切关系：是直接观测量、间接观测量还是以隐含在函数中的参量形式出现。例如在拉伸法测弹性模量 E 中，直径 D 的测量可按直接观测量处理，而 C 的测量则是通过应力-应变关系用逐差法完成的，它相当于是在 8 个质量作用下钢丝伸长的多次测量。E 则作为间接观测量由 H、b、C、D 和 L 求出。

实验数据处理的另一个基本任务是不确定度的计算。这里强调指出，作为一个测量结果，不仅要给出被测量的最佳值（包括单位），而且要正确估算相应的不确定度。这样做不仅可以据此讨论测量结果的可靠性，也是对设计的精度要求做出的复核和检验。在一些要求不高的场合，有时可以不计算不确定度，但也应当给出正确的有效数字，并对它做出定性或半定量的说明。

应当指出的是，方案设计、实验操作及测量与数据处理是有机的整体，在时序上有时也难以截然分开。例如不确定度的预分配体现了方案设计中的数学处理；灵敏阈分析常常要结合实验进行，在理论分析过于复杂或麻烦时更是如此；等等。

6.1 单量程三用表的设计与校准

6.1.1 任务与要求

① 用一个内阻约 $500\ \Omega$、量程为 $200\ \mu A$ 的电流表表头，配以给定的其他器件或仪器，组装成一个单量程的三用表（$10\ mA$ 量程的电流表、$5\ V$ 量程的电压表和中值电阻 $R_{中} = 120\ \Omega$ 的欧姆表）。

② 实验前给出相应的电路图及各元件或仪器的设计值，并给出校准电路的原理图和设计参数。

③ 实验校准应当按满偏电流（$10\ mA$ 电流表）、满偏电压（$5\ V$ 电压表）以及欧姆表的满偏（$0\ \Omega$）和半偏电阻（$120\ \Omega$）的设计要求来调整参数。

④ 数据处理时请带坐标纸和计算器。

6.1.2 可供选择的仪器设备

待改装的电流表（量程 $200\ \mu A$，内阻约 $500\ \Omega$）表头、电流表（0.5 级，$0 \sim 15 \sim 30 \sim 75 \sim 150\ mA$）、电压表（0.5 级，$0 \sim 7.5 \sim 15 \sim 30\ V$）、直流稳压电源（$0 \sim 30\ V$ 可调）各 1 个，电阻箱（ZX-21 型）2 个，滑动变阻器 2 个，开关 2 个（其中一个为三刀三掷开关），导线若干。

6.1.3 实验提示

① 毫安表和伏特表改装。毫安表和伏特表改装的原理分别如图 6.1.1 和图 6.1.2 所示。R_s 和 R_H 的数值可由改装后的电表量程和 μA 表的参数算出。

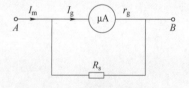

图 6.1.1　毫安表改装原理图

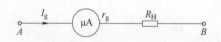

图 6.1.2　伏特表改装原理图

② 欧姆表的原理可简化为如图 6.1.3 所示。欧姆表的一个重要指标是中值电阻 $R_{中}$，即恰使表头指针指在中心位置（半偏）时的外测电阻 R_x 的值，也等于欧姆表的内阻（由 R_g、R_0、R 等构成），它规定了该表适于测量的电阻值范围。欧姆表在进行测量前，必须先调零，即短接 a、b 两端（$R_x = 0$），调节调零电阻 R_0 使指针满偏。R_0 的可调范围应在 R 选定（E 取标准值 $1.5\ V$）条件下，在电源（干电池）的使用范围（$1.35 \sim 1.60\ V$）内，使欧姆表能正常调零。

③ 校准是在按估算参数值组装成三用表后必须进行的一个

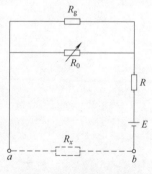

图 6.1.3　欧姆表原理图

步骤，就是用改装表与标准表（级别更高的电表）同时测量同一电流或电压，以确定改装表的准确程度并提供校准曲线对测量值做出修正。因为有许多因素（如 R_g 值的偏差）都可能使所组装的三用表不能完全满足设计要求，校准要求如下：

ⅰ 调整分流电阻使表头满偏时，符合标准值 10 mA（标准表读数）。

ⅱ 调整串联电阻，使其满偏时，符合标准值 5 V（标准表读数）。

ⅲ 调整 R 和 R_0，使之符合满偏（$R_x = 0\ \Omega$ 时）和半偏（$R_x = 120\ \Omega$ 时）条件。

④ 毫安表的校准电路如图 6.1.4 所示，请考虑图中 R 和 R_n 的作用及取值。伏特表和欧姆表的校准电路自行设计。

⑤ 欧姆表必须在标准条件（$E = 1.5$ V）下，同时满足满偏和半偏条件，它们通过对两个参数 R、R_0 的调节来实现。由于 R、R_0 的设计值与实际条件或多或少存在着偏离，故调整时总是先固定一个参数（如 R），调整另一个参数（如 R_0）来满足半偏条件或满偏条件中的一个条件，再固定后一个参数，调整前一个参数来满足另一个条件。如此循环往复，逐次逼近。这里存在两个问题：

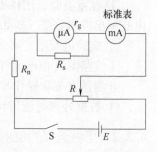

图 6.1.4　毫安表校准电路

ⅰ 如何调节才能使满偏和半偏条件最终得以满足，即所谓调节的收敛性问题。

ⅱ 如何减少调节次数，即加快收敛速度问题。实验中应注意观察和分析，并选好初值以减少调整次数。

6.2 伏安法的应用——玻尔兹曼常数的测量

6.2.1 任务与要求

① 在室温时，用伏安法测量 PN 结电流与电压关系，证明此关系符合指数分布规律，并由此测出玻尔兹曼（Boltzmann）常数。

② 实验进行前，必须在报告纸上给出：

ⅰ 线路图（包括元件的极性、引脚及大小量级）；

ⅱ 测量方案和操作步骤的简要说明（不超过 300 字）。

③ 数据处理时请带计算器。

6.2.2 可供选择的仪器设备

① 直流电源、液晶测量显示模块、恒温组合装置（包括 1.5 V 及 3 mA 可调直流电源、干井式铜质可调节恒温器、温控仪）。

② 干井铜质恒温器（含加热器）及小电风扇各 1 个。

③ 配件：LF356 运算放大器 2 块，TIP31 型三极管 1 只，9013 三极管 1 只，连接线 5 根。

6.2.3 实验提示

① 半导体 PN 结理论指出：PN 结的正向电流 I 和电压 U 关系满足 $I = I_0(e^{\frac{eU}{kT}} - 1)$，式中，$U$ 为 PN 结的正向压降；I 是正向电流；T 是热力学温度；e 是电子电荷；k 是玻尔兹曼常数。可见，只要测得 PN 结的正向伏安特性，结合 T 和 e 的已知条件，即可测定玻尔兹曼常数 k。

在实际测量中，考虑到 $e^{\frac{eU}{kT}} \gg 1$（例如，取 $T = 300$ K，$U \geqslant 0.3$ V，则 $e^{\frac{eU}{kT}} \geqslant 10^5$）。上述关系可简化为

$$I = I_0 e^{\frac{eU}{kT}} \tag{6.2.1}$$

即 PN 结的正向电流 I 和电压 U 为指数关系。

② 但对普通二极管而言，除了式（6.2.1）表述的扩散电流以外，还存在违背式（6.2.1）的耗尽层复合电流和表面电流，它是由硅和二氧化硅界面中杂质引起的。为了减小和避免后者的影响，不宜采用硅二极管，而采用硅三极管接成共基极线路，因为此时集电极与基极短接，集电极电流中仅仅是扩散电流。复合电流主要在基极出现，测量集电极电流时，将不包括它。本实验中选取性能良好的硅三极管，又处于较低的正向偏置，这样表面电流影响也完全可以忽略，所以此时集电极电流与结电压将满足式（6.2.1）。

③ 要换运算放大器必须在切断电源条件下进行，并注意管脚不要插错。元件标志点必须对准插座标志槽口。请勿随便使用其他型号三极管做实验。例如，TIP31 三极管为 NPN 管，而 TIP32 型三极管为 PNP 管，所加电压极性不相同。

6.3　补偿法的应用——电流补偿测光电流

6.3.1　任务与要求

①　把 μA 表改装成多量程（3～4 档）的电流表，以适应不同光电流（短路）的测量，电流表需经过校准。

②　利用电流补偿原理测量不同照度下光电池输出的短路电流。

③　验证点光源发光在垂直面上产生的照度服从平方反比律。

④　测量前必须在报告纸上给出：

ⅰ 线路图。

ⅱ 测量方案和操作步骤的简要说明（不超过 300 字）。

ⅲ 测量的可行性、安全性和准确度分析，包括仪器的参数或元件的量级估计。

⑤　数据处理时请带坐标纸和计算器。

6.3.2　可供选择的仪器设备

光电池测量专用导轨 1 套（包括照明灯，1 m 导轨和光电池各 1 个），电阻箱（ZX-21 型）2 个，双路直流稳压电源 1 台，微安表表头（100 μA，2.5 级，内阻约 2 kΩ）、滑动变阻器、电压表、短路按钮开关（两端并联约有 30 kΩ 的电阻）、单刀双掷开关各 1 个，导线若干。

6.3.3　实验提示

照度是发光体照射在单位面积上的光通量。照度服从平方反比律：点光源发出的光线，在垂直面上的照度 E 与光源到该表面的距离的平方 r^2 成反比，即 $E \propto 1/r^2$。照度可通过光电池被光照后的光电流 I 来表征。那么照度 E 与光电流 I 之间又有什么关系呢？

实验证明，光电池的短路电流与照度成正比，而当光电池外接负载后，光电流与照度的线性关系将被破坏。因此，用 $I \propto 1/r^2$ 来验证 $E \propto 1/r^2$ 的关键在于如何进行光电池短路电流的测量。它可以通过补偿法实现。如图 6.3.1a 所示，左侧为光电池

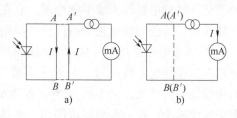

图 6.3.1　补偿法测光电池的短路电流
a）原理说明　b）实际电路

所在电路，设光电池受光照后，AB 之间的短路电流为 I；右侧为补偿电路，适当调整电路参数可使 $A'B'$ 中的电流也等于 I。这时如将 A 与 A' 合并，B 与 B' 合并（见图 6.3.1b），AB 两端将没有电流流过，电流表指示的电流也就是光电池的短路电流。这就是所谓的电流补偿原理。

6.4 非平衡电桥的应用——自组热敏电阻温度计

6.4.1 任务与要求

① 设计一个用热敏电阻（电阻随温度升高而下降）作传感元件，用非平衡电桥作指示（电桥不平衡时桥路上的电流是温度的函数）的温度计。

② 先利用平衡电桥原理，测定不同温度下热敏电阻的阻值随温度变化的实验曲线。

③ 由上述实验点进行曲线拟合，获得热敏电阻值随温度（$0 \sim 100 \, ℃$）的变化曲线 $R(t)$。

④ 利用 $R(t)$ 对热敏电阻温度计定标。

⑤ 数据处理时请带计算器。

6.4.2 可供选择的仪器设备

指示用微安表头（量程为 200 mA，内阻约为 500 Ω）1 个，装有热敏电阻的加热装置 1 台，标准温度计和温度变送器各 1 个，数字电压表 1 台，固定电阻（标称值为 1.2 kΩ）2 个，电阻箱（ZX-21 型）2 个，3 路直流稳压电源 1 台（±12 V 供温度变送器用，30 ~ 40 V 供加热器用），滑动变阻器、单刀开关各 1 个，导线若干。

6.4.3 实验提示

① 电桥在平衡时，桥路中电流 $I_g = 0$（见图 6.4.1），桥臂电阻之间存在关系 $R_1 : R_2 = R_x : R_3$。如果被测电阻 R_x 的阻值发生改变而其他参数不变，将导致 $I_g \neq 0$，I_g 是 R_x 的函数，因此可以通过 I_g 的大小来反映 R_x 的变化。这种电桥称为非平衡电桥，它在电阻温度计、应变片、固体压力计等的测量电路中有广泛的应用。

② 热敏电阻是用半导体材料制成的非线性电阻，其特点是电阻对温度变化非常灵敏。与绝大多数金属电阻率随温度升高而缓慢增大的情况完全不同，半导体热敏电阻随温度升高，电阻率很快减小。在一定温度范围内，热敏电阻的阻值 R_t 可表示

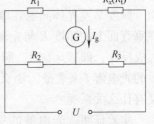

图 6.4.1 非平衡电桥

为 $R_t = ae^{\frac{b}{T}}$，式中，T 为热力学温度；a、b 为常量，其值与材料性质有关。热敏电阻的电阻温度系数 α 定义为

$$a \equiv \frac{1}{R_t} \frac{\mathrm{d}R_t}{\mathrm{d}T} = -\frac{b}{T^2}$$

③ 把热敏电阻和非平衡电桥的原理结合起来，就构成了热敏电阻温度计（见图 6.4.1）。当 R_t 随温度发生改变时，I_g 也将发生变化，因此，只要知道了 I_g 与电阻 R_t 进而与温度 t 的函数关系，就可以直接测得 R_t 所对应的温度。

热敏电阻特性测量和热敏电阻温度计的定标可以统一起来进行，请考虑实验方案。

④ 热敏电阻特性测量应给出 $R_t\text{-}t$ 实验曲线，在低温端 $t = t_n$（例如 0 ℃）到高温端 $t = t_m$（例如 100 ℃）范围内，实验点不得少于 10 个。

⑤ 组装热敏电阻温度计时，要求在校准条件下同时满足 $t = t_n$ 时 I_g 为零及 $t = t_m$ 时 I_g 满偏，并给出 I_g-R_t 定标曲线，在 $R_n \sim R_m$ 范围内实验点不得少于 10 个。作为实际应用的温度计，应考虑工作条件（例如工作电压）变化时可能造成定标曲线失效，为此测量前应进行指针满度的调节，即当 $R_t = R_m$ 时 I_g 满偏。还应考虑标度的线性化，本实验不作要求。

请考虑以上要求在线路设计中如何予以保证和实现。

6.5 分光仪的应用（一）——棱镜光谱仪

6.5.1 任务与要求

① 按照4.10节[一]的要求调整好分光仪及三棱镜。

② 观察汞灯经三棱镜色散后的谱线。测量不同谱线的最小偏向角，计算三棱镜玻璃对不同波长 λ 的折射率，并用一元线性回归法验证科希（Cauchy）公式。

③ 通过测量未知光源对应的折射率，求出待测光源的光谱（波长）。

④ 数据处理时请自带计算器。

6.5.2 可供选择的仪器设备

分光仪、平面反射镜、三棱镜、会聚透镜、汞灯、待测光源。

6.5.3 实验提示

① 本实验对分光仪的调整应达到什么要求？

② 如图6.5.1所示，单色平行光束入射到三棱镜 AB 面，经折射后由 AC 面出射，出射光线与入射光线的夹角称为偏向角。对于顶角 α 一定的棱镜而言，偏向角 d 随入射角 i_1 而变，当 $i_1 = i_2$、$i_1' = i_2'$ 时，偏向角 d 最小，称为最小偏向角。可以证明当 d 取最小值 $d_{\min}$ 时，有

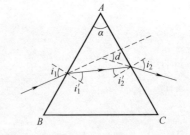

图6.5.1 光线在三棱镜截面内的折射

$$n = \frac{\sin \dfrac{d_{\min} + \alpha}{2}}{\sin \dfrac{\alpha}{2}} \qquad (6.5.1)$$

请从分析最小偏向角 $d_{\min}$ 在所有偏向角 d 中为最小的特点出发，考虑如何在分光仪上用实验方法找到并测定最小偏向角。

③ 棱镜的折射率与入射光的波长有关，折射率与波长的对应关系可近似地由科希公式给出，即

$$n(\lambda) = A + B/\lambda^2 \qquad (6.5.2)$$

式中，A、B 为常数。

当含多种光谱成分的平行光束以一定角度入射到三棱镜 AB 面时，由于三棱镜对不同波长光的折射率不同，因此经折射后从 AC 面出射时，不同波长的光出射角度也不同，即偏向角不同，如图6.5.2所示。在平行光管和棱镜相对位置固定的条件下，入射平行光束中不同波长成分的光产生的偏

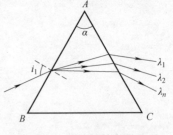

图6.5.2 三棱镜的色散作用

[一] 见《基础物理实验（上册）》。

向角也固定，即通过自准直望远镜观察到的光谱位置固定，但各谱线的最小偏向角位置并不相同。在最小偏向角的条件下，利用已知光谱的光源（如汞灯，见表 6.5.1）作为标定光源，测量出不同谱线的最小偏向角，进而求出对应的折射率，再通过一元线性回归法即可完成光谱仪的标定。将光源换成待测光源，同理测出各待测谱线对应的折射率，由式 (6.5.2)便可计算出对应的波长。

表 6.5.1　汞灯不同谱线对应的波长

颜色	波长/nm	强度
红	690.7	弱
红	623.4	弱
红	612.3	很弱
红	607.0	很弱
黄	579.1	强
黄	577.0	强
黄绿	546.1	强
绿	496.0	很弱
绿蓝	491.6	弱
蓝紫	435.8	强
紫	407.8	很弱
紫	404.7	较强

6.6 分光仪的应用（二）——测定闪耀光栅的空间频率

6.6.1 任务与要求

① 以低压汞灯常用的四条光谱线（$\lambda = 435.83$ nm、546.07 nm、576.96 nm 和 579.07 nm）为标准，利用分光仪测定光栅的光栅常数并估算不确定度。

② 取 $k = \pm 1$、$\lambda = 546.07$ nm 时，测定该光栅的角色散率 D_θ 和光栅能分辨的最小波长 $d\lambda$。已知平行光管通光口径，具体大小参见相关阅读材料。

6.6.2 可供选择的仪器设备

分光仪、平面反射镜、平面反射光栅、汞灯光源。

6.6.3 实验提示

① 作为分光元件，光栅在光谱仪器中占有重要的地位。但是教学实验中使用的透射光栅有一个致命的缺点，它的主要能量都集中在 0 级透射光中，不同波长完全重叠；真正产生色散的 $k = \pm 1$ 级以上的衍射光强变得很弱。而平面反射光栅很好地解决了这个矛盾。如图 6.6.1 所示，当光入射到锯齿形断面的反射光栅上时，衍射光是单槽的衍射和多槽干涉的合成。不难看出，单槽衍射的极大落在满足反射定律的方向上，如果该方向又同时满足多槽干涉的主极大条件，则该级衍射的光强将被显著加强，这个方向称为闪耀方向。满足此条件的波长称为闪耀波长，槽面与光栅平面的夹角 γ 称为闪耀角，闪耀波长为 $2d\sin\gamma$。平面反射光栅也被称为闪耀光栅。

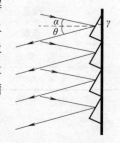

图 6.6.1 闪耀光栅

② 应当指出，平面反射光栅并不一定要在满足闪耀条件下使用，在单槽衍射 0 级主峰的宽度内，不同波长的衍射主极大都会有较大的强度。它们的衍射主极大位置仍由光栅方程给出，只是需要采用斜入射的公式。

正确选择夹角的正负，当一束平行单色光以 α 角入射到光栅上时，衍射光的主极大位置（衍射角 θ）由光栅方程决定，即

$$d(\sin\theta - \sin\alpha) = k\lambda \quad (k = 0, \pm 1, \cdots)$$

③ 本实验要求测定平面反射光栅的光栅常数 d。有关分光仪和光栅的知识请查阅 4.10 节[—]和 5.13 节。请考虑实验中如何确定并测得入射和衍射的方向角。

㊀ 见《基础物理实验（上册）》。

6.7　偏振光的研究

6.7.1　任务与要求

① 用布儒斯特定律测定平板玻璃的折射率，并判定偏振片的偏振化方向。估算折射率的不确定度并写出结果表达式。

② 识别给定光源的 $\lambda/2$ 片和 $\lambda/4$ 片，并判定 $\lambda/4$ 片的光轴（或垂直于光轴）的方向。给出判别结果并说明原理。

③ 设计并实现产生圆偏振光和椭圆偏振光的方法，并用实验验证。

④ 数据处理时请带坐标纸和计算器。

6.7.2　可供选择的仪器设备

半导体激光器、导轨（带多种滑块）、平板玻璃（或者涂黑反射镜）、测角度圆盘、白屏、光电池、数字式光电检流计、偏振片 2 个、相应单色光的 $\lambda/2$ 片和 $\lambda/4$ 片各 1 个。

6.7.3　实验提示

① 当一束平行的自然光从空气入射到透明介质（折射率 n）的界面上时，如果入射角 i_0 满足关系（见图 6.7.1）

$$\tan i_0 = n$$

则从界面上反射出来的光为平面偏振光，其振动方向垂直于入射面，而透射光为部分偏振光。该规律称为布儒斯特定律。本实验在光具座上进行，平板玻璃垂直放在配有角度刻线的水平圆盘（见图 6.7.2）上，圆盘可在水平面内转动。请考虑如何利用上述装置来确定布儒斯特角并测定玻璃折射率；若入射光为平行入射面的偏振光，其反射光有何特性？

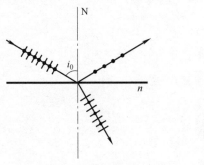

图 6.7.1　全偏振角

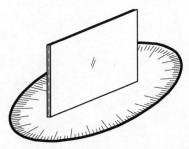

图 6.7.2　水平圆盘

② 当自然光入射到某些晶体上时，会分解为偏振方向不同的两束光：o 光和 e 光，它们以不同的速度在晶体内传播而导致折射角不同，这种现象称为双折射。o 光遵从折射定律，称为寻常光；e 光不遵从折射定律，称为非常光。在这些晶体中存在有特殊的方向，光线沿该方向传播时不发生双折射，这个特殊方向称为光轴。在实验工作中常把双折射晶体做成光轴与晶体表面平行的"波晶片"。如图 6.7.3 所示，以振幅为 A 的平面偏振光垂直入射，振

219

动方向与晶体光轴夹角为 α，入射后光分解为沿光轴方向振动的 e 光和垂直光轴振动的 o 光。它们沿原方向传播，由于传播速度不同，经厚度为 d 的晶片到达某点后，两束光将产生附加的相位差 $\Delta\varphi = \dfrac{2\pi}{\lambda}d(n_e - n_o)$，式中，$\lambda$ 为入射光波的波长；n_e 为 e 光的折射率；n_o 为 o 光的折射率。若相位差 $\Delta\varphi = (2k+1)\pi$，即 $d(n_e - n_o) = (2k+1)\lambda/2$，这种波片称为二分之一波长片或 $\lambda/2$ 片；若 $\Delta\varphi = (2k+1)\pi/2$，即 $d(n_e - n_o) = (2k+1)\lambda/4$，则这种波片称为四分之一波长片或 $\lambda/4$ 片。

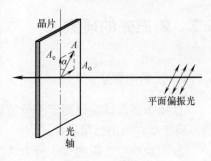

图 6.7.3 波晶片

③ 有些物质对 o 光和 e 光吸收的程度有很大不同，称为物质的二向色性。物理实验中偏振片通常用两平板玻璃夹一层二向色性很强的有机化合物制成。它所透过的线偏振光的偏振方向，即为偏振片的偏振化方向。

④ 光按其偏振状态来划分，包括自然光（非偏振光）、线偏振光（平面偏振光）、部分偏振光、椭圆偏振光和圆偏振光。椭圆偏振光和圆偏振光都可看作是两个相互垂直的线偏振光的合成，当它们的振幅相等、相位差为 $\pm\pi/2$ 时，则形成圆偏振光，否则就是椭圆偏振光。

请考虑：当平面偏振光分别垂直入射 $\lambda/2$ 片和 $\lambda/4$ 片时，其透射光分别为何种光？振动方向如何？当圆偏振光通过 $\lambda/4$ 片后成为何种光？椭圆偏振光在什么条件下通过 $\lambda/4$ 片可成为线偏振光？

6.8　迈克尔逊干涉仪的应用

6.8.1　任务与要求

实验 1 ▶ **光学法测压电常数 D_{31}**

① 利用改装后的迈克尔逊干涉仪测量压电陶瓷（锆钛酸铅）圆管的压电常数 D_{31}。

② 要求设计 D_{31} 的测量方案，对测量的可行性（灵敏度和精度）做出估计，并用一元线性回归法和作图法处理数据。

③ 数据处理时请带坐标纸和计算器。

实验 2 ▶ **测钠光双黄线的波长差 $\Delta\lambda$**

① 调出钠灯面光源等倾干涉条纹，用视见度原理测出钠光双黄线的波长差 $\Delta\lambda$。要求用一元线性回归法处理数据。

② 测出钠光的相干长度并由此估算谱线宽度 $\delta\lambda$。

6.8.2　可供选择的仪器设备

迈克尔逊干涉仪、压电陶瓷圆管、氦氖激光器、直流高压发生器、数字万用表、钠灯光源、白炽灯、小孔、扩束镜、毛玻璃。

6.8.3　实验提示

实验 1 ▶ **光学法测压电常数 D_{31}**

① 某些晶体以及经极化处理的多晶铁电体（压电陶瓷），在受到外力发生形变时，在它们的某些表面会产生电荷，这种效应称为压电效应；反过来，当它们在外电场的作用下时，又会产生形变，这种效应则被称为逆压电效应。描写压电效应的基本参数是压电常数 D_{ih}。D_{31} 是指在应力不变的条件下，"3"方向（极化方向）施加单位电场时，在"1"方向产生的应变。

② 本实验中使用的压电陶瓷样品为薄圆管，沿径向（"3"方向）极化并涂有电极。在内外壁（厚度为 t）施加电压 V 时，只要测出长度方向（"1"方向）的形变 $\dfrac{\Delta l}{l}$，就可以确定

$$D_{31} = \frac{\Delta l/l}{E} = \frac{\Delta l}{l}\frac{t}{V}。$$

③ 一般压电陶瓷的 D_{31} 约为 10^{-10} C/N，压电陶瓷圆管 $l \approx 10^{-2}$ m，$t \approx 10^{-4}$ m，$V \approx 10^{2}$ V。D_{31} 测量的难点是长度方向（"1"方向）的形变 Δl 很小，用一般的长度测量仪器难以进行测量。而用迈克尔逊干涉仪测量 Δl 有足够的灵敏度。实验前已对迈克尔逊干涉仪进行了改装：取下动镜的反射镜，粘好压电陶瓷圆管后，再将反射镜贴在圆管的另一端。

实验 2 ▶ **测钠光双黄线的波长差 $\Delta\lambda$**

① 视见度（也称反衬度、可见度）V 是描写干涉条纹清晰程度的物理量，且

$$V = \frac{I_{\max} - I_{\min}}{I_{\max} + I_{\min}}$$

式中，I_{max} 是亮条纹的极大光强；I_{min} 是暗条纹的极小光强。

当 $I_{min}=0$ 时，$V=1$，干涉条纹亮暗分明，最清晰；当 $I_{max}=I_{min}$ 时，$V=0$，视场为一均匀亮度的光场（$I_{min}\neq 0$），或一片黑暗（$I_{min}=0$），看不到干涉条纹。理想的单色光源所产生的干涉条纹，其视见度与光程差无关，$V=1$。若扩展光源的谱线由两条靠得很近的双线 λ_1 和 λ_2 组成，且两者的光强相近，干涉仪 $M_2 /\!/ M_1'$（见图 6.8.1），当 λ_1 和 λ_2 两套同心亮纹重合时，视见度最好，条纹清晰可见；当 λ_1 的一套亮纹恰与 λ_2 的一套暗纹重合时，视场一片均匀，视见度为零。改变 d，视见度将出现交替变化。

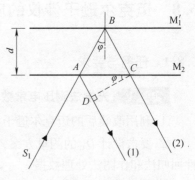

图 6.8.1　等倾定域干涉光路图

② 光源存在一定的相干长度可以做下述理解：

ⅰ 光源发射的光波由彼此无关的断续波列组成，每个波列被分束镜分成两束，当光程差 ΔL 过大时，来自两臂的分波列首尾错开，不发生重叠，因此形不成干涉。

ⅱ 实际光源不是理想的单色光，一个光波可以看成是由波长在 $\lambda_0 - \delta\lambda/2 \sim \lambda_0 + \delta\lambda/2$ 之间的无限多个理想单色光组成的。发生干涉时，每个单色光形成了自己的一套条纹。$\Delta L=0$ 时各套条纹重叠在一起，视场的视见度最好。随光程差的增加，视见度逐渐减小。当 $\lambda_0 - \delta\lambda/2$ 的干涉条纹与 $\lambda_0 + \delta\lambda/2$ 错开一个条纹间距时，干涉条纹完全消失。

③ 本实验涉及的是面光源产生的定域条纹及其观察问题。如图 6.8.1 所示，调节 M_1、M_2 互相垂直，即 $M_2 /\!/ M_1'$，来自面光源上某光点的入射光 S_1 经 M_2、M_1' 反射后成为互相平行的两束光（1）与（2），它们的光程差为

$$\Delta = \overline{AB} + \overline{BC} - \overline{AD} = 2d\cos\varphi$$

式中，d 是镜面形成的空气膜厚；φ 是入射角。该式表明，来自面光源不同点的入射光，只要以相同的 φ 入射，经 M_1'、M_2 反射后都互相平行，它们在无穷远处相遇而发生干涉。如果在空间放置一块透镜，则将在透镜焦面上产生干涉条纹。这些光线的干涉发生在空间某特定区域，称为定域干涉。同时，相同倾角 φ 入射的光线，均属同一级的干涉条纹（Δ 相同），所以称为等倾定域干涉。

④ 人眼可视作类似照相机的光学仪器，其晶状体相当于一个焦距可调的透镜，眼睛肌肉完全松弛时可调焦至无穷远（无穷远的物体成像在视网膜上）。在观察近处物体时，则可通过肌肉的收缩使焦距缩短来完成聚焦。

⑤ 调节面光源等倾干涉条纹时，可先参照 4.12 节[⊖] 调出点光源非定域等倾干涉条纹，然后将入射光源换成钠灯，并在灯前置一毛玻璃，使之成为面光源。改换光源前需注意钠光与激光在相干长度上的差异，将点光源非定域条纹调至合适的状态。

思考：面光源等倾干涉条纹定域在何处？具有什么形状？如果没有透镜是否仍用毛玻璃接收？换成面光源后观察到的条纹就是等倾干涉条纹吗？应看到什么现象才可认为是等倾干涉条纹？

────────────

⊖　见《基础物理实验（上册）》。

⑥ 有关钠光参数的测量应当采用何种干涉条纹？如何用视见度原理测量钠双线的波长差 $\Delta\lambda$？如何安排实验以便用一元线性回归法来求得该波长差（实验数据不得小于 6 组，λ_0 作为已知值处理）？如何测量钠光的相干长度？

⑦ 钠双线波长差的计算公式可参阅 5.15 节的式（5.15.8）。

注：相干长度的测量一般只需估计出量级，即只取 2 位有效数字即可。

参 考 文 献

[1] 吕斯骅，段家忯. 基础物理实验［M］. 北京：北京大学出版社，2002.

[2] 丁慎训，张连芳，等. 物理实验教程［M］. 2 版. 北京：清华大学出版社，2002.

[3] 张士欣，等. 基础物理实验［M］. 北京：北京科学技术出版社，1993.

[4] 邹铭新，李朝荣，等. 基础物理实验［M］. 北京：北京航空航天大学出版社，1998.

[5] 梁家惠，李朝荣，徐平，等. 基础物理实验［M］. 北京：北京航空航天大学出版社，2005.

[6] 谢慧瑗，等. 普通物理实验指导：电磁学［M］. 北京：北京大学出版社，1989.

[7] 陈怀琳，邵义全. 普通物理实验指导：光学［M］. 北京：北京大学出版社，1990.

[8] 林抒，龚镇雄. 普通物理实验［M］. 北京：高等教育出版社，1987.

[9] 赵凯华，钟锡华. 光学：下册［M］. 北京：北京大学出版社，1984.

[10] 李允中，潘维济. 基础光学实验［M］. 天津：南开大学出版社，1987.

[11] 张三慧，史田兰. 光学　近代物理［M］. 北京：清华大学出版社，1991.

[12] 杨介信，陈国英. 普通物理实验：电磁学部分［M］. 北京：高等教育出版社，1986.

[13] 何圣静. 物理实验手册［M］. 北京：机械工业出版社，1989.

[14] MEINERS H F, et al. Laboratory Physics 2nd ed. Hoboken：John wiley &Sons. Inc，1987.

[15] WHIILE R M, et al. Experimental physics for students［M］. London：Chapman & Hall ltd，1973.

[16] KHANDELWAL D P. A Labolatory Manual of Physics（for Undergraduate Classes）［M］. New York：Rikas publishing house prt ltd，1993.

[17] 刘智敏，刘风. 现代不确定度方法与应用［M］. 北京：中国计量出版社，1997.